*Calculus*

| 김수환 지음 |

# 중급 미분적분학

경문사

# BuiLearn Access Code
# 사용설명서

Builearn.untactedu.co.kr

- **회원가입 클릭**

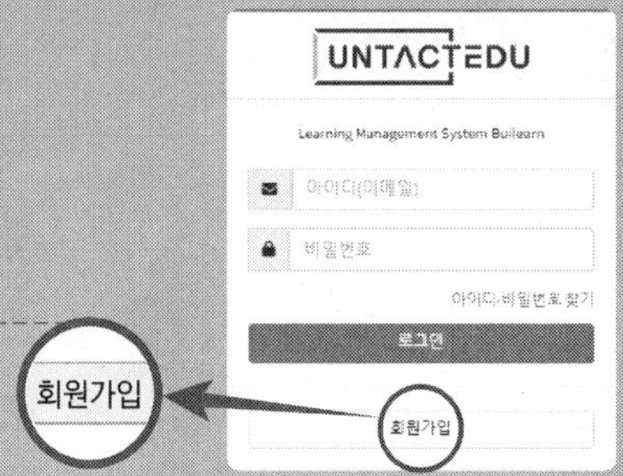


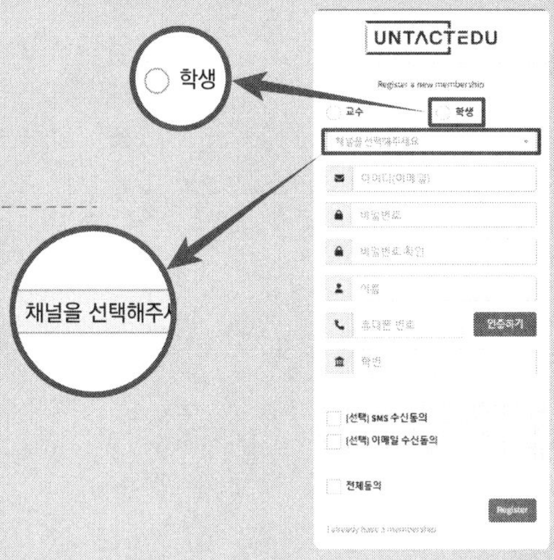


- **학생 선택**
- **채널 선택**:
  본인 소속 학교 선택 바랍니다.

- **Manual**: 사용 매뉴얼 다운로드 가능합니다.
- **Tutorial**: 과제 수행 방법 동영상
  및 실습 Tutorial 가능합니다.
- **강의신청**: 강의코드 등 검색
  후 강의 신청 가능합니다.
- **Access Code 관리**: BuiLearn
  Access Code 입력 가능합니다.

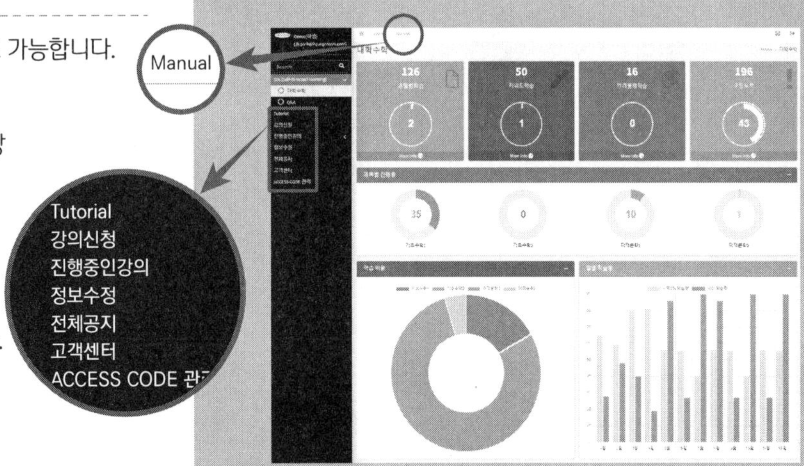


- **코드입력**: BuiLearn Access
  Code(BAC) 입력이 가능합니다.
- **사용이력**: BAC 사용
  이력 확인이 가능합니다.

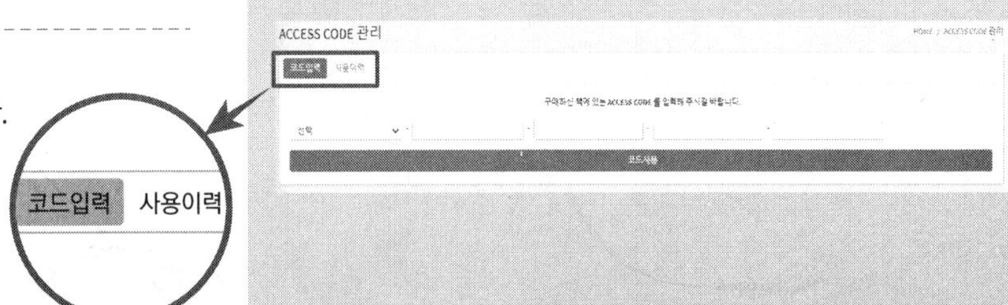


**8-5TQ6-P8KE-JWS7-3PXD**

## 머리말

미분적분학은 이공계 학생들이 반드시 익혀야 할 가장 기초적이면서도 핵심적인 수학 분야입니다. 자연 현상의 변화를 정량적으로 설명하고, 다양한 물리적·공학적 시스템을 수학적으로 모델링하는 데 필수적인 언어가 바로 미분과 적분입니다. 이 책은 그러한 이공계 전공자들이 미적분학을 **더욱 정확히 이해하고, 스스로 응용할 수 있는 능력**을 기르는 데 목표를 두고 집필되었습니다.

이 교재는 특히 **기초 이론의 이해와 문제 해결 능력의 조화를 강조**합니다. 개념을 단순히 암기하는 것이 아니라, **예제를 통해 원리를 깨닫고**, 다양한 연습문제를 스스로 해결해보면서 수학적 직관과 기술을 동시에 기르도록 구성되어 있습니다. 대부분의 예제는 해설을 자세히 달아 처음 학습하는 학생도 **이론과 문제 풀이 사이의 연결고리**를 자연스럽게 경험할 수 있게 하였습니다.

## □ 구성 및 학습 흐름

이 책은 6개의 장으로 구성되었고, 아래와 같이 내용을 체계적으로 발전시켜 나갑니다:

- **제1장: 함수의 개요 및 표현 방법**
  함수란 무엇인가에 대한 기본적인 개념과 함수들을 분류하는 방법을 소개합니다. 특히 직관적 이해를 돕기 위해 **매개변수 방정식**, **극좌표 방정식** 등 다양한 표현 방법을 비교하며 살펴봅니다.
- **제2장: 극한과 연속**
  함수의 연속성 개념을 배우는 데 있어 핵심이 되는 **극한의 정의와 성질**을 자세히 다룹니다. 이를 통해 수학의 정밀한 논리 구조를 체험하고, 연속함수의 성질을 확실히 익히게 됩니다.
- **제3장: 미분과 미분법**
  도함수의 개념 및 사칙연산 규칙을 익히며, 특히 공학 및 자연과학에서 자주 등장하는 **삼각함수, 지수함수, 로그함수의 미분법**을 집중적으로 다룹니다. 각 함수의 성질에 따라 미분이 어떻게 적용되는지를 이해하는 것이 목표입니다.
- **제4장: 도함수의 응용**
  미분의 실제 응용에 초점을 맞춥니다. 최대·최소 문제, 변화율, 곡선의 기울기 등 도함수를 활용하여 실제 상황을 분석하고 문제를 해결하는 다양한 방법을 학습합니다.
- **제5장: 부정적분과 기본정리**
  미분의 반대 개념인 **부정적분(역도함수)**의 개념을 배우고, 기본적인 적분 기법을 연습합니다. 나아가 부정적분과 정적분을 연결해주는 **미적분학의 기본정리**를 통해, 미분과 적분이 하나의 체계로 통합됨을 이해합니다.
- **제6장: 정적분의 응용**
  정적분을 활용하여 **곡선 아래의 면적**, **회전체의 부피** 등을 구하는 다양한 실제 응용문제를 다룹니다. 수학이 어떻게 실생활 또는 공학 문제로 연결되는지를 체험할 수 있습니다.

## ✍ 학습 방법과 안내

이 책의 모든 문제에는 가능한 범위 내에서 풀이를 제공하고 있습니다. 이는 학습자가 문제 풀이의 흐름을 이해하고, 이후 스스로 응용문제를 풀 수 있도록 돕기 위함입니다.
또한, 각 장의 주요 개념을 **풍부한 예제**를 통해 설명하였으며, **개념-예제-연습문제**의 흐름을 따라가면 자연스럽게 실력을 키울 수 있습니다.
학습 중 궁금한 점이나 문의 사항이 있을 때 아래 이메일을 통해 연락 주시면 감사하겠습니다.
□ 김수환: E-mail: sh-kim@deu.ac.kr

**2025년 8월**

# 차 례

# 제 1 장
# 함수와 곡선

이 장은 함수에 관계된 기본적인 개념을 익히는 것을 주 목표로 한다. 여기에서 다루는 함수는 대부분 실수 또는 실수의 부분집합을 정의역으로 하는 함수들을 다룬다. 특히 다항식, 유리함수, 삼각함수, 지수함수, 대수함수를 포함한 몇 가지 일반적인 부류의 함수들을 대상으로 공부한다. 이러한 함수들은 직교좌표내에서 대부분 $y = f(x)$라는 표현을 가진다. 이 장의 마지막 절에서 평면 내의 곡선 $y = f(x)$를 다른 방법으로 표현하는 방법에 대하여 공부한다. 특히 직교좌표의 변수 $x$와 $y$가 일변수함수로 정의하는 매개변수 표현과 직교좌표의 점을 길이와 각으로 정의하는 극좌표 표현법에 대하여 공부한다.

## 1.1 함수

수학에서 부등호가 크기를 비교하기 위하여 도입된 것과 같이 함수는 하나의 물질적 또는 기하학적 양을 다른 것과의 의존도를 이해하기 위하여 만들어졌다. 미분적분학이 본래변수의 양이 변화하는 곳에서의 비율을 이해하기 위하여 시도된 것이므로 미분적분학의 공부에 처음이 바로 함수에 대한 공부일 것이다.

**정의 1.1.1**

**함수의 정의**

1. **정의역**이란 실수들의 집합을 의미하며 $X$ 또는 $\mathbb{R}$로 표시를 한다.
2. **규칙**이란 정의역의 각수에 대하여 단 하나인 수를 지정한다.
3. **공역**이란 정의역의 모든 원소가 규칙에 의하여 지정된 수들의 집합을 의미하며 $Y$ 또는 $\mathbb{R}$로 표시한다.
4. **함수**란 정의역과 규칙으로 구성된 관계를 의미하며 $f : X \to Y$로 표시한다.

**참고 1.1** $f : X \to Y$를 함수라 할 때 정의역 $X$의 원소 $x$에 대하여 공역 $Y$의 원소 $y$로 지정된 관계를 $y = f(x)$로 간단히 표시하며 $y$를 $x$의 **상(image)**이라 한다. 정의역 $X$에 대한 모든 상들의 집합을 **치역(range)**이라 하며 $f(X)$라 표시한다. 부분집합 $B \subset Y$에 대하여 $f^{-1}(B) = \{x \in X | f(x) \in B\}$를 $f$에 의한 $B$의 **역상(inverse image)**이라고 한다.

**예제 1.1.1**

$f : R \rightarrow R$를 $f(x) = x^2$으로 정의된 함수라 하자. 이 함수의 치역을 구하시오.

풀이 1.1.1

정의역의 모든 상이 양의 실수로 대응되므로 치역 $f(R)$은 $[0, \infty)$가 된다.

함수는 다음과 같이 전사함수, 단사함수, 전단사함수로 크게 분류한다.

**정의 1.1.2**

**함수의 분류**

1. 함수 $f : X \rightarrow Y$에 대하여 $f(X) = Y$ 성질을 만족하는 함수를 **전사함수**라 한다.
2. 정의역의 2개의 다른 원소 $x_1$과 $x_2$에 대하여 대응되는 2개의 상이 $f(x_1) \neq f(x_2)$ 성질을 만족하는 함수를 **단사함수 또는 1-1함수**라 한다.
3. 전사이면서 단사인 함수를 **전단사함수 또는 1-1대응**라 한다.

모든 함수가 위에서 분류한 3가지 중에서 하나임을 의미하는 것은 아니다. 다음에서 전사함수도 단사함수도 아닌 예를 보여준다.

**예제 1.1.2**

$f(x) = x^2$로 정의된 함수에 대하여 전사함수도 단사함수도 아님을 보이시오.

풀이 1.1.2

위의 [예제 1.1.1]로부터 함수 $f$는 전사함수가 아니다. 그리고 $f(1) = f(-1) = 1$이므로 함수 $f$는 단사함수가 아니다.

**예제 1.1.3**

$f(x) = x + 3$으로 정의된 함수에 대하여 전단사함수임을 보이시오.

풀이 1.1.3

함수 $f : R \rightarrow R$와 $f(x) = x + 3$를 가정하자.

(i) 전사함수임을 보이면 다음과 같다.

공역 $R$상의 임의의 원소 $y$에 대하여 $y$로 대응되는 정의역의 원소가 단 하나 존재하므로 전사함수이다.

(ii) 단사함수임을 보이면 다음과 같다.

$$\begin{aligned} f(x_1) = f(x_2) &\Rightarrow x_1 + 3 = x_2 + 3 \\ &\Rightarrow x_1 = x_2 \end{aligned}$$

따라서 [정의 1.1.2]의 (3)으로부터 주어진 함수는 전단사함수이다.

---

**정의 1.1.3**

**역함수**
함수 $f : X \to Y$가 전단사함수이면 정의역 $X$와 공역 $Y$ 사이에 1-1 대응관계가 성립하므로 새로운 함수 $g : Y \to X$가 정의된다. 이러한 함수 $g$를 $f$의 **역함수**라 한다. 보통 $f^{-1}$로 표시한다.

**참고 1.2** 참고로 앞에서 공부한 [역상의 정의]와 [역함수의 정의]는 다르다는 것에 주의해야 한다. 전단사함수 $f : X \to Y$로부터 역함수 $f^{-1} : Y \to X$를 바로 구하는 방법에 대하여 알아보자.

1. $y = f(x)$를 $x$ 에 대하여 푼다.
2. $x$ 대신 $f^{-1}(y)$로 대치한다.
3. $y$ 대신 $x$ 로 대치한다.

**예제 1.1.4**

함수 $f(x) = 3x + 6$의 역함수 $f^{-1}(x)$를 구하시오.

---

풀이 1.1.4

위의 방법으로 구해보면 다음과 같다.

1. $y = f(x) = 3x + 6$을 $x$에 대하여 풀면 $x = \dfrac{y-6}{3}$ 이다.
2. $x$ 대신 $f^{-1}(y)$로 대치하면 $f^{-1}(y) = \dfrac{y-6}{3}$ 이다.
3. $y$ 대신 $x$ 로 대치하면 $f^{-1}(x) = \dfrac{x-6}{3}$ 이다.

따라서 $f(x)$ 의 역함수는 $f^{-1}(x) = \dfrac{x-6}{3}$ 이다.

---

**정의 1.1.4**

**합성함수**
공역과 정의역이 각각 같은 두 함수 $f : X \to Y$ 와 $g : Y \to Z$에 대하여 $h(x) = g(f(x))$로 정의된 함수 $h : X \to Z$을 $f$와 $g$의 **합성함수**라 한다.

**참고 1.3** 위에서 정의된 합성함수 $h$를 $g \circ f$로 표시한다. 그리고 정의역과 공변역이 같은 여러 함수들을 합성할 때 사용된 합성연산자 $\circ$는 교환법칙은 성립하지 않지만 결합법칙은 성립한다.

**참고 1.4** 두 함수 $f(x)$와 $g(x)$에 대하여 그들의 곱은 $g(x) \cdot f(x)$이고 합성은 $g(f(x))$이다. 두 함수의 곱과 합성은 완전히 다르다는 것을 주의하자.

**예제 1.1.5**

$f(x) = x^2 + 1$, $g(x) = x + 1$로 정의된 두 함수에 대하여 $g \circ f \neq f \circ g$임을 보이시오.

---

풀이 1.1.5

합성함수의 정의로부터 $g \circ f$와 $f \circ g$를 각각 구하면

$$(g \circ f)(x) = x^2 + 2 \neq x^2 + 2x + 2 = (x+1)^2 + 1 = (f \circ g)(x)$$

이므로 $g \circ f \neq f \circ g$ 이다.

---

다음은 함수의 그래프의 모양이 $x$축에 대칭인 함수와 $y$축에 대칭인 함수에 대한 정의이다.
그래프의 개형을 그릴 때 유용하게 사용된다.

**정의 1.1.5**

**기함수와 우함수**
함수의 그래프를 보고 대칭성에 따라 다음과 같이 기함수와 우함수로 정의한다. $y = f(x)$를 임의의 실가함수라 하자.

1. 성질 $f(-x) = -f(x)$를 만족할 때 그래프는 원점에 대칭이고, 이 함수를 $f$를 **기함수**라 한다.
2. 성질 $f(-x) = f(x)$를 만족할 때 그래프는 $y$축에 대칭이고, 이 함수 $f$를 **우함수**라 한다.

**예제 1.1.6**

함수 $f(x) = x^2 - 2$ 와 $f(x) = 3x^6 - 2x^4 + 11x^2 - 5$은 모두 우함수들이다. 참고로 $x$의 지수가 모두 짝수이다. 그리고 $g(x) = x^3 - 2x$는 기함수이다. 여기서 $x$의 지수가 홀수이다.

**참고 1.5** 함수 $y = f(x)$를 일반화한 평면의 방정식은 $f(x,y) = c$ ($c$는 실수)로 나타낼 수 있고, 평면의 방정식에 대한 대칭의 정의는 다음과 같다.

1. 평면의 방정식에 두 점 $(x,y)$와 $(x,-y)$를 대입하여 변화가 없으면 $x$축에 대칭
2. 평면의 방정식에 두 점 $(x,y)$와 $(-x,y)$를 대입하여 변화가 없으면 $y$축에 대칭
3. 평면의 방정식에 두 점 $(x,y)$와 $(-x,-y)$를 대입하여 변화가 없으면 원점에 대칭

**예제 1.1.7**

다음 방정식

**1.** $y^2 = x$

**2.** $x^3y^4 - xy^8 + y^2 = 13$

**3.** $x^3 + y^4 = y^6 - 1$

**4.** $x^4y^{-6} + x^5y^2 + x^6 = 9$

들은 모두 $x$축에 대칭이다.

## 연습문제 1.1

**1.** 절댓값함수 $f(x) = |x|$ 의 그래프를 그리시오.

---

풀이

절댓값의 정의로부터 $f(x) = |x| = \begin{cases} -x, & x < 0 \\ x, & x \geq 0 \end{cases}$ 이므로

주어진 그래프는 $y$축의 오른쪽은 $y = x$ 의 그래프와 같고 $y$축의 왼쪽은 $y = -x$와 같다.

---

**2.** $f : X \to Y$, $g : Y \to Z$, $h : Z \to W$를 함수라 할 때 $(h \circ g) \circ f = h \circ (g \circ f)$ 임을 보이시오.

---

풀이

$X$의 임의의 원소 $x$에 대하여

$$((h \circ g) \circ f)(x) = (h \circ (g \circ f))(x)$$

가 성립함을 밝히면 된다.

$$((h \circ g) \circ f)(x) = (h \circ g)(f(x)) = h(g(f(x)))$$
$$(h \circ (g \circ f))(x) = h(g \circ f)(x) = h(g(f(x)))$$

이므로 $(h \circ g) \circ f = h \circ (g \circ f)$ 이다.

---

**3.** 물질 $A$는 $A$의 분자가 물질 $B$의 분자로 바뀌는 화학반응을 한다. $A$의 초기량이 $3g$이고 $A$의 $xg$이 $B$로 바뀌는 비율 $f(x)$는 $x$와 $3-x$의 곱에 비례한다. $f(x)$를 $x$에 관한 함수로 표시하시오.

---

풀이

$f(x)$가 $x(3-x)$에 비례하므로 $f(x) = cx(3-x)$ $(c \neq 0)$가 성립한다. 물질 $A$의 초기량은 $3g$이므로 위의 관계는 $0 \leq x \leq 3$인 경우에 성립한다.

결과적으로 $f(x) = cx(3-x)$ $(0 \leq x \leq 3)$이다.

---

**4.** $f(x) = (x+2)^5$을 두 함수의 합성함수로 표시하시오.

---

풀이

두 함수를 $g(x) = x^5$ 와 $h(x) = x + 2$라 두면 $f(x) = g(h(x))$이다.

---

**5.** 함수 $f(x)$는 $x$의 지수가 짝수로 이루어진 집합이고, $g(x)$는 $x$의 지수가 홀수로 이루어진 실가함수들이라 하자. 그러면 $f$는 우함수이고 $g$는 기함수임을 보이시오.

---

풀이

$x$의 지수가 모두 짝수이므로 $f(-x) = f(x)$가 성립하므로 $f$는 우함수이다. 그리고 $x$의 지수가 모두 홀수이면 $g(-x) = -g(x)$가 성립하므로 $g$는 기함수이다.

---

**6.** 함수 $f(x) = \dfrac{x^3 + 3x}{x^4 - 3x^2 + 4}$는 기함수임을 보이시오.

---

풀이

$f$의 분모는 $x$의 지수가 모두 짝수이므로 $-x$는 모두 $x$로 변하지만, $f$의 분자는 $x$의 지수가 모두 홀수이므로 $-x$는 $-x$로 유지한다. 따라서 $f(-x) = -f(x)$가 성립하므로 $f$는 기함수이다. 참고로 이 함수의 지수들은 짝수와 홀수로 혼합되어 있음에 유의하자.

---

## 1.2 특별한 함수들

나중에 미분적분학에서 유용하게 사용되는 다항함수, 유리함수, 무리함수, 지수함수, 로그함수, 삼각함수, 쌍곡선함수들에 대한 정의와 성질들을 예를 통하여 살펴본다.

**정의 1.2.1**

**다항함수, 분수함수, 무리함수**
다음에서 다항함수, 분수함수, 유리함수, 무리함수들의 정의에 대하여 알아본다.

1. $f(x) = c_n x^n + c_{n-1}x^{n-1} + \cdots + c_1 x + c_0$ (여기서 $c_0, c_1, \cdots, c_n$ 들은 모두 실수이고 $n$은 음이 아닌 정수일 때 $f(x)$를 **다항함수**라 정의한다.
2. 함수$f(x)$가 분수식으로 나타낸 함수들을 **분수함수**라 정의한다.
3. 다항함수와 분수함수를 **유리함수**라 정의한다.
4. 함수 $f(x)$가 무리식으로 나타내어지는 함수를 **무리함수**라 정의한다.
   만약에 $f(x) = \sqrt{h(x)}$라면 우리는 실가함수 $f : \mathbb{R} \to \mathbb{R}$에 대하여 주로 공부하므로 $h(x) \geq 0$라는 조건이 항상 가정된다.

**예제 1.2.1**

$f(x) = 2x^2 - 4x - 1$, $f(x) = \frac{1}{5}x$, $f(x) = \pi x^2 + 13$, $f(x) = 17$등은 모두 다항함수들의 예제들이다. 그리고

$$g(x) = \frac{1}{x},\ g(x) = \frac{x^2 + 3x - 2}{x - 3}$$

등은 분수함수의 예제들이다.

**예제 1.2.2**

$f(x) = \sqrt{-2x+4} + 1$, $f(x) = \sqrt{x-2}$, $f(x) = \sqrt{x(x-1)}$등은 무리함수의 예제들이다. 하지만 $f(x) = x^2 + \sqrt{3}x$은 유리함수임을 조심하자.

**예제 1.2.3**

분수함수 $\dfrac{1}{x-3}$와 무리함수 $g(x) = \sqrt{9 - x^2}$의 정의역을 각각 구하시오.

---

풀이 1.2.3

분수함수 $f(x)$의 정의역은 $\{x \in \mathbb{R} | x \neq 3\}$이다. 그리고 무리함수는 정의에 의하여 $9 - x^2 \geq 0$이므로 정의역은 $-3 \leq x \leq 3$이다.

---

**예제 1.2.4**

무리함수 $h(x) = \sqrt{1-x^2}$를 두 함수 $f$와 $g$의 합성으로 표현하시오.

---

풀이 1.2.4

$f(x) = 1 - x^2$ 이라고 하면 $h(x) = \sqrt{g(x)}$ 이다. 따라서, $g(x) = \sqrt{x}$ 라 하면
$h(x) = \sqrt{1-x^2} = \sqrt{f(x)} = g(f(x))$이므로 위에서 정의한 두 함수 $g \circ f$는 $h$의 합성함수이다.

---

**참고 1.6** 다항함수 $p(x) = c_n x^n + c_{n-1}x^{n-1} + \cdots + c_1 x + c_0$ 와 유리함수 $f(x) = \dfrac{g(x)}{h(x)}$, $h(x) \neq 0$ 에 대하여 다음 성질이 성립한다.

1. $p(x)$가 우함수 $\Leftrightarrow$ $p(x)$는 오직 짝수항만으로 이루어짐.
2. $p(x)$가 기함수 $\Leftrightarrow$ $p(x)$는 오직 홀수항만으로 이루어짐.
3. 분모와 분자가 둘다 기함수 또는 우함수 일 때 $f(x)$는 우함수임.
4. 분모와 분자 중 하나는 기함수이고 다른 하나는 우함수 이면 $f(x)$는 우함수임.

나중에 배우는 극한의 성질을 이용하면

$$\lim_{x\to\pm\infty}(1+\frac{1}{x})^x = \lim_{x\to 0}(1+x)^{\frac{1}{x}} = e$$

임을 보일 수 있다. 증명은 [연습문제 2.1]의 4번을 보시오. 위의 극한값을 실제로 계산을 하면 이 값은 무한소수 $2.71828182\cdots$와 같으며 이 극한값 $e = 2.71828182\cdots$을 **자연대수 또는 자연상수**라 부른다.

**정의 1.2.2**

**자연지수함수와 자연로그함수**
정의역이 실수 $R$이고 공역이 양의 실수 $R^+$인 함수 $f : R \to R^+$에 대하여 다음과 같이 정의된 함수를 **자연지수함수**라 하며

$$f(x) = e^x$$

그리고 일반적으로 $a > 0,\ a \neq 1$을 만족하는 실숫값 $a$에 대하여 다음과 같이 정의된 함수를 **지수함수**라 한다.

$$f(x) = a^x \ (a > 0,\ a \neq 1)$$

그러면 $a = e$인 지수함수는 자연지수함수가 된다.
**로그함수**는 지수함수의 역함수로 정의되면 다음과 같이 표시하기로 하며

$$f(x) = a^x \ \Leftrightarrow\ x = \log_a f(x)\ (a > 0,\ a \neq 1)$$

특히 $a = e$인 경우 **자연로그함수**라 하며 다음과 같이 표시하기로 한다.

$$f(x) = e^x \Leftrightarrow x = \log_e f(x) = \ln f(x)$$

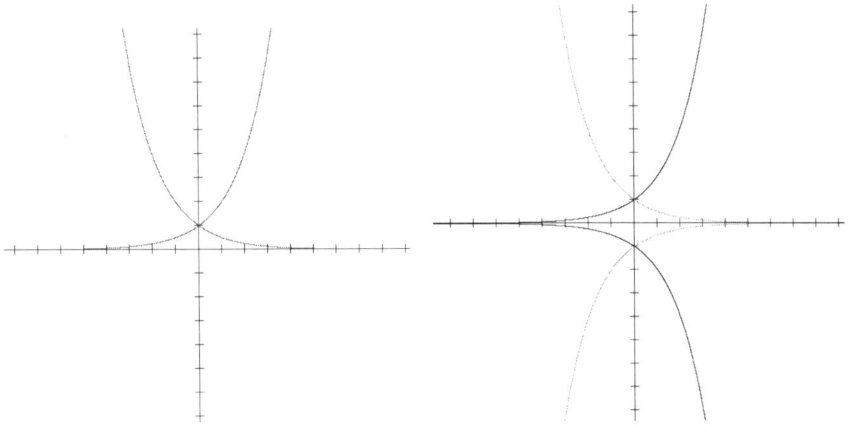

그림 1.1 $y = (1/2)^x$ $y = 2^x$ $y = (-1/2)^x$ $y = (-2)^x$

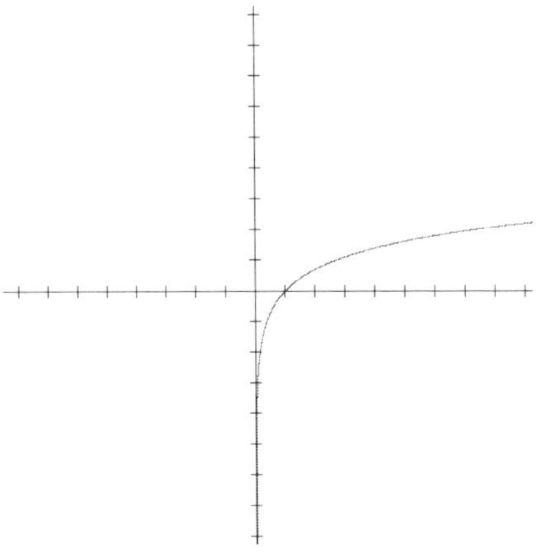

그림 1.2 $y = \ln(x)$

## 지수함수와 로그함수의 성질

$a > 0,\ b > 0$이고 $m$과 $n$은 유리수라 가정하면 다음과 같이 지수함수의 성질이 성립하며

(1) $a^0 = 1$ (2) $a^{-m} = \dfrac{1}{a^m}$ (3) $a^m \cdot a^n = a^{m+n}$ (4) $\dfrac{a^m}{a^n} = a^{m-n}$

(5) $(a^m)^n = a^{mn}$ (6) $(ab)^m = (a^m)(b^n)$ (7) $(a/b)^m = \dfrac{a^m}{b^m}$

그리고 $a > 0\ (a \neq 1)$이고 $x > 0,\ y > 0$이면 다음과 같이 로그함수의 성질이 성립한다.

(1)$\log_a 1 = 0$ (2) $\log_a a = 1$ (3) $\log_a xy = \log_a x + \log_a y$ (4) $\log_a \dfrac{x}{y} = \log_a x - \log_a y$

(5) $\log_a x^r = r \log_a x\ (r \in R)$ (6) $\log_a x = \dfrac{\ln x}{\ln a}$

**예제 1.2.5**

지수방정식 $3^{2x} - 6 \cdot 3^x - 27 = 0$의 해를 구하시오.

---

풀이 1.2.5

치환을 하기 위해 $t = 3^x$라 두면

$$
\begin{aligned}
& t^2 - 6t - 27 = 0 \\
& \Rightarrow (t+3)(t-9) = 0 \\
& \Rightarrow t = -3,\ 9 \\
& \Rightarrow t = 9\ (\because t = 3^x > 0) \\
& \Rightarrow 3^x = 9 \\
& \therefore x = 2
\end{aligned}
$$

---

**예제 1.2.6**

방정식 $x^{\log_{10} x} = \sqrt[3]{100x}$의 해를 구하시오.

---

풀이 1.2.6

먼저 양변에 상용로그 $\log_{10}$를 취하면

$$
\begin{aligned}
& \log_{10} x^{\log_{10} x} = \log_{10} \sqrt[3]{100x} \\
& \Rightarrow (\log_{10} x)^2 = \frac{1}{3}(2 + \log_{10} x) \\
& \Rightarrow 3(\log_{10} x)^2 - \log_{10} x - 2 = 0 \\
& \Rightarrow (3\log_{10} x + 2)(\log_{10} x - 1) = 0 \\
& \Rightarrow \log_{10} x = -\frac{2}{3}, 1 \\
& \therefore x = 10^{-2/3}, 10
\end{aligned}
$$

---

**예제 1.2.7**

함수 $y = 3 \cdot 2^{x-1}$의 역함수를 구하시오.

---

풀이 1.2.7

먼저 $y = f(x)$라 두면 $f(x) = 3 \cdot 2^{x-1} = \frac{3}{2} \cdot 2^x$이므로 앞의 역함수 구하는 방법을 따른다.

1. $2^x = \frac{2}{3}y \Rightarrow x = \log_2(\frac{2}{3}y)$

2. $f^{-1}(y) = \log_2(\frac{2}{3}y)$

3. $f^{-1}(x) = \log_2(\frac{2}{3}x)$

따라서 $f^{-1}$은 $f$의 역함수이다.

---

**정의 1.2.3**

**삼각함수**

다음에서 정의된 $\sin x$, $\cos x$, $\tan x$, $\cot x$, $\sec x$, $\mathrm{cosec}x$을 통틀어 **삼각함수**라 한다. 반지름이 $r$이고 중심이 $(0,0)$인 평면상의 원을 생각하고 $(x,y)$를 그 원 위의 한 점이라고 하자. $(0,0)$과 $(x,y)$를 연결하는 선분과 반시계 방향으로 $x$축과 이루는 각을 $\theta$라 하자. 각 삼각함수들을 다음과 같이 정의한다.

1. **사인함수**

$$\sin\theta = \frac{y}{r}\ (-\infty < \theta < \infty)$$

2. **코사인함수**

$$\cos\theta = \frac{x}{r}\ (-\infty < \theta < \infty)$$

3. **탄젠트함수**

$$\tan\theta = \frac{\sin\theta}{\cos\theta}\ (\theta \neq n\pi + \frac{\pi}{2}, n \in \mathbb{Z})$$

4. **코탄젠트함수**

$$\cot\theta = \frac{\cos\theta}{\sin\theta}\ (\theta \neq n\pi, n \in \mathbb{Z})$$

5. **시컨트함수**

$$\sec\theta = \frac{1}{\cos\theta}\ (\theta \neq n\pi + \frac{\pi}{2}, n \in \mathbb{Z})$$

6. **코시컨트함수**

$$\csc\theta = \mathrm{cosec}\theta = \frac{1}{\sin\theta}\ (\theta \neq n\pi, n \in \mathbb{Z})$$

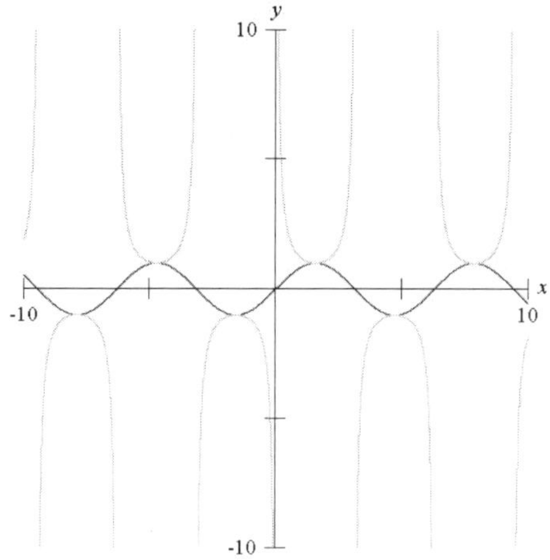


그림 1.3 $y = \sin(x),\ y = \csc(x)$

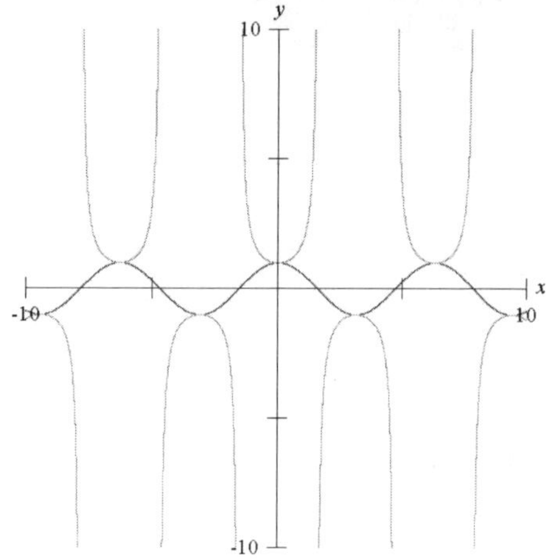


그림 1.4 $y = \cos(x),\ y = \sec(x)$

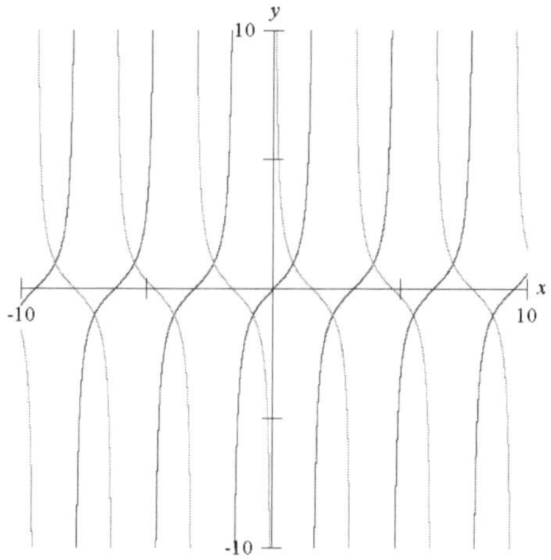


그림 1.5 $y = \tan(x),\ y = \cot(x)$

**참고 1.7** 중심이 원점이고 반지름이 $r$인 원의 방정식은 $x^2 + y^2 = r^2$이므로 여기에 $x = r\cos\theta$ 와 $y = r\sin\theta$를 대입하여 정리하면

$$\sin^2\theta + \cos^2\theta = 1$$

을 얻는다. 그리고 $x$축과 반시계 방향으로 이루는 각이 $2\pi$이면 원을 한 바퀴 회전한 것과 같다. 다시 말하면 사인함수와 코사인함수는 주기가 $2\pi$인 주기적이다. 따라서 $\sin(\theta + 2\pi) = \sin\theta$ 이고 $\cos(\theta + 2\pi) = \cos\theta$ 이다. 일반적으로 $n$바퀴 회전하면 $2n\pi\ (n \in \mathbb{Z})$이므로

$$\sin(\theta + 2n\pi) = \sin\theta,\ \cos(\theta + 2n\pi) = \cos\theta$$

가 성립한다.

**예제 1.2.8**

$f(x) = \sin x$ 와 $\tan x$는 그래프가 원점을 중심으로 대칭이고 $f(-x) = -f(x)$를 만족함으로 기함수이다. 그리고 $g(x) = \cos x$의 그래프는 $y$축을 중심으로 대칭이고 $g(-x) = g(x)$을 만족하므로 우함수이다.

다음은 삼각함수의 기본성질과 변환관계에 대하여 살펴보고 특히 미분과 적분에서 자주 사용되는 공식들을 증명없이 소개한다. 중요한 공식의 증명은 연습문제에서 다룬다.

### 삼각함수의 등식 및 연산법칙

삼각함수에서 $\theta$, $\alpha$, $\beta$을 0도와 360도 사이의 임의의 각이라 하면 다음의 관계가 성립한다.

(1) **삼각비의 기본공식**

$$\mathrm{cosec}\theta = \frac{1}{\sin\theta} \quad \sec\theta = \frac{1}{\cos\theta} \quad \cot\theta = \frac{1}{\tan\theta} \quad \tan\theta = \frac{\sin\theta}{\cos\theta} \quad \cot\theta = \frac{\cos\theta}{\sin\theta}$$

$$\sin^2\theta + \cos^2\theta = 1 \qquad \tan^2\theta = \sec^2\theta - 1 \qquad \cot^2\theta = \mathrm{cosec}^2\theta - 1$$

(2) **덧셈공식**

$$\sin(\alpha \pm \beta) = \sin\alpha\cos\beta \pm \cos\alpha\sin\beta \qquad \cos(\alpha \pm \beta) = \cos\alpha\cos\beta \mp \sin\alpha\sin\beta$$

$$\tan(\alpha \pm \beta) = \frac{\tan\alpha \pm \tan\beta}{1 \mp \tan\alpha\tan\beta}$$

(3) **배각공식**

$$\sin 2\alpha = 2\sin\alpha\cos\alpha \qquad \cos 2\alpha = \cos^2\alpha - \sin^2\alpha \qquad \tan 2\alpha = \frac{2\tan\alpha}{1 - \tan^2\alpha}$$

(4) **반각공식**

$$\sin^2\frac{\alpha}{2} = \frac{1 - \cos\alpha}{2} \qquad \cos^2\frac{\alpha}{2} = \frac{1 + \cos\alpha}{2} \qquad \tan^2\frac{\alpha}{2} = \frac{1 - \cos\alpha}{1 + \cos\alpha}$$

(5) **곱을 합차로 또는 합차를 곱으로 바꾸는 공식**

$$2\sin\alpha\cos\beta = \sin(\alpha + \beta) + \sin(\alpha - \beta) \qquad 2\cos\alpha\sin\beta = \sin(\alpha + \beta) - \sin(\alpha - \beta)$$

$$2\cos\alpha\cos\beta = \cos(\alpha + \beta) + \cos(\alpha - \beta) \qquad -2\sin\alpha\sin\beta = \cos(\alpha + \beta) - \cos(\alpha - \beta)$$

(6) **삼각함수의 합성공식**

$$a\sin\theta + b\cos\theta = \sqrt{a^2+b^2}\sin(\theta+\alpha)$$
$$(\cos\alpha = \frac{a}{\sqrt{a^2+b^2}},\ \sin\alpha = \frac{b}{\sqrt{a^2+b^2}},\ \tan\alpha = \frac{b}{a})$$
$$a\sin\theta + b\cos\theta = \sqrt{a^2+b^2}\cos(\theta-\beta)$$
$$(\cos\beta = \frac{b}{\sqrt{a^2+b^2}},\ \sin\beta = \frac{a}{\sqrt{a^2+b^2}},\ \tan\beta = \frac{a}{b})$$

**예제 1.2.9**

다음을 삼각함수 공식을 이용하여 구하시오.

(1) $\sin 75^\circ$ (2) $\cos 75^\circ$
(3) $\sin 15^\circ$ (4) $\cos 15^\circ$
(5) $\tan 75^\circ$ (6) $\tan 15^\circ$
(7) $\sqrt{3}\sin\theta + \cos\theta$ (8) $\sin 22.5^\circ$
(9) $\cos 22.5^\circ$ (10) $\tan 22.5^\circ$
(11) $\sin 105^\circ + \sin 15^\circ$ (12) $\sin 105^\circ - \sin 15^\circ$
(13) $\cos 105^\circ + \cos 15^\circ$ (14) $\cos 105^\circ - \cos 15^\circ$
(15) $\sin 75^\circ \cos 15^\circ$ (16) $\cos 75^\circ \cos 15^\circ$

풀이 1.2.9

(1) $\sin 75^\circ = \sin(30^\circ + 45^\circ) = \sin 30^\circ \cos 45^\circ + \cos 30^\circ \sin 45^\circ = \dfrac{\sqrt{6}+\sqrt{2}}{4}$

(2) $\cos 75^\circ = \cos(30^\circ + 45^\circ) = \cos 30^\circ \cos 45^\circ - \sin 30^\circ \sin 45^\circ = \dfrac{\sqrt{6}-\sqrt{2}}{4}$

(3) $\sin 15^\circ = \sin(45^\circ - 30^\circ) = \sin 45^\circ \cos 30^\circ - \cos 45^\circ \sin 30^\circ = \dfrac{\sqrt{6}-\sqrt{2}}{4}$

(4) $\cos 15^\circ = \cos(45^\circ - 30^\circ) = \cos 45^\circ \cos 30^\circ + \sin 45^\circ \sin 30^\circ = \dfrac{\sqrt{6}+\sqrt{2}}{4}$

(5) $\tan 75^\circ = \tan(30^\circ + 45^\circ) = \dfrac{\tan 30^\circ + \tan 45^\circ}{1 - \tan 30^\circ \tan 45^\circ} = 2 + \sqrt{3}$

(6) $\tan 15^\circ = \tan(45^\circ - 30^\circ) = \dfrac{\tan 45^\circ - \tan 30^\circ}{1 + \tan 45^\circ \tan 30^\circ} = 2 - \sqrt{3}$

(7) 삼각함수를 합성하는 두 가지 방법이 있다.

- 사인함수로 합성하는 방법

$$\begin{aligned}\sqrt{3}\sin\theta + \cos\theta &= \frac{2}{2}(\sqrt{3}\sin\theta + \cos\theta)\\ &= 2(\sin\theta\cdot\frac{\sqrt{3}}{2} + \cos\theta\cdot\frac{1}{2})\\ &= 2(\sin\theta\cdot\cos\frac{\pi}{6} + \cos\theta\cdot\sin\frac{\pi}{6})\\ &= 2\sin(\theta+\frac{\pi}{6})\end{aligned}$$

- 코사인함수로 합성하는 방법

$$\begin{aligned}\sqrt{3}\sin\theta+\cos\theta =& \frac{2}{2}(\sqrt{3}\sin\theta+\cos\theta)\\ =& 2(\sin\theta\cdot\frac{\sqrt{3}}{2}+\cos\theta\cdot\frac{1}{2})\\ =& 2(\sin\theta\cdot\sin\frac{\pi}{3}+\cos\theta\cdot\cos\frac{\pi}{3})\\ =& 2\cos(\theta-\frac{\pi}{3})\end{aligned}$$

(8) $\sin^2 22.5^\circ = \sin^2\frac{45^\circ}{2} = \frac{1-\cos 45^\circ}{2} = \frac{2-\sqrt{2}}{4}$ $\therefore$ $\sin 22.5^\circ = \frac{\sqrt{2-\sqrt{2}}}{2}$
(9) $\cos^2 22.5^\circ = \cos^2\frac{45^\circ}{2} = \frac{1+\cos 45^\circ}{2} = \frac{2+\sqrt{2}}{4}$ $\therefore$ $\cos 22.5^\circ = \frac{\sqrt{2+\sqrt{2}}}{2}$
(10) $\tan^2 22.5^\circ = \tan^2\frac{45^\circ}{2} = \frac{1-\cos 45^\circ}{1+\cos 45^\circ} = \frac{2-\sqrt{2}}{2+\sqrt{2}}$ $\therefore$ $\tan 22.5^\circ = \sqrt{2}-1$
(11) $\sin 105^\circ + \sin 15^\circ = 2\sin\frac{105^\circ+15^\circ}{2}\cos\frac{105^\circ-15^\circ}{2} = 2\sin 60^\circ\cos 45^\circ = \frac{\sqrt{6}}{2}$
(12) $\sin 105^\circ - \sin 15^\circ = 2\cos\frac{105^\circ+15^\circ}{2}\sin\frac{105^\circ-15^\circ}{2} = 2\cos 60^\circ\sin 45^\circ = \frac{\sqrt{2}}{2}$
(13) $\cos 105^\circ + \cos 15^\circ = 2\cos\frac{105^\circ+15^\circ}{2}\cos\frac{105^\circ-15^\circ}{2} = 2\cos 60^\circ\cos 45^\circ = \frac{\sqrt{2}}{2}$
(14) $\cos 105^\circ - \cos 15^\circ = -2\sin\frac{105^\circ+15^\circ}{2}\sin\frac{105^\circ-15^\circ}{2} = -2\sin 60^\circ\sin 45^\circ = -\frac{\sqrt{6}}{2}$
(15) $\sin 75^\circ\cos 15^\circ = \frac{1}{2}(\sin(75^\circ+15^\circ)+\sin 75^\circ-15^\circ) = \frac{2+\sqrt{3}}{4}$
(16) $\cos 75^\circ\cos 15^\circ = \frac{1}{2}(\cos(75^\circ+15^\circ)+\cos 75^\circ-15^\circ) = \frac{1}{4}$

---

삼각함수를 1-1대응인 함수로 정의하기 위해 제한한 정의역을 **주치**(principle value)라 하고, 삼각함수의 역함수를 **역삼각함수**(inverse trigonometric function) 라 한다.

**정의 1.2.4**

**역삼각함수**
**주어진 주치영역에서 삼각함수들의 역삼각함수를 다음과 같이 정의한다.**

1. $y=\sin^{-1}x\ \ (-\frac{\pi}{2}\le y\le\frac{\pi}{2},\ \ -1\le x\le 1)$
2. $y=\cos^{-1}x\ \ (0\le y\le\pi,\ \ -1\le x\le 1)$
3. $y=\tan^{-1}x\ \ (-\frac{\pi}{2}<y<\frac{\pi}{2},\ -\infty<x<\infty)$
4. $y=\cot^{-1}x\ \ (0<y<\pi,\ -\infty<x<\infty)$
5. $y=\sec^{-1}x\ \ (0\le y<\frac{\pi}{2},\ x\le -1$ 이고 $\frac{\pi}{2}<y\le\pi,\ x\ge 1)$
6. $y=\csc^{-1}x\ \ (-\frac{\pi}{2}\le y<0,\ x\le -1$ 이고 $0<y\le\frac{\pi}{2},\ x\ge 1)$

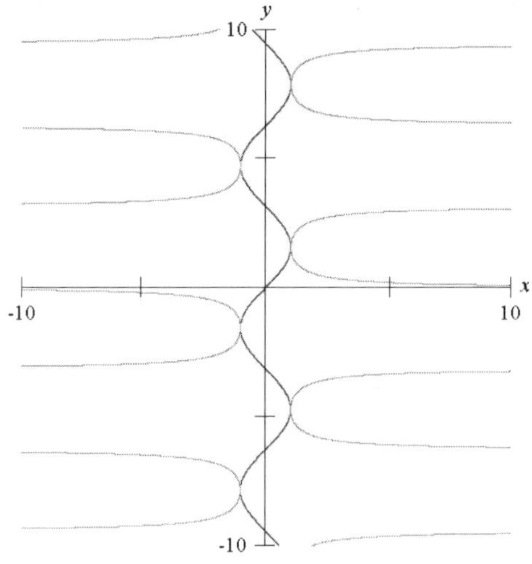


그림 1.6 $y = \sin^{-1}(x), y = \csc^{-1}(x)$

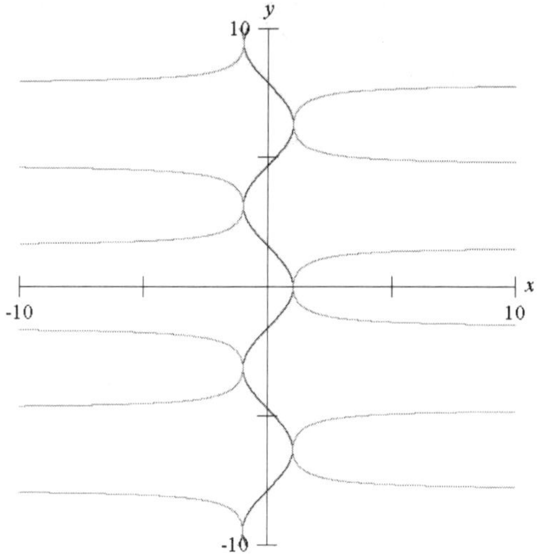


그림 1.7 $y = \cos^{-1}(x), y = \sec^{-1}(x)$

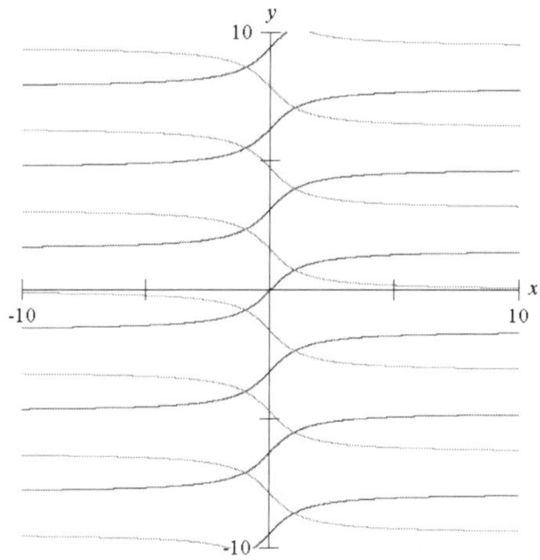


그림 1.8 $y = \tan^{-1}(x), y = \cot^{-1}(x)$

**참고 1.8** $y = \sin^{-1} x$를 [$y$는 arc sine]이라고 읽는다. 나머지도 $-1$ 대신에 arc를 붙여서 읽는다.

**예제 1.2.10**

사인함수 $y = \sin x$는 $\sin(\pi/6) = \sin(5\pi/6) = 1/2$이므로 정의역 구간 $[0, \pi]$에서는 전단사함수가 아니다. 하지만 정의역 구간을 $[-\pi/2, \pi/2]$로 제한하면 사인함수는 전단사함수가 된다. 이 제한된 정의역에서 사인함수는 역함수를 가진다, 즉 $\sin^{-1}(1/2) = \pi/6$이다.

**예제 1.2.11**

다음 역함수의 값을 구하시오.

(1) $\sin^{-1}\dfrac{\sqrt{3}}{2}$ (2) $\sin^{-1}(\dfrac{-1}{\sqrt{2}})$

(3) $\cos^{-1}\dfrac{1}{\sqrt{2}}$ (4) $\cos^{-1}(\dfrac{-1}{2})$

(5) $\tan^{-1}\dfrac{1}{\sqrt{3}}$ (6) $\tan^{-1}(-\sqrt{3})$

풀이 1.2.11

(1) $y = \sin^{-1}\dfrac{\sqrt{3}}{2} \Rightarrow \sin y = \dfrac{\sqrt{3}}{2} \therefore y = \dfrac{\pi}{3}$ 나머지도 (1)과 같은 방법으로 구하면 된다. 주의할 것은 $y$가 삼각함수의 주치영역에 있는 값이어야 한다.

(2) $\dfrac{-\pi}{4}$ (3) $\dfrac{\pi}{4}$ (4) $\dfrac{2\pi}{3}$ (5) $\dfrac{\pi}{6}$ (6) $\dfrac{-\pi}{3}$

**예제 1.2.12**

$\sin^{-1}(\sin 5\pi/6)$을 계산하시오.

풀이 1.2.12

계산할 때 역삼각함수는 주치범위에서 정의됨을 생각하자.
$\sin(5\pi/6) = 1/2$이므로 $\sin^{-1}(\sin 5\pi/6) = \sin^{-1}(1/2)$이다. 따라서

$$y = \sin^{-1}(1/2) \Leftrightarrow \sin y = 1/2 \therefore y = \pi/6.$$

사실 $y = 5\pi/6$은 주치범위의 값이 아니므로 답이 아니다.

**예제 1.2.13**

$\csc(\tan^{-1}(-1/3))$을 계산하시오.

풀이 1.2.13

$y = \tan^{-1}(-1/3)$라 두면 $y$는 주치범위 $-\frac{\pi}{2} < y < \frac{\pi}{2}$을 만족해야 한다.
$\tan y = -1/3 < 0$이므로 $-\frac{\pi}{2} < y < 0$이고, 피타고라스 정리를 이용하면 $\sin y = -\frac{1}{\sqrt{10}}$이다.
따라서 $\csc y = -\sqrt{10}$이다.

**역삼각함수의 성질**

$a > 0$이면 다음이 성립한다.

(1) $\sin^{-1}(-a) = -\sin^{-1} a$

(2) $\cot^{-1}(-a) = \pi - \tan^{-1}(1/a)$

(3) $\cos^{-1}(-a) = \pi - \cos^{-1} a$

(4) $\sec^{-1}(-a) = \cos^{-1}(1/a) - \pi$

(5) $\tan^{-1}(-a) = -\tan^{-1} a$

(6) $\csc^{-1}(-a) = \sin^{-1}(1/a) - \pi$

(7) $\sin^{-1} a = \cos^{-1} \sqrt{1-a^2}$

(8) $\cos^{-1} a = \sin^{-1} \sqrt{1-a^2}$

(9) $\sin^{-1} a + \cos^{-1} a = \dfrac{\pi}{2}$

(9) $\sec^{-1} a = \cos^{-1} \dfrac{1}{a}$

(11) $\csc^{-1} a = \sin^{-1} \dfrac{1}{a}$

(12) $\cot^{-1} a = \pi/2 - \tan^{-1} a$

**예제 1.2.14**

위 공식을 사용하여 $\sin^{-1}(-a) + \cos^{-1}(-a) = \dfrac{\pi}{2}$ 임을 보이시오.

풀이 1.2.14

공식에서 (1) $\sin^{-1}(-a) = -\sin^{-1} a$ 와 (3) $\cos^{-1}(-a) = \pi - \cos^{-1} a$ 이므로

$$\sin^{-1}(-a) + \cos^{-1}(-a) = \pi - (\sin^{-1} a + \cos^{-1} a)$$

가 성립한다. 따라서 공식 (9) $\sin^{-1} a + \cos^{-1} a = \dfrac{\pi}{2}$ 을 대입하면

$$\sin^{-1}(-a) + \cos^{-1}(-a) = \pi - (\sin^{-1} a + \cos^{-1} a) = \pi - \frac{\pi}{2} = \frac{\pi}{2}$$

삼각함수가 모든 $\theta$에 대하여 점 $(\cos\theta, \sin\theta)$는 원 $x^2 + y^2 = 1$위에 놓인다. 비슷하게 쌍곡선함수는 모든 $\theta$에 대하여 점 $(\cosh\theta, \sinh\theta)$이 쌍곡선 $x^2 - y^2 = 1$위의 놓이므로 쌍곡선함수라 부른다. 쌍곡선함수는 각함수와 비슷한 성질을 가지며 공학 등에서 널리 쓰인다. 중요한 공식의 증명은 연습문제에서 다룬다.

**정의 1.2.5**

**쌍곡선함수**

**다음과 같이 정의되는 실변수함수를 쌍곡선함수**(hyperbolic function)**라 한다.**

(1) $\sinh x = \dfrac{e^x - e^{-x}}{2}$

(2) $\cosh x = \dfrac{e^x + e^{-x}}{2}$

(3) $\tanh x = \dfrac{\sinh x}{\cosh x} = \dfrac{e^x - e^{-x}}{e^x + e^{-x}}$

(4) $\coth x = \dfrac{1}{\tanh x} = \dfrac{e^x + e^{-x}}{e^x - e^{-x}}$ $(x \neq 0)$

(5) $\text{sech} x = \dfrac{1}{\cosh x} = \dfrac{2}{e^x + e^{-x}}$

(6) $\text{csch} x = \dfrac{1}{\sinh x} = \dfrac{2}{e^x - e^{-x}}$ $(x \neq 0)$

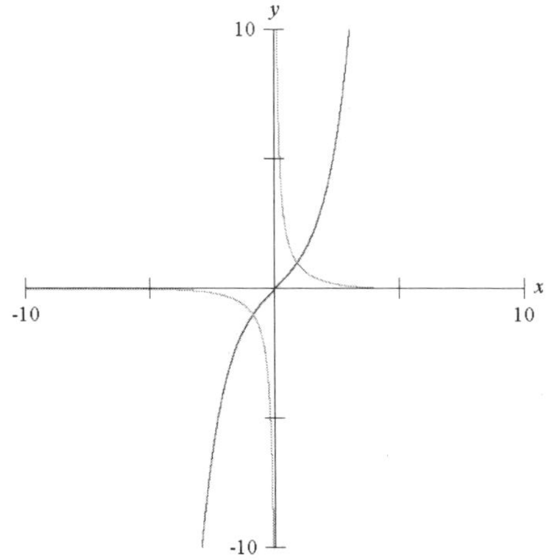


그림 1.9 $y = \sinh(x)$ $y = \operatorname{csch}(x)$

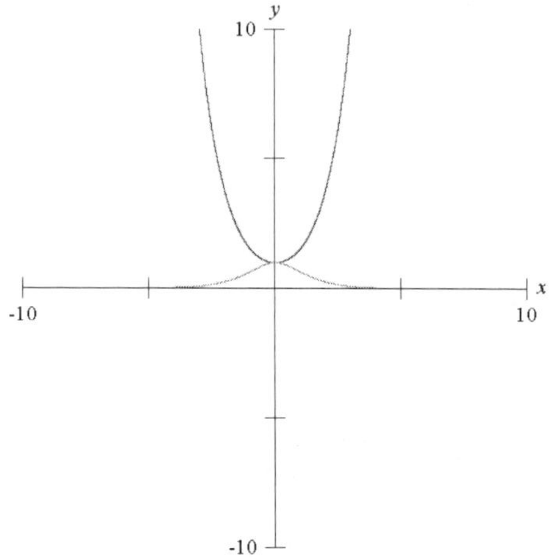


그림 1.10 $y = \cosh(x)$ $y = \operatorname{sech}(x)$

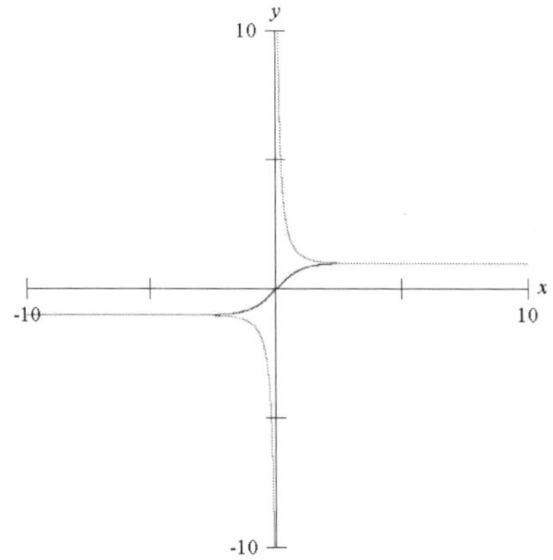


그림 1.11 $y = \tanh(x)$ $y = \coth(x)$

**참고 1.9** $y = \sinh x$를 [$y$는 hyperbolic sine]이라고 읽는다. 나머지도 앞에 hyperbolic을 붙여서 읽는다. 한글로는 [$y$는 쌍곡사인]이라고 읽는다. 나머지도 앞에 쌍곡을 붙여서 읽는다.

**참고 1.10** 삼각함수는 주기함수이지만 쌍곡선함수는 그 어느것도 주기함수가 아니다. 사실 쌍곡선함수는 주기적이지 않는 지수함수들로 정의되기 때문에 쌍곡선함수가 주기적이지 않는 것이다. 이 점이 삼각함수와 크게 다른 점이다. 하지만 다음과 같은 삼각함수와 비슷한 우함수와 기함수 성질은 성립한다.

$$\cosh(-x) = \cosh x, \ \sinh(-x) = -\sinh x$$

### 쌍곡선함수의 성질

쌍곡선함수들은 다음과 같은 성질을 만족한다.

(1) $\cosh^2 x - \sinh^2 x = 1$

(2) $1 - \tanh^2 x = \operatorname{sech}^2 x$

(3) $\coth^2 x - 1 = \operatorname{csch}^2 x$

(4) $\sinh(x+y) = \sinh x \cdot \cosh y + \cosh x \cdot \sinh y$

(5) $\cosh(x+y) = \cosh x \cdot \cosh y + \sinh x \cdot \sinh y$

**예제 1.2.15**

$\tanh x = \dfrac{4}{5}$일 때 $\sinh x$와 $\cosh x$를 각각 구하시오.

---

풀이 1.2.15

공식 $\text{sech}^2 x = 1 - \tanh^2 x$을 이용하면 $\text{sech}x = \sqrt{1-\tanh^2 x}$이다.

이것을 이용하면 $\text{sech}x = \sqrt{1-\tanh^2 x} = \dfrac{3}{5}$이다.

따라서 $\text{sech}x = \dfrac{1}{\cosh x}$ 이므로 $\cosh x = \dfrac{5}{3}$이고

$\sinh x = \text{sech}x \cdot \tanh x = \dfrac{5}{3} \cdot \dfrac{4}{5} = \dfrac{4}{3}$이다.

---

**정의 1.2.6**

**역쌍곡선함수**

쌍곡선함수도 다음과 같은 주치(제한된 정의역)에 대하여 역함수를 가진다. 이것을 **역쌍곡선함수**(inverse hyperbolic function)라 한다.

1. $y = \sinh^{-1} x \Leftrightarrow x = \sinh y$ ($x$와 $y$는 모든 범위)
2. $y = \cosh^{-1} x \Leftrightarrow x = \cosh y$ ($x \geq 1$, $y \geq 0$)
3. $y = \tanh^{-1} x \Leftrightarrow x = \tanh y$ ($|x| < 1$, $y$는 모든 범위)
4. $y = \coth^{-1} x \Leftrightarrow x = \coth y$ ($|x| > 1$, $|y| > 0$)
5. $y = \text{sech}^{-1} x \Leftrightarrow x = \text{sech} y$ ($0 < x \leq 1$, $y \geq 0$)
6. $y = \text{csch}^{-1} x \Leftrightarrow x = \text{csch} y$ ($|x| > 0$, $|y| > 0$)

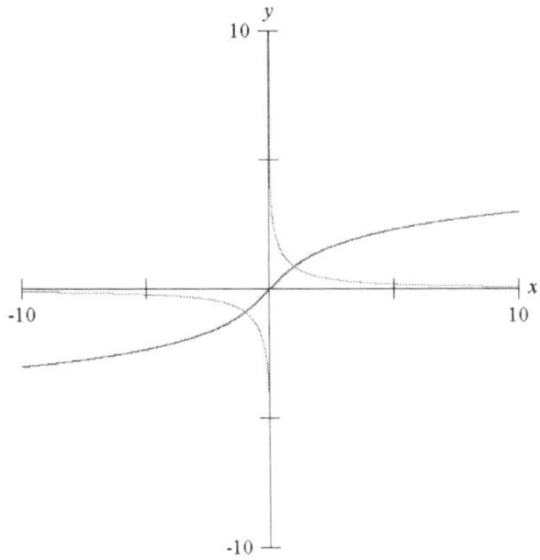


**그림** 1.12 $y = \sinh^{-1}(x)$ $y = \operatorname{csch}^{-1}(x)$

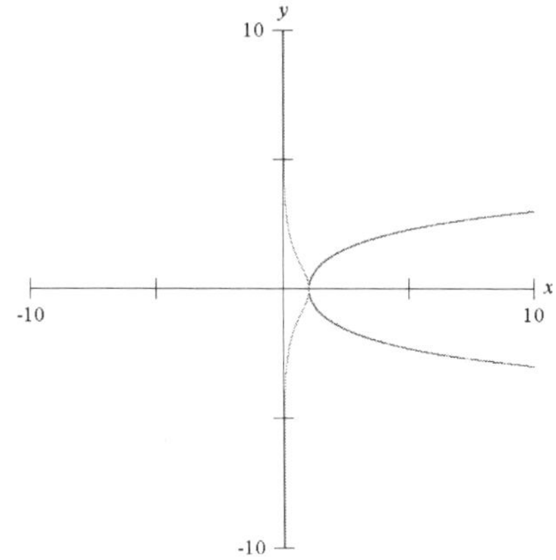


**그림** 1.13 $y = \cosh^{-1}(x)$ $y = \operatorname{sech}^{-1}(x)$

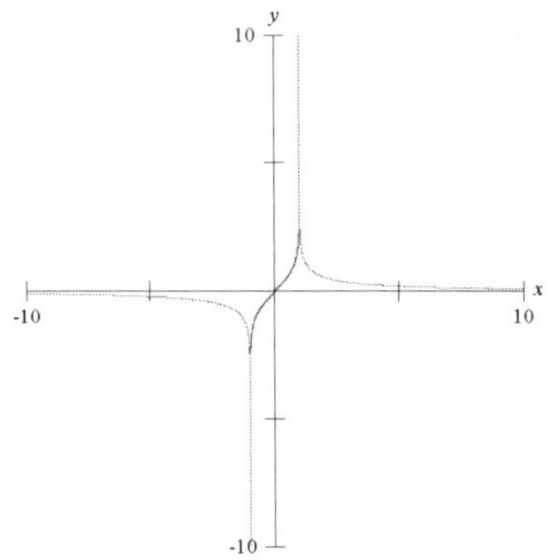


**그림** 1.14 $y = \tanh^{-1}(x)$ $y = \coth^{-1}(x)$

### 역쌍곡선함수와 자연로그함수의 관계

쌍곡선함수의 역함수인 역쌍곡선함수는 다음과 같이 자연로그함수로 표현된다.

1. $\sinh^{-1} x = \ln(x + \sqrt{x^2+1}) \quad (-\infty < x < \infty)$

2. $\cosh^{-1} x = \ln(x + \sqrt{x^2-1}) \quad (x \geq 1)$

3. $\tanh^{-1} x = \dfrac{1}{2} \ln \dfrac{1+x}{1-x} \quad (-1 < x < 1)$

4. $\coth^{-1} x = \dfrac{1}{2} \ln \dfrac{x+1}{x-1} \quad (|x| > 1)$

5. $\operatorname{sech}^{-1} x = \ln \left( \dfrac{1}{x} + \sqrt{\dfrac{1}{x^2} - 1} \right) \quad (0 < x \leq 1)$

6. $\operatorname{csch}^{-1} x = \ln \left( \dfrac{1}{x} + \sqrt{\dfrac{1}{x^2} + 1} \right) \quad (|x| > 0)$

**예제 1.2.16**

$x \geq 1$에 대하여 $\sinh^{-1}\sqrt{x^2-1} = \cosh^{-1} x$ 임을 보이시오.

---

**풀이** 1.2.16

위 공식에 대입하여 로그의 성질을 사용하면 구할 수 있다.

$$\begin{aligned}\sinh^{-1}\sqrt{x^2-1} &= \ln(\sqrt{x^2-1} + \sqrt{(x^2-1)+1}) \\ &= \ln(\sqrt{x^2-1} + \sqrt{x^2}) \\ &= \ln(\sqrt{x^2-1} + x) \\ &= \cosh^{-1} x\end{aligned}$$

---

**참고 1.11** 위 예제와 같은 방법에 의해 다음도 구할 수 있다.
$x \geq 0$에 대하여

$$\cosh^{-1}\sqrt{x^2+1} = \sinh^{-1} x$$

이 성립한다.

## 연습문제 1.2

**1.** $f(x)=x^2+1$의 두 역상을 구하고 그래프를 그려라.

---

풀이

$y=f(x)=x^2+1$을 $x$에 관하여 풀면 다음과 같다.

$$x=\pm\sqrt{y-1} \tag{1}$$

식 (1)에서 하나의 치역의 원소 $y\in(1,\infty)$에 대하여 두 개의 정의역의 값 $x=\pm\sqrt{y-1}$가 대응하므로 $f$는 단사함수가 아니며 또한 전단사함수가 아니다.

이제 $f$ 의 정의역을 $[0,\infty)$ 또는 $(-\infty,\ 0]$으로 각각 나누면 다음의 두 함수 $f_1$ 와 $f_2$는 치역 $[1,\infty)$인 전단사함수가 된다.

$$f_1\ :[0,\ \infty)\rightarrow\mathbb{R},\ f_2\ :(-\infty,\ 0]\rightarrow\mathbb{R}$$

따라서 $f$의 역상은 다음과 같이 두 종류의 역함수로 생각할 수 있으며 이는

$$f_1^{-1}\ :[1,\infty)\rightarrow[0,\infty),\quad f_1^{-1}=\sqrt{x-1}$$
$$f_2^{-1}\ :[1,\infty)\rightarrow(-\infty,0],\quad f_2^{-1}=-\sqrt{x-1}$$

이다([그림 1.15] 참조).

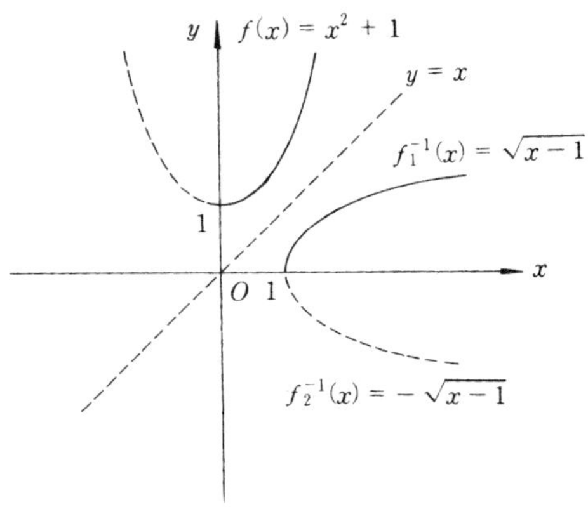


그림 1.15 $y=x^2+1$의 두 역상

---

**2.** $f(x) = \begin{cases} x\sin\dfrac{1}{x}, & x > 0 \\ 0, & x = 0 \end{cases}$ 의 그래프를 그리시오.

---

풀이

$\left|x\sin\dfrac{1}{x}\right| \le |x|$ 이므로 $f(x)$의 그래프는 두 직선, 즉 $y = x$와 $y = -x$ 사이에 포함된다. 그리고 $\left|\sin\dfrac{1}{x}\right| = 1$ 이면, 즉 $\sin\dfrac{1}{x} = \pm 1$ 인 경우는

$$\frac{1}{x} = \frac{(2n-1)}{2}\pi \quad (n = 1,\ 2,\ 3, \cdots)$$

을 만족한다. 따라서 $x = \dfrac{2}{\pi}, \dfrac{2}{3\pi}, \dfrac{2}{5\pi}, \cdots$ 에서

$$f(x) = x \text{ 또는 } f(x) = -x$$

가 되므로 이들 $x$의 값에서 $f(x)$의 그래프는 $y = \pm x$와 만나고, 그 외의 $x$값에 대하여 $|\sin\frac{1}{x}| < 1$ 이므로 $|f(x)| < |x|$가 된다. 다시 말해 그래프는 점 $(\frac{2}{\pi}, \frac{2}{\pi})$, $(\frac{2}{3\pi}, \frac{-2}{3\pi})$, $(\frac{2}{5\pi}, \frac{2}{5\pi})$, $(\frac{2}{7\pi}, \frac{-2}{7\pi}), \cdots$ 에서 직선 $y = \pm x$와 접하게 된다. 그리고 $\sin\dfrac{1}{x} = 0$일 때 $\dfrac{1}{x} = m\pi$ $(m = 1,\ 2,\ 3, \cdots)$

즉, $x = \frac{1}{\pi},\ \frac{1}{2\pi},\ \frac{1}{3\pi}, \cdots$ 일 때 $f(x) = 0$ 이므로 $0 \le x \le \dfrac{1}{\pi}$ 사이에서 무한히 진동하는 그림이 된다 ([그림 1.16] 참조).

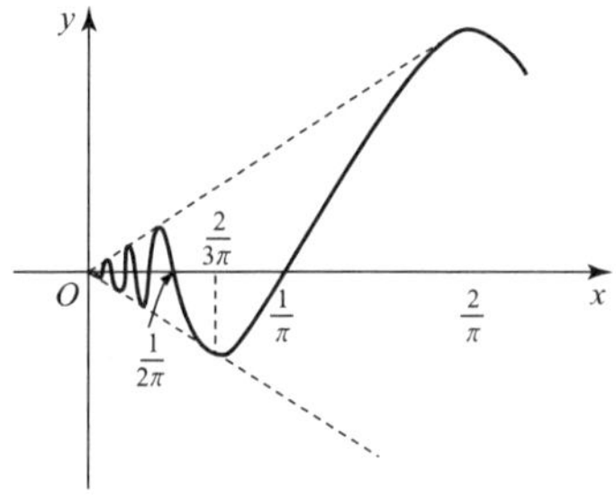


그림 1.16 $y = x\sin(\frac{1}{x})$의 그래프

---

**3.** $f: R \to R$를 $f(x) = \dfrac{x^2+x-2}{x^2+5x-6}$로 정의된 함수라 하자. 이 함수의 정의역을 구하시오.

---

풀이

유리수에 있어 $\dfrac{0}{1} = 0$, $\dfrac{0}{0}$은 부정, $\dfrac{1}{0}$은 불능이라 각각 정의한다. 불능이란 수학적으로 정의될 수 없음을 의미하지만 부정이란 정의는 되지만 정할 수 없음을 의미한다.

따라서 실수 $R$의 원소 중에서 함수식의 분모가 $0$이 되게 하는 수를 제외한 $R$의 모든 원소가 정의역이 된다. 이것을 식으로 설명하면 다음과 같다.

$x^2+5x-6 = (x-1)(x+6) = 0$이므로 $x = \{1, -6\}$가 된다. 따라서 $R - \{1, -6\}$가 정의역이다.

---

**4.** $\log_3(x^2-x+1) - \log_3(x^2+x+1)$의 최솟값과 최댓값을 구하시오.

---

풀이

준 식 $= \log_3 \dfrac{x^2-x+1}{x^2+x+1}$이므로 $\dfrac{x^2-x+1}{x^2+x+1} = k$라 두고 $\log_3 k$의 최솟값과 최댓값을 구하면 된다.
치환식은 $(k-1)x^2 + (k+1)x + k - 1 = 0$이므로

(1) $k = 1$이면 $x = 0$이고, (2) $k \neq 1$일 때 $x$가 실숫값을 가져야 하므로 판별식 $D \geq 0$이다. 따라서 $D = (k+1)^2 - 4(k-1)^2 \geq 0$이고 $\frac{1}{3} \leq k \leq 3$이다. 결국 (1)과 (2)에 의해서 $\frac{1}{3} \leq k \leq 3$을 얻는다.
양변에 로그를 취하면, $-1 \leq \log_3 k \leq 1$이다.

---

**5.** $x^2+8x-3=0$의 두 근이 $\tan\alpha$, $\tan\beta$일 때 $\tan(\alpha+\beta)$의 값을 구하시오.

---

풀이

2차 방정식 $ax^2+bx+c=0$의 두 근이 $p$, $q$ 일 때 $p+q = -\frac{b}{a}$ 이고 $p \cdot q = \frac{c}{a}$이다.
따라서 $\tan\alpha + \tan\beta = -8$ 이고 $\tan\alpha \cdot \tan\beta = -3$이다. 배운 공식을 사용하면

$$\tan(\alpha+\beta) = \frac{\tan\alpha + \tan\beta}{1 - \tan\alpha\tan\beta} = -2$$

---

**6.** 다음 덧셈공식을 증명하시오.

$$\sin(\alpha \pm \beta) = \sin\alpha\cos\beta \pm \cos\alpha\sin\beta$$

$$\cos(\alpha \pm \beta) = \cos\alpha\cos\beta \mp \sin\alpha\sin\beta$$

$$\tan(\alpha \pm \beta) = \frac{\tan\alpha \pm \tan\beta}{1 \mp \tan\alpha\tan\beta}$$

**[증명]**

회전변환을 나타내는 행렬을 이용하면 덧셈정리를 아래 (1) - (8)을 통하여 증명할 수 있다.

(1) 점 $(x, y)$를 각 $\alpha$만큼 회전변환한 점을 $(x', y')$이라 하면 이것의 행렬방정식은 다음과 같다.

$$\begin{pmatrix} x' \\ y' \end{pmatrix} = \begin{pmatrix} \cos\alpha & -\sin\alpha \\ \sin\alpha & \cos\alpha \end{pmatrix} \begin{pmatrix} x \\ y \end{pmatrix}$$

(2) 계속하여 점 $(x', y')$을 각 $\beta$만큼 회전변환한 점을 $(x'', y'')$이라 하면 이것의 행렬방정식은 다음과 같다.

$$\begin{pmatrix} x'' \\ y'' \end{pmatrix} = \begin{pmatrix} \cos\beta & -\sin\beta \\ \sin\beta & \cos\beta \end{pmatrix} \begin{pmatrix} x' \\ y' \end{pmatrix}$$

(3) 위 (1)과 (2)를 합성하면 점 $(x, y)$를 각 $\alpha$만큼 회전한 다음 $\beta$만큼 회전변환 점이 $(x'', y'')$인 것이다. 따라서 다음과 같다.

$$\begin{pmatrix} x'' \\ y'' \end{pmatrix} = \begin{pmatrix} \cos\beta & -\sin\beta \\ \sin\beta & \cos\beta \end{pmatrix} \begin{pmatrix} \cos\alpha & -\sin\alpha \\ \sin\alpha & \cos\alpha \end{pmatrix} \begin{pmatrix} x \\ y \end{pmatrix}$$

(4) 이제 점 $(x, y)$를 $(\alpha + \beta)$만큼 회전변환한 점을 $(x'', y'')$ 라하면 다음을 얻는다.

$$\begin{pmatrix} x'' \\ y'' \end{pmatrix} = \begin{pmatrix} \cos(\alpha+\beta) & -\sin(\alpha+\beta) \\ \sin(\alpha+\beta) & \cos(\alpha+\beta) \end{pmatrix} \begin{pmatrix} x \\ y \end{pmatrix}$$

(5) 위 (3)에 있는 두 행렬의 곱은 (4)의 행렬과 같아야 하므로

$$\sin(\alpha + \beta) = \sin\alpha\cos\beta + \cos\alpha\sin\beta$$

$$\cos(\alpha + \beta) = \cos\alpha\cos\beta - \sin\alpha\sin\beta$$

이 증명된다.

(6) 위 (5)에서 $\beta$대신에 $-\beta$를 대입하면

$$\sin(\alpha - \beta) = \sin\alpha\cos\beta - \cos\alpha\sin\beta$$

$$\cos(\alpha - \beta) = \cos\alpha\cos\beta + \sin\alpha\sin\beta$$

이 증명된다.

(7) 두 번째식에서 분모와 분자에 $\cos\alpha\cos\beta$를 나누면 세번째식을 얻는다.

$$\begin{aligned}\tan(\alpha+\beta) &= \frac{\sin(\alpha+\beta)}{\cos(\alpha+\beta)} \\ &= \frac{\sin\alpha\cos\beta+\cos\alpha\sin\beta}{\cos\alpha\cos\beta-\sin\alpha\sin\beta} \\ &= \frac{\tan\alpha+\tan\beta}{1-\tan\alpha\tan\beta}\end{aligned}$$

(8) 위 (7)에서 $\beta$대신에 $-\beta$를 대입하면

$$\begin{aligned}\tan(\alpha-\beta) &= \frac{\sin(\alpha-\beta)}{\cos(\alpha-\beta)} \\ &= \frac{\sin\alpha\cos\beta-\cos\alpha\sin\beta}{\cos\alpha\cos\beta+\sin\alpha\sin\beta} \\ &= \frac{\tan\alpha-\tan\beta}{1+\tan\alpha\tan\beta}\end{aligned}$$

을 얻는다. □

**7**. 반각공식 $\sin^2\frac{\alpha}{2} = \frac{1-\cos\alpha}{2}$ 을 증명하시오.

**[증명]**

삼각함수의 덧셈공식을 이용하여 증명을 한다.

$$\begin{aligned}\cos\alpha &= \cos\left(\frac{\alpha}{2}+\frac{\alpha}{2}\right) \\ &= \cos^2\frac{\alpha}{2}-\sin^2\frac{\alpha}{2} \\ &= 1-2\sin^2\frac{\alpha}{2} \\ \therefore\ \sin^2\frac{\alpha}{2} &= \frac{1-\cos\alpha}{2}\end{aligned}$$

□

**8**. 삼각함수의 공식 $\sin(\alpha+\beta)+\sin(\alpha-\beta) = 2\sin\alpha\cos\beta$임을 증명하시오.

**[증명]**

덧셈공식을 이용하여

$$\sin(\alpha+\beta) = \sin\alpha\cos\beta+\cos\alpha\sin\beta$$

$$\sin(\alpha-\beta) = \sin\alpha\cos\beta-\cos\alpha\sin\beta$$

두 식을 덧셈하면 $\sin(\alpha+\beta)+\sin(\alpha-\beta) = 2\sin\alpha\cos\beta$ 을 얻는다. □

**9**. 삼각함수의 공식 $\cos(\alpha+\beta)+\cos(\alpha-\beta) = 2\cos\alpha\cos\beta$임을 증명하시오.

**[증명]**

덧셈공식을 이용하여

$$\cos(\alpha+\beta) = \cos\alpha\cos\beta - \sin\alpha\sin\beta$$

$$\cos(\alpha-\beta) = \cos\alpha\cos\beta + \sin\alpha\sin\beta$$

두 식을 덧셈하면 $\cos(\alpha+\beta)+\cos(\alpha-\beta) = 2\cos\alpha\cos\beta$ 을 얻는다. □

**10.** 배각공식 $\sin 2\alpha = 2\sin\alpha\cos\alpha$ 임을 증명하시오.

**[증명]**

다음과 같이 덧셈공식을 이용하면 된다.

$$\sin 2\alpha = \sin(\alpha+\alpha) = \sin\alpha\cos\alpha + \cos\alpha\sin\alpha = 2\sin\alpha\cos\alpha$$

□

**11.** $\tan\frac{\alpha}{2} = t$ 일 때

$$(1)\ \sin\alpha = \frac{2t}{1+t^2} \qquad (2)\ \cos\alpha = \frac{1-t^2}{1+t^2} \qquad (3)\ \tan\alpha = \frac{2t}{1-t^2}$$

을 증명하시오.

**[증명]**

(1) $\sin\alpha = 2\sin\frac{\alpha}{2}\cos\frac{\alpha}{2} = \frac{2\tan\frac{\alpha}{2}}{\sec^2\frac{\alpha}{2}} = \frac{2t}{1+t^2}$

(2) $\cos\alpha = \cos^2\frac{\alpha}{2} - \sin^2\frac{\alpha}{2} = \cos^2\frac{\alpha}{2}(1-\tan^2\frac{\alpha}{2}) = \frac{1-\tan^2\frac{\alpha}{2}}{1+\tan^2\frac{\alpha}{2}} = \frac{1-t^2}{1+t^2}$

(3) $\tan\alpha = \frac{\sin\alpha}{\cos\alpha} = \frac{2t}{1-t^2}$ □

**12.** $\tan\alpha = -\sqrt{3}\ (0<\alpha<\pi)$ 일 때 $\sin\frac{\alpha}{2}$ 을 구하시오.

---

풀이

주어진 조건인 2사분면에서 $\tan\alpha = -\sqrt{3}$ 일 때 $\sin\alpha = \frac{\sqrt{3}}{2}$, $\cos\alpha = -\frac{1}{2}$ 이다.

이제 반각공식을 이용한다.

$\sin^2\frac{\alpha}{2} = \frac{1-\cos\alpha}{2} = \frac{3}{4}$ $\therefore\ \sin\frac{\alpha}{2} = \frac{\sqrt{3}}{2}$

---

**13.** $\tan\frac{\alpha}{2} = \frac{1}{\sqrt{3}}$일 때 $\sin\alpha$를 구하시오.

---

풀이

$\tan\frac{\alpha}{2} = t$라 두면 $\sin\alpha = \frac{2t}{1+t^2} = \frac{\sqrt{3}}{2}$이다.

---

**14.** 쌍곡선함수의 성질 $\cosh^2 x - \sinh^2 x = 1$임을 증명하시오.

**[증명]**

쌍곡선함수의 정의에 의해

$$\begin{aligned}\cosh^2 x - \sinh^2 x &= (\frac{e^x + e^{-x}}{2})^2 - (\frac{e^x - e^{-x}}{2})^2 \\ &= \frac{e^{2x} + 2 + e^{-2x}}{4} - \frac{e^{2x} - 2 + e^{-2x}}{4} = 1\end{aligned}$$

□

**15.** 역쌍곡선함수는 다음과 같이 자연로그함수를 이용하여 나타낼 수 있음을 증명하시오.

$$\sinh^{-1} x = \ln(x + \sqrt{x^2+1})$$

**[증명]**

$y = \sinh^{-1} x \Leftrightarrow x = \sinh y = \frac{e^y - e^{-y}}{2}$가 성립한다.

따라서 $e^y - 2x - e^{-y} = 0 \Leftrightarrow (e^y)^2 - 2x(e^y) - 1 = 0$이다.

근의 공식을 사용하면 $e^y = x \pm \sqrt{x^2+1}$이고 양변에 자연로그를 취하면

$y = \sinh^{-1} x = \ln(x + \sqrt{x^2+1})$ $(\because e^y > 0)$이다. □

**16.** $f(x) = \frac{1}{2}(1 + \tanh x)$ 일 때 $f(x) = \frac{1}{1+e^{-2x}}$ 임을 보이시오.

---

풀이

주어진 함수는

$$f(x) = \frac{1}{2}(1 + \tanh x) = \frac{1}{2}(1 + \frac{\sinh x}{\cosh x})$$

이다.

쌍곡선함수 $\sinh x = \frac{e^x - e^{-1}}{2}$ 와 $\cosh x = \frac{e^x + e^{-1}}{2}$ 를 위 식에 대입하여 정리하면 증명된다.

---

**17.** 모든 $x$에 대하여

$$\cosh x > \frac{e^{|x|}}{2}$$

임을 보이시오.

---

풀이

$x \geq 0$에 대하여 $\cosh x = \dfrac{e^x + e^{-1}}{2} > \dfrac{1}{2}e^x = e^{|x|}$ 이다.

그리고 $x < 0$에 대하여 $\cosh x = \dfrac{e^x + e^{-1}}{2} > \dfrac{1}{2}e^{-x} = e^{|x|}$ 이다.

따라서 모든 $x$에 대하여 $\cosh x > \frac{e^{|x|}}{2}$ 이 성립한다.

---

## 1.3 평면곡선

지금까지 평면곡선은 주로 직교좌표에 의해 $y = f(x)$로 표현되었고, 직교좌표에 의해 표현되는 $y = f(x)$ 또는 $f(x, y) = k$ (상수)를 **직교방정식**이라 한다. 이 절에서는 곡선 $y = f(x)$의 좌표변수 $x$ 와 $y$가 $t$ 또는 $\theta$를 매개변수로 하는 $\{x = g(t), y = h(t)\}$ 또는 $\{x = g(\theta), y = h(\theta)\}$를 **매개(변수)방정식**이라 하고, 곡선 $y = f(x)$를 길이와 각의 좌표로 표현하는 $r = f(\theta)$를 **극방정식(극형식)**이라 한다. 이들의 상호관계에 대하여 공부한다. 마지막으로 이 절에서 배우는 내용은 4장에서 6장까지 배우는 미분과 적분 그리고 그들의 응용으로 곡선으로 둘러싸인 면적과 곡선의 회전체의 부피등을 공부하는 데 필요하다.

**정의 1.3.1**

**매개(변수)방정식**
직교방정식 $y = f(x)$에 의해 나타나는 평면곡선을 $C$라 하자. $C$상의 점들의 좌표는 구간 $I$에서 정의된 두 함수 $g(t)$와 $h(t)$로 표현할 수가 있고, 이 때 모든 $t \in I$에 대하여 $\{x = g(t), y = h(t)\}$을 곡선 $y = f(x)$의 **매개(변수)방정식** 또는 **매개(변수)표현**이라고 한다.

**예제 1.3.1**

모든 $t \in I$에 대하여 매개변수방정식 $x = g(t) = 1 - 2t$ 와 $y = h(t) = -3 + 4t$ 에 의해 표현되는 평면곡선 $C$를 직교방정식 $y = f(x)$로 나타내시오.

---

풀이 1.3.1

첫 번째 식 $x = 1 - 2t$로부터

$$t = \frac{1}{2} - \frac{x}{2}$$

을 얻는다. 이 식을 두 번째 변수 $t$에 대입하면

$$y = -3 + 4t = -3 + 4\left(\frac{1}{2} - \frac{x}{2}\right) = -1 - 2x$$

이 된다. 다시 말해 $y = f(x) = -1 - 2x$이다.

---

**예제 1.3.2**

구간 $I = [0, 2\pi]$ 와 실수 $r > 0$에 대하여 매개변수방정식 $x = r\cos t$ 와 $y = r\sin t$에 의해 표현되는 평면곡선 $C$를 직교방정식 $f(x, y) = k$ (상수) 형태로 나타내시오.

---

풀이 1.3.2

삼각함수의 성질로부터

$$x^2 + y^2 = (r\cos t)^2 + (r\sin t)^2 = r^2$$

임을 알 수 있다.
따라서 평면곡선 $C : x^2 + y^2 = r^2$ 은 중심이 $(0,0)$ 이고 반경이 $r$ 인 원임을 알 수 있다.

---

**정의 1.3.2**

**극방정식(극형식)**
좌표평면의 원점 $O(0,0)$ 을 시점으로 양의 방향의 $x$ 축을 **극축(polar axis)** 또는 **기선** 이라고 한다. 원점이 아닌 좌표평면 상의 한 점 $P$ 가 $|OP| = r$ 이고 기선의 반시계 방향으로 각 $\theta$ 의 위치에 있을 때 $(r, \theta)$ 를 점 $P$ 의 **극좌표**라고 한다. 극좌표 $(r, \theta)$ 들의 집합을 $r$ 과 $\theta$ 의 함수관계로 표현한 식 $r = f(\theta)$ 을 **극방정식(극형식)** 이라 한다.

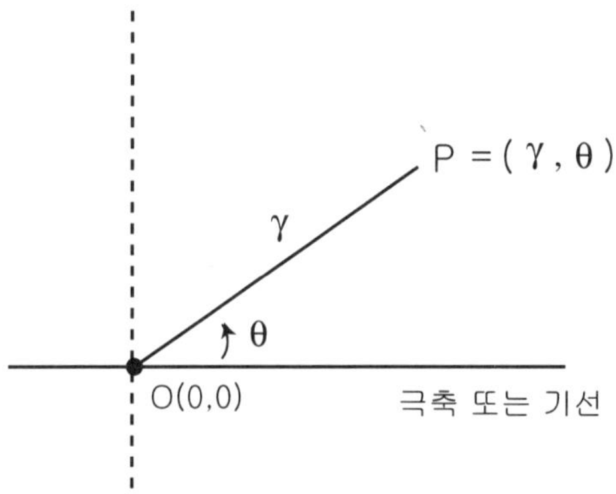


그림 1.17 극좌표 $(r, \theta)$

**참고 1.12** 직교좌표와 극좌표의 정의로부터 다음 성질이 성립한다.

1. $(-r, \theta) = (r, \theta + \pi)$
   설명하면 극좌표 $(-r, \theta)$ 는 극좌표 $(r, \theta)$ 에서 반시계 방향으로 180도 만큼 회전한 위치의 점과 같다.

2. $(r, \theta) = (r, \theta \pm 2\pi)$
   설명하면 극좌표 $(r, \theta \pm 2\pi)$ 는 극좌표 $(r, \theta)$ 에서 반시계(시계) 방향으로 360도 만큼 회전한 위치의 점과 같다.

3. 직교좌표 $(x, y)$ 와 극좌표 $(r, \theta)$ 가 같은 위치의 점이라고 하면

$$x = r\cos\theta,\ y = r\sin\theta \qquad r^2 = x^2 + y^2,\ \tan\theta = \frac{y}{x}$$

   가 성립한다.

**예제 1.3.3**

원 $x^2 + y^2 = a^2\ (a > 0)$ 의 극방정식을 구하시오.

풀이 1.3.3

앞의 성질 $r^2 = x^2 + y^2$을 대입하면 $r^2 = a^2$이고 간단하게 극방정식은 $r = a$이다.

**예제 1.3.4**

원 $x^2 + y^2 = ax$의 극방정식을 구하시오.

풀이 1.3.4

앞의 성질 $r^2 = x^2 + y^2$ 와 $x = r\cos\theta$을 대입하면
$r^2 = ar\cos\theta$이고 간단히 하면 극방정식은$r = a\cos\theta$이다.

다음에서 직교방정식, 매개방정식 그리고 극방정식에 관련된 보충설명과 상호변환관계 및 이들에 관련된 다양한 예제문제들을 다룬다.

## 1. 직선

- 직선의 매개변수방정식은 그것의 공통 매개변수를 소거해주는 것으로 직교방정식으로 바꿀 수 있다. [예제 1.3.1]과 [예제 1.3.2]를 보시오.
- 직선 $Ax + By + c = 0$의 기울기가 $m = -\dfrac{A}{B}$일 때 직선의 방향비를 $-B : A$라고 한다.
- 직선 $Ax + By + c = 0$의 방향비가 $-B : A$이고 점 $(x_0, y_0)$를 지난다고 할 때 직선의 방정식은

$$\frac{x - x_0}{-B} = \frac{y - y_0}{A} = t(\text{일정})$$

또는

$$x = x_0 + (-B)t \qquad y = y_0 + At$$

으로 표현이 된다. 이 식을 $t$를 매개변수로 하는 직선 $Ax + By + c = 0$의 매개방정식이라 한다.

**예제 1.3.5**

매개방정식 $x = 4 - 3t$ 와 $y = 1 + t$을 직교방정식으로 나타내시오.

풀이 1.3.5

방향비가 $-3 : 1$이고 $(4, 1)$을 지나기 때문에 직교방정식은

$$\frac{x - 4}{-3} = \frac{y - 1}{1} \quad \text{또는} \quad x + 3y - 7 = 0$$

**예제 1.3.6**

직교방정식 $x-2y+3=0$을 매개방정식으로 나타내시오.

풀이 1.3.6

방향비가 $2:1$이고 $(-1,1)$을 지나기 때문에 매개방정식은$x=-1+2t,\ \ y=1+t$이다.

- 직선의 직교방정식 $Ax+By+C=0$에서 $x=r\cos\theta$ 와 $y=r\sin\theta$를 대입하면 극방정식

$$r=-\frac{C}{A\cos\theta+B\sin\theta}$$

을 얻을 수 있다. 역으로 극방정식에 $x=r\cos\theta$ 와 $y=r\sin\theta$를 대입하면 직교방정식을 얻을 수 있다.

**예제 1.3.7**

극방정식 $r=\dfrac{1}{\cos\theta+3\sin\theta}$를 직교방정식으로 나타내시오.

풀이 1.3.7

주어진 식은 $r\cos\theta+3r\sin\theta=1$이므로 $x=r\cos\theta$ 와 $y=r\sin\theta$를 대입하면
직교방정식 $x+3y-1=0$을 얻는다.

**예제 1.3.8**

직교방정식 $2x+y=3$을 극방정식으로 나타내시오.

풀이 1.3.8

직교방정식 $2x+y=3$에 $x=r\cos\theta$ 와 $y=r\sin\theta$를 대입하여 정리하면
극방정식 $r=\dfrac{3}{2\cos\theta+\sin\theta}$ 을 얻는다.

## 2. 원

• 중심이 원점 $(0,0)$이고 반지름이 $a$인 원의 직교방정식

$$x^2 + y^2 = a^2$$

위의 임의의 점$(x,y)$은 $x = a\cos\theta$ 와 $y = a\sin\theta$로 표시된다. 따라서 이 식을 $\theta$를 매개변수로 하는 원의 매개방정식이라 한다.

• 일반적으로 원의 중심이 $(x_0, y_0)$이고 반지름이 $a$인 원의 직교방정식

$$(x - x_0)^2 + (y - y_0)^2 = a^2$$

의 매개방정식은

$$x - x_0 = a\cos\theta \qquad y - y_0 = a\cos\theta$$

• 원의 직교방정식 $(x - x_0)^2 + (y - y_0)^2 = a^2$을 원의 표준형이라 하고, 원의 일반 방정식이 주어졌다면 표준형으로 바꾼 후 매개방정식으로 나타낼 수 있다.

• 반대로 원의 매개방정식

$$x - x_0 = a\cos\theta \qquad y - y_0 = a\cos\theta$$

이 주어졌다면

$$(x - x_0)^2 + (y - y_0)^2 = a^2(\cos^2\theta + \sin^2\theta) = a^2$$

처럼 원의 직교방정식으로 나타낼 수 있다.

**예제 1.3.9**

원의 직교방정식 $x^2 + y^2 - 2x + 4y + 4 = 0$을 매개변수방정식으로 나타내시오.

---

풀이 1.3.9

주어진 방정식을 표준형으로 바꾸면

$$(x-1)^2 + (y+2)^2 = 1$$

이다. 따라서 매개변수방정식은

$$x - 1 = \cos\theta \qquad y + 2 = \sin\theta$$

---

**예제 1.3.10**

매개변수방정식 $x = 3 + 2\sin\theta$ 와 $y = -4 + 2\cos\theta$를 직교방정식으로 나타내시오.

풀이 1.3.10

주어진 식은 $x-3=2\sin\theta$ 와 $y+4=2\cos\theta$이 되므로

$$(x-3)^2+(y+4)^2=4(\sin^2\theta+\cos^2\theta)=4$$

은 직교방정식이다.

---

• 앞의 [예제 1.3.3]에서 알 수 있듯이 중심이 원점이고 반지름이 $a$인 직교방정식은 극방정식

$$r=a$$

로 표현된다.

• 일반적인 원의 표준형 $(x-x_0)^2+(y-y_0)^2=a^2$에 대하여 중심 $P_0(x_0,y_0)$와 원점 $O(0,0)$까지 거리를 $|\overline{OP_0}|=r_1$이라 하고 선분 $\overline{OP_0}$와 기선축과의 각을 $\theta_1$이라고 하면

$$x_0=r_1\cos\theta_1 \qquad y_0=r_1\sin\theta_1$$

을 만족하는 중심 $P_0(r_1,\theta_1)$을 얻는다. 이제 반지름이 $a$인 원 위의 임의의 점을 $(r,\theta)$라 두고 코사인(cosine)법칙을 이용하면 극방정식

$$r^2+r_1^2-2rr_1\cos(\theta-\theta_1)=a^2$$

을 얻는다. 이것은 중심이 $(r_1,\theta_1)$이고 반지름이 $a$인 일반적인 원의 극방정식이다.

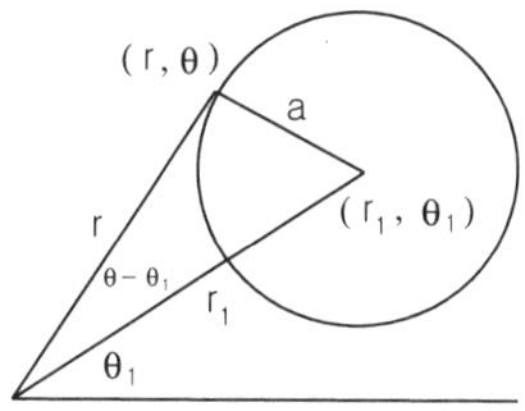


그림 1.18 중심$(r_1,\theta_1)$이고 반지름이 $a$인 원의 극방정식

반대로 극좌표의 점들을 직교좌표의 점들로 바꾸기 위하여 코사인의 덧셈공식을 적용하여 극방정식을 전개한 다음

$$r^2=x^2+y^2 \quad r_1^2=x_1^2+y_1^2 \quad x=r\cos\theta \quad y=r\sin\theta \quad x_1=r_1\cos\theta_1 \quad y_1=r_1\sin\theta_1$$

을 각각 대입하면 중심이 $(x_1,y_1)$이고 반지름이 $a$인 일반적인 원의 직교방정식이 얻어진다.

$$(x-x_1)^2+(y-y_1)^2=a^2$$

**예제 1.3.11**

원 $(x-a)^2+y^2=a^2$을 극방정식으로 나타내시오.

풀이 1.3.11

중심이 $(a,0)$ 이므로 $r_1 = a$ 이고 $\theta_1 = 0$이므로
극방정식은 $r = 2a\cos\theta$이다.

**예제 1.3.12**

극방정식 $r = 2a\sin\theta$를 직교방정식으로 나타내시오.

풀이 1.3.12

주어진 식의 양변에 $r$을 곱하면

$$r^2 = 2ar\sin\theta$$

가 된다. 여기에 $r^2 = x^2 + y^2$ 과 $r\sin\theta = y$를 각각 대입하면

$$x^2 + y^2 = 2ay \;\Rightarrow\; x^2 + (y-a)^2 = a^2$$

이 된다. 이것은 중심이 $(0,1)$이고 반지름이 $a$인 원의 직교방정식이다.

## 3. 타원, 쌍곡선, 포물선

직선과 원의 매개방정식은 이미 앞에서 다루었다. 앞에서 배운 직선과 원의 극방정식을 보충하여 타원, 쌍곡선, 포물선의 극방정식에 대하여 알아본다. 기하학에서 타원, 쌍곡선, 포물선을 통틀어서 원추곡선이라고 한다.

일반적으로 $F$를 초점이라고 하고 준선을 $L$이라 할 때 원추곡선을

$$\text{원추곡선} = \{P \mid |FP| = e|PL|\}$$

으로 정의한다. 여기서 양의 상수

$$e = \frac{|FP|}{|PL|}$$

을 원추곡선의 **이심률**이라고 하며, (1) $0 < e < 1$일 때 원추곡선은 타원, (2) $e > 1$일 때 쌍곡선, (3) $e = 1$일 때 각각 포물선이 된다. 참고로 타원과 쌍곡선은 초점이 2개고 준선도 2개임을 알아야 한다.

직교좌표상의 원추곡선은 초점, 준선, 이심률을 이용하여 다음과 같이 정의된다.

직교좌표상에서 원추곡선 위의 임의의 점을 $P(x,y)$라 하고, 초점을 $F'(-c,0)$, $F(c,0)$ 그리고 각각의 초점에 대한 준선을 $L' : x = -k$, $L : x = k$라고 하면

$$e = \frac{|FP|}{|PL|} = \frac{|F'P|}{|PL'|}$$

이 성립한다. 원추곡선 위의 점 $P(x,0)$을 원추곡선의 **꼭짓점**이라고 하며, 두 개의 준선에 대응하여 꼭짓점이 두 개가 존재하며 좌표상에서 $A'(-a,0)$, $A(a,0)$이라고 표시한다.

꼭짓점 $A(a,0)$ 와 $|PF| = e|PL|$ 그리고 꼭짓점 $A(a,0)$ 와 $|PF'| = e|PL'|$로부터 각각

$$(a-c) = e(k-a) = ek - ea \qquad (*) \qquad\qquad (a+c) = e(k+a) = ek + ea \qquad (**)$$

을 얻는다. 이제 $(**) - (*)$ 과 $(**) + (*)$로부터 각각

$$e = \frac{c}{a} \qquad k = \frac{a}{e}$$

을 얻는다.

초점 $F(ea,0)$을 이용하여 원추곡선 위의 임의의 점 $P(x,y)$에 대하여 $|PF| = e|PL|$을 계산하면

$$\sqrt{(x-ea)^2 + y^2} = e|x - \frac{a}{e}| \;\Rightarrow\; \frac{x^2}{a^2} + \frac{y^2}{a^2(1-e^2)} = 1$$

이 되며, 이 식을 **타원과 쌍곡선**의 직교방정식이라 한다. 편의상 $b^2 = a^2(1-e^2)$이라 두면 (1) 타원인 경우는 $(1-e^2) > 0$이므로 $c^2 = a^2 - b^2$이 성립하며, (2) 쌍곡선인 경우는 $(e^2-1) > 0$이므로 $c^2 = a^2 + b^2$이 성립한다. 따라서 타원과 쌍곡선의 표준형은 다음과 같다.

$$\frac{x^2}{a^2} + \frac{y^2}{b^2} = 1 \qquad\qquad \frac{x^2}{a^2} - \frac{y^2}{b^2} = 1$$

마지막으로 포물선의 경우는 $e = 1$이므로, 준선 $L : x = \mp a$, 초점 $F(\pm a, 0)$이 되며 $|PF| = |PL|$을 계산하면 포물선의 표준형

$$y^2 = \pm 4ax$$

을 얻는다.

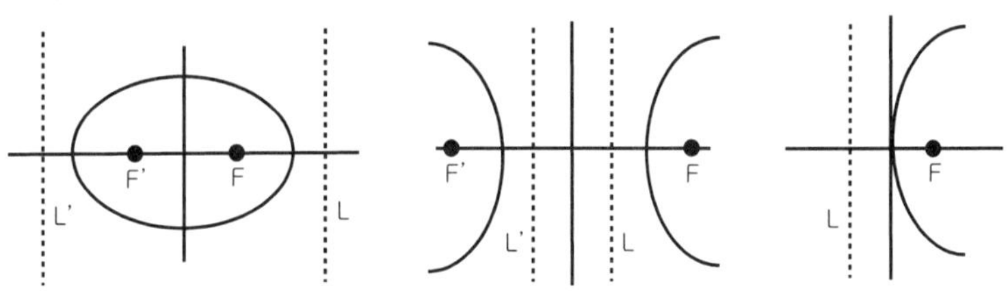


그림 1.19 타원, 쌍곡선, 포물선(왼쪽부터 순서대로)

**참고 1.13** 같은 방법으로, 타원과 쌍곡선에 대하여 초점을 $F'(0,-c)$, $F(0,c)$ 그리고 각각의 초점에 대한 준선을 $L' : y = -k$, $L : y = k$ 그리고 꼭짓점 $A'(0,-a,)$, $A(0,a)$ 하고, 포물선에 대하여 준선과 초점을 $L : y = \mp a$, $F(0, \pm a)$라 하면

$$\frac{y^2}{a^2} + \frac{x^2}{b^2} = 1 \qquad \frac{y^2}{a^2} - \frac{x^2}{b^2} = 1 \qquad x^2 = \pm 4ay$$

을 각각 얻는다.

이제 타원, 쌍곡선, 포물선의 매개방정식을 알아보자.

• 타원

$$\frac{x^2}{a^2}+\frac{y^2}{b^2}=1 \Leftrightarrow x=a\cos\theta \qquad y=b\sin\theta$$

• 쌍곡선

$$\frac{x^2}{a^2}-\frac{y^2}{b^2}=1 \Leftrightarrow x=a\sec\theta \qquad y=b\tan\theta$$

• 포물선

$$y^2=4px \Leftrightarrow x=p\,t^2 \qquad y=2p\,t$$

• 특별히 원점 $O(0,0)$를 초점이라 하고 $x=\pm d\ (d>0)$를 준선 $L$이라 할 때 원추곡선 위의 임의의 점 $P(x,y)$에 대하여 이심률은

$$e=\frac{|OP|}{|PL|} \Leftrightarrow |OP|=e|PL|$$

이다.

• 원추곡선의 직교방정식에서 초점이 원점 $O$이고 준선 $L$이 $x=-d$일 때 $r=|OP|$ 이고 선분 $\overline{OP}$와 기선(양의 $x$축)이 이루는 각을 $\theta$라고 하면

$$r=|OP|=e|PL|=e(r\cos\theta+d) \Leftrightarrow r=\frac{de}{1-e\cos\theta}$$

가 극방정식이다. 만약 준선 $L$이 $x=d$라면 같은 방법으로

$$r=|OP|=e|PL|=e(-r\cos\theta+d) \Leftrightarrow r=\frac{de}{1+e\cos\theta}$$

이 극방정식이다.

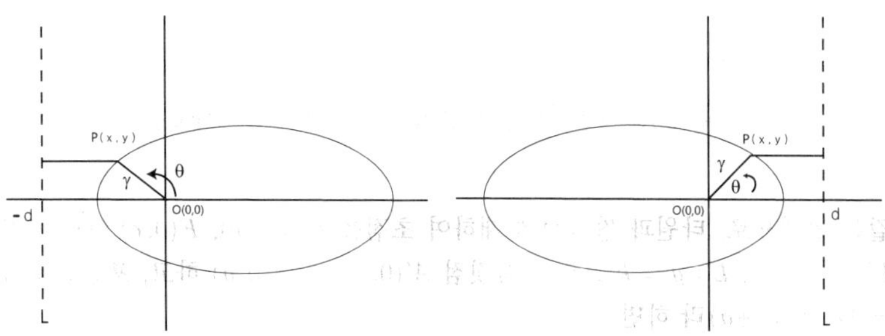


그림 1.20 원추곡선의 극방정식 $|OP|=e|PL|$

• 원추곡선의 직교방정식의 초점이 원점 $O$이고 준선 $L$이 $y=\pm d$일 때

$$r=|OP|=e|PL|=e(\mp r\sin\theta+d) \Leftrightarrow r=\frac{de}{1\pm e\sin\theta}$$

이 극방정식이다.

• 반대로 원추곡선의 극방정식이 위와 같이 주어진다면 이것으로부터 이심률 $e$와 준선 $L$을 구한 다음 $|OP| = e|PL|$을 만족하는 임의의 점 $P(x, y)$의 자취의 방정식이 직교방정식이다.

**예제 1.3.13**

극방정식 $r = \dfrac{4}{2 + \sin\theta}$ 을 직교방정식으로 나타내시오.

---

풀이 1.3.13

극방정식을 변형하면

$$r = \frac{2}{1 + \frac{1}{2}\sin\theta} = \frac{4 \cdot \frac{1}{2}}{1 + \frac{1}{2}\sin\theta}$$

이므로 $e = \dfrac{1}{2}$ 이고 $d = 4$ 이다. 따라서 이 원추곡선은 타원임을 알 수 있다. 초점이 원점이므로 $|OP| = e|PL|$ 로부터

$$\sqrt{x^2 + y^2} = \frac{1}{2}(4 - y) \;\Rightarrow\; x^2 + y^2 = \frac{1}{4}(4 - y)^2 \;\Rightarrow\; 4x^2 + 3y^2 + 8y - 16 = 0$$

이 직교방정식이다.

---

**예제 1.3.14**

극방정식 $r = \dfrac{4}{2 + 3\cos\theta}$ 를 직교방정식으로 나타내시오.

---

풀이 1.3.14

극방정식을 변형하면

$$r = \frac{2}{1 + \frac{3}{2}\cos\theta} = \frac{\frac{4}{3} \cdot \frac{3}{2}}{1 + \frac{3}{2}\cos\theta}$$

이므로 $e = \dfrac{3}{2}$ 이고 $d = \dfrac{4}{3}$ 이다. 따라서 이 원추곡선은 쌍곡선임을 알 수 있다.
초점이 원점이므로 곡선 위의 임의의 점 $P(x, y)$ 는 $|OP| = e|PL|$ 을 만족하기 때문에

$$\sqrt{x^2 + y^2} = \frac{3}{2}(x - \frac{4}{3}) \;\Rightarrow\; x^2 + y^2 = \frac{9}{4}(x - \frac{4}{3})^2 \;\Rightarrow\; 5x^2 - 4y^2 - 24x + 16 = 0$$

이 직교방정식이다.

[ 다른 방법 ] 주어진 극방정식은 다음과 같이 직교방정식으로 변환된다.

$$r(2+3\cos\theta)=4 \;\Rightarrow\; 2r+3r\cos\theta=4 \;\Rightarrow\; 2r=4-3x$$

$$\Rightarrow\; 4r^2=(4-3x)^2 \;\Rightarrow\; 4(x^2+y^2)=(4-3x)^2$$

$$\Rightarrow\; 5x^2-4y^2-24x+16=0$$

---

## 4. 기타 극방정식의 그래프

극방정식 $r=f(\theta)$은 다루기가 불편하지만 직교방정식으로 표현하기 어려운 그래프를 그릴 때 유용하다. 몇 가지를 유형별로 정리한다.

1. 극방정식 $\{r=a\sin(n\theta) \quad r=a\cos(n\theta)\ (n>1, a\neq 0)\}$
   : $n$이 홀수이면 $n$엽 장미이고, $n$이 짝수이면 $2n$엽 장미라 부르는 곡선이 된다([그림 1.21] 참조).
2. 극방정식 $\{r^2=a^2\sin(2\theta) \quad r^2=a^2\cos(2\theta)\ (a\neq 0)\}$
   :연주형(Lemniscate))이라 부르는 곡선이다([그림 1.22] 참조).
3. 극방정식 $\{r=a+b\cos(\theta) \quad r=a+b\sin(\theta)\ (ab\neq 0, |a|<|b|)\}$
   :와우형(Limacon:리마손)이라는 곡선이다([그림 1.23] 참조).
4. 극방정식 $\{r=a\pm a\cos(\theta) \quad r=a\pm a\sin(\theta)\ (a\neq 0)\}$
   :심장형(Cardioid)이라는 곡선이다([그림 1.24] 참조).
5. 극방정식 $\{r=2a\cos(\theta) \quad r=2a\sin(\theta)\ (a\neq 0)\}$
   :반지름이 $a$인 원(Circle)이다.
6. 극방정식 $r=a\theta\ (a\neq 0)$
   :Archimedes의 나선이라는 곡선이다([그림 1.25] 참조).

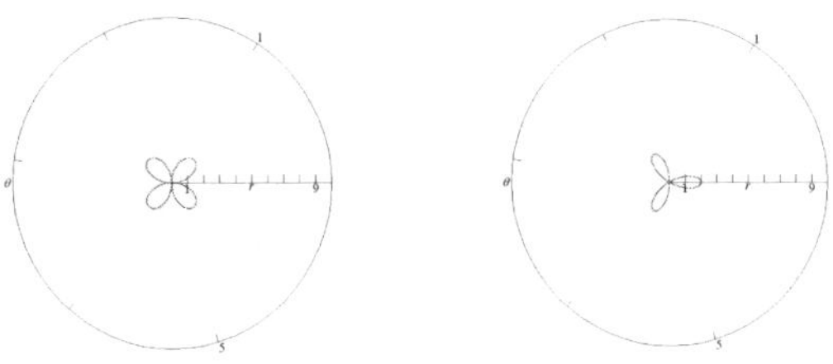

그림 1.21 $r=2\sin(2\theta)$　　　$r=2\cos(3\theta)$

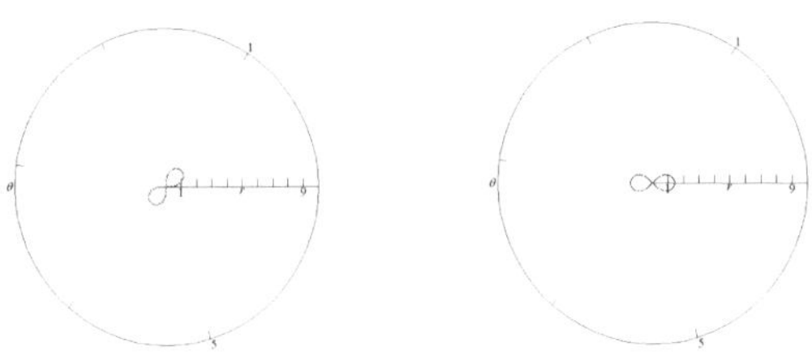

그림 1.22 $r^2=2\sin(2\theta)$　　　$r^2=2\cos(2\theta)$

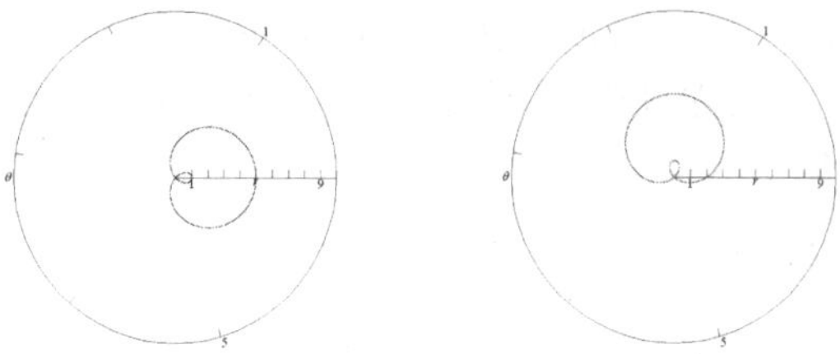

그림 1.23 $r = 2 + 3\cos(\theta)$　　　　$r = 2 + 3\sin(\theta)$

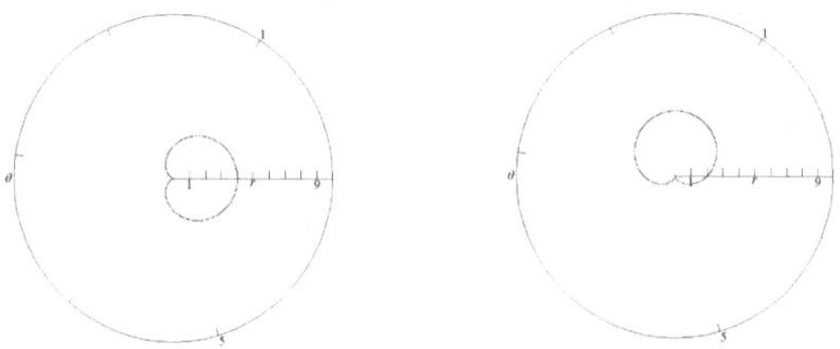

그림 1.24 $r = 2 + 2\cos(\theta)$　　　　$r = 2 + 2\sin(\theta)$

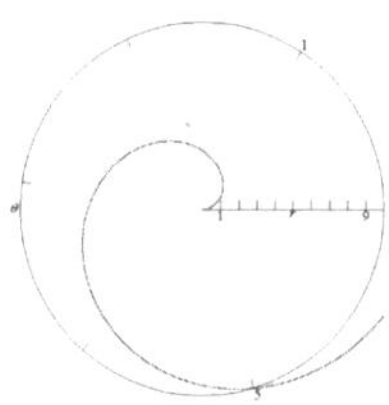

그림 1.25 $r = 2\theta$

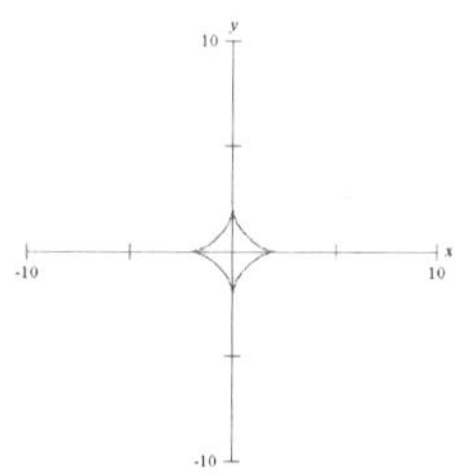

성망형

**예제 1.3.15**

방정식 $(x^2 + y^2)^2 = 2a^2(x^2 - y^2)$ $(a > 0)$ 으로 나타나는 곡선의 극방정식을 구하시오.

---

풀이 1.3.15

주어진 방정식에 $x = r\cos\theta$와 $y = r\sin\theta$을 대입하고 정리하면

$$r^2 = 2a^2\cos 2\theta$$

을 얻는다. 이 곡선은 유형의 (2)에 해당하는 연주형이다.

---

## 5. 기타 매개방정식의 그래프

참고로 매개방정식의 몇 가지 유형을 소개한다. 사이클로이드는 나중에 미분과 적분에서 사용되므로 잘 익혀두기 바란다.

1. 사이클로이드(Cycloid): $\{x = a(\theta - \sin\theta) \quad y = a(1 - \cos\theta)\}$
   :반지름이 $a$인 원이 직선 위를 굴러갈 때 원 주위의 한 점 $p$가 움직인 자취의 곡선을 사이클로이드라 한다([그림 1.26] 참조).

2. 원의 신개선(involution): $\{x = a(\cos\theta + \theta\sin\theta) \quad y = a(\sin\theta - \theta\cos\theta)\}$
:반지름이 $a$인 원을 실이 감긴 상태에서 실의 끝을 잡고 당겼을 때 실의 끝 $p$의 자취를 원의 신개선이라 한다([그림 1.26] 참조).

3. Witch of Agnesi라 부르는 매개방정식과 직교방정식([그림 1.27] 참조)

$$\{x = 2a\cot\theta \quad y = 2a\sin^2\theta\} \Leftrightarrow y = \frac{8a^3}{x^2 + 4a^2}$$

4. Cissoid of Diocles라 부르는 매개방정식과 직교방정식([그림 1.27] 참조)

$$\{x = 2a\sin^2\theta \quad y = 2a\sin^2\theta\tan\theta\} \Leftrightarrow y^2 = \frac{x^3}{2a - x}$$

5. 성망형(asteroid)이라 부르는 매개방정식과 직교방정식([그림 1.25] 참조)

$$\{x = a\cos^3\theta \quad y = a\sin^3\theta\} \Leftrightarrow x^{2/3} + y^{2/3} = a^{2/3}$$

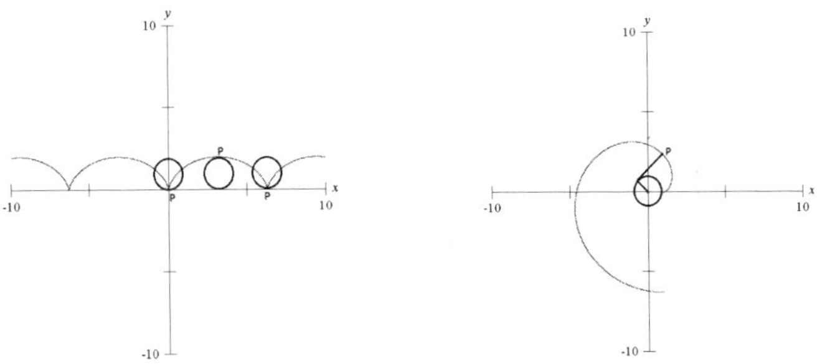


그림 1.26 $x = \theta - \sin\theta, y = 1 - \cos\theta$ $\quad$ $x = \cos\theta + \theta\sin\theta, y = \sin\theta - \theta\cos\theta$

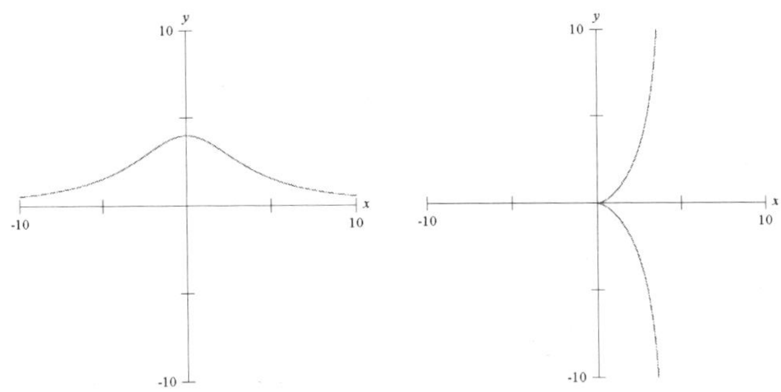


그림 1.27 $y = \dfrac{64}{x^2 + 16}$ $\quad$ $y^2 = \dfrac{x^3}{4 - x}$

## 연습문제 1.3

**1.** 다음을 직교방정식으로 나타내시오.

(1) $x = 3\cos^2 t \quad y = 2\sin^2 t$ (2) $x = t \quad y = \dfrac{3}{t}$

(3) $x = 2 + t \quad y = 3 - t^2$ (4) $x = \cos^2\theta \quad y = 2\sin\theta$

---

풀이

(1) $\dfrac{x}{3} + \dfrac{y}{2} = \cos^2 t + \sin^2 t = 1$이므로

따라서 $2x + 3y - 6 = 0 \ (x \geq 0 \quad y \geq 0)$이다.

(2) $xy = t(3/t) = 3$이므로 $xy = 3 \ (x \neq 0)$이다.

(3) $x - 2 = t$이고 $3 - y = t^2$이므로 $(x-2)^2 = 3 - y$이다.

(4) $x = \cos^2\theta$ 이고 $\dfrac{y}{2} = \sin\theta$이므로

$x + \dfrac{y^2}{4} = 1 \ (x \geq 0)$이다.

---

**2.** 매개방정식 $x = 2a\sin^2\theta$ 와 $y = 2a\sin^2\theta\tan\theta$를 직교방정식으로 나타내시오.

---

풀이

$y = 2a\sin^2\theta\tan\theta = x\tan\theta$이므로

$$y^2 = x^2\tan^2\theta = \frac{x^2\sin^2\theta}{\cos^2\theta} = \frac{x^3}{2a(1-\sin^2\theta)} = \frac{x^3}{2a - x}$$

이 직교방정식이다.

---

**3.** 매개방정식 $x = 2a\cot\theta$와 $y = 2a\sin^2\theta$를 직교방정식으로 나타내시오.

---

풀이

주어진 식으로부터 $\cot\theta = \dfrac{x}{2a}$ 이고 $\sin^2\theta = \dfrac{y}{2a}$ 이다.

이 식을 이용하면

$$\left(\frac{x}{2a}\right)^2 + 1 = cot^2\theta + 1 = \frac{1}{\sin^2\theta} = \frac{2a}{y}$$

이 성립한다. 따라서

$$y = \frac{8a^3}{x^2 + 4a^2}$$

이 직교방정식이다.

---

**4.** 두 심장형 $r = 1 + \sin\theta$와 $r = 1 + \cos\theta$의 교점을 구하시오.

---

풀이

주어진 두 식으로부터 $r$을 소거하면

$$1 + \sin\theta = 1 + \cos\theta \;\Rightarrow\; \tan\theta = 1$$

이 된다. 따라서 근은 $\theta = \dfrac{\pi}{4}$과 $\theta = \dfrac{5\pi}{4}$이다.
이제 교점을 구하면

$$(0,0),\ (\frac{1}{2}(2+\sqrt{2}),\ \frac{\pi}{4}),\ (\frac{1}{2}(2-\sqrt{2}),\ \frac{5\pi}{4})$$

이다.

---

**5.** 곡선 $r = 4\cos\theta$와 직선 $\theta = \dfrac{\pi}{3}$의 교점을 구하시오.

---

풀이

$r = 4\cos\theta$에 각 $\theta = \dfrac{\pi}{3}$을 대입하면 $r = 4\cos\dfrac{\pi}{3} = 2$이다.
따라서 한 교점은 $(2, \dfrac{\pi}{3})$이다.
그리고 $r = 0$일 때 극점 $(0,0)$도 교점이다.

---

**6.** 두 심장형 $r = 1 - \sin\theta$와 $r = 1 + \cos\theta$의 교점을 구하시오.

---

풀이

주어진 두 식으로부터 $r$을 소거하면

$$1 - \sin\theta = 1 + \cos\theta \;\Rightarrow\; \tan\theta = -1$$

이 된다. 따라서 근은 $\theta = \dfrac{3\pi}{4}$과 $\theta = \dfrac{7\pi}{4}$이다. 이제 교점을 구하면

$$(0,0),\ (1-\frac{1}{\sqrt{2}},\ \frac{3\pi}{4}),\ (1+\frac{1}{\sqrt{2}},\ \frac{7\pi}{4})$$

이다.

---

# 제 2 장
# 함수의 극한과 연속

## 2.1 함수의 극한

함수 $f$가 정의되어 있을 때 정의역의 (무한)수열에 대하여 대응되는 공역상의 수열에 대한 수렴값을 함수 $f$의 극한이라고 한다. 극한의 개념을 쉽게 이해하기 위하여 아래 보기들을 참고하자.

**참고 2.1** $f(x) = x^2 - 1$로 정의된 함수를 생각하자. 그러면 $x = 2$에 가까이 수렴(근접)하는 수열에 대하여 대응되는 함숫값들이 3에 한없이 접근함을 아래와 같이 알 수 있다.

$$f(1) = 0 \to f(1.5) = 1.25 \to f(1.8) = 2.24 \to f(1.9) = 2.61 \to f(1.999) = 2.996 \to \cdots \to 3$$
$$\leftarrow \cdots \leftarrow f(2.001) = 3.004 \leftarrow f(2.05) = 3.2025 \leftarrow f(2.1) = 3.41 \leftarrow f(2.2) = 3.84$$

이러한 경우 $x \to 2$일 때 $f(x) \to 3$이 되며 간단히 $\lim_{x\to 2} f(x) = 3$으로 표시한다. 여기서 주어진 함수는 정의역 $R$의 모든 값에 대하여 함숫값이 정의되므로, 바로 $x = 2$를 함수 $f(x) = x^2 - 1$에 대입하여 $f(2) = 3$을 구할 수 있다.

다음의 보기는 특정값에 대하여 함숫값이 정의되지 않는 경우이다. 하지만 특정값에 근접하는 수열을 이용하면 함숫값을 얻을 수 있음을 아래와 같이 알 수 있다.

**참고 2.2** $f(x) = \dfrac{x^2-1}{x-1}$로 정의된 함수를 생각하자. 그러면 $x = 1$에서 함숫값의 분모가 0이 되므로 함숫값이 정의되지 않는다. 따라서 [참고 2.1]처럼 바로 대입하여 값을 얻을 수가 없다. 아래와 같이 $x = 1$에 근접하는 수열에 대응되는 함숫값들을 이용하여 구할 수 있다.

$$f(0.98) = 1.98 \to f(0.99) = 1.99 \to f(0.999) = 1.999 \to \cdots \to 2$$
$$\leftarrow \cdots \leftarrow f(1.001) = 2.001 \leftarrow f(1.01) = 2.01 \leftarrow f(1.02) = 2.02$$

따라서 $\lim_{x\to 1} f(x) = 2$임을 알 수 있다. 사실 이러한 경우는 인수분해를 이용하여 $x = 1$에서 함숫값을 가지도록 $f(x) = \dfrac{x^2-1}{x-1} = \dfrac{(x-1)(x+1)}{x-1} = x + 1$로 변형할 수 있으며, 다음 [참고 2.1]처럼 바로 $f(1) = 2$를 얻을 수 있다.

**정의 2.1.1**

**극한의 정의**
정의된 함수 $f(x)$에 대하여 $x$가 한 점 $a$로 근접할 때 $f(x)$가 $A$로 한없이 근접하면 다음과 같이 정의한다.

$$\lim_{x \to a} f(x) = A$$

**참고 2.3** [참고 2.1]과 [참고 2.2]에서 알 수 있듯이 [정의 2.1.1]에서 사용된 함수는 $x = a$에서 정의가 되지 않아도 상관없다.

**예제 2.1.1**

$f(x) = 4x - 5$로 정의된 함수에 대하여 $\lim_{x \to 3} f(x)$를 구하시오.

---

풀이 2.1.1

주어진 함수 $f(x) = 4x - 5$가 모든 실숫값에 대하여 정의되므로 극한값은 $f(3) = 7$과 같다.
따라서 $\lim_{x \to 3} 4x - 5 = 7$이다.

---

**예제 2.1.2**

$f(x) = \dfrac{x^2 - x - 6}{x - 3}$로 정의된 함수에 대하여 $\lim_{x \to 3} f(x)$를 구하시오.

---

풀이 2.1.2

주어진 함수 $f(x) = \dfrac{x^2 - x - 6}{x - 3}$는 $x = 3$에서 분모가 0이므로 인수분해를 이용하여
$f(x) = \dfrac{x^2 - x - 6}{x - 3} = \dfrac{(x-3)(x+2)}{x - 3} = x + 2$로 변형할 수 있다.

따라서 극한값은 $\lim_{x \to 3} f(x) = f(3) = 3 + 2 = 5$이다.

---

**정의 2.1.2**

**좌극한과 우극한**

1. $x$가 $a$의 왼쪽에서 근접할 때 $f(x)$가 $A$에 근접하면 다음과 같이 정의하며

$$\lim_{x \to a^-} f(x) = A$$

2. $x$가 $a$의 오른쪽에서 근접할 때 $f(x)$가 $A$에 근접하면 다음과 같이 정의한다.

$$\lim_{x \to a^+} f(x) = A$$

(1)에서 $A$를 **좌극한값**이라고 하며, (2)에서 $A$를 **우극한값**이라고 부른다.

**참고 2.4** 이제 $x$가 $a$로 근접 또는 수렴한다는 의미를 $a$를 중심으로 하는 반경이 가능하면 작은 $\delta$인 개구간에서

$$0 < |x - a| < \delta$$

라고 생각하며, 같은 방법으로 $f(x)$가 $A$로 근접한다는 의미를 $A$를 중심으로 하는 반경이 가능하면 작은 $\epsilon$인 개구간에서

$$0 < |f(x) - A| < \epsilon$$

라고 생각한다.

이제 [참고 2.4]의 방법으로 [정의 2.1.1]을 다시 정의하자. 이러한 정의를 $\epsilon\delta$ 논법이라고 하며 극한식의 증명에서 자주 사용된다.

**정의 2.1.3**

**극한의 엄밀한 정의 ($\epsilon\delta$ 논법)**
임의의 양수 $\epsilon$에 대하여 적당한 실수 $\delta > 0$가 존재하여

$$0 < |x - a| < \delta \Rightarrow |f(x) - A| < \epsilon$$

이 성립하면 $\lim_{x \to a} f(x) = A$라 정의한다.

**참고 2.5** 우극한 $x \to a^+$ 인 경우 [정의 2.1.3]에서

$$0 < |x - a| < \delta \;\Leftrightarrow\; 0 < x - a < \delta$$

이며, 좌극한 $x \to a^-$ 인 경우 [정의 2.1.3]에서

$$0 < |x - a| < \delta \;\Leftrightarrow\; 0 < a - x < \delta$$

이 된다.

**정리 2.1.1 극한 정리**

$$\lim_{x \to a} f(x) = A \;\Leftrightarrow\; \lim_{x \to a^-} f(x) = \lim_{x \to a^+} f(x) = A$$

**[증명]**

[정의 2.1.3]과 [참고 2.5]로부터 쉽게 증명된다.

□

다음에서 [정의 2.1.3]과 [정리 2.1.1]을 이용한 간단한 예를 보여준다. 극한식을 정밀하게 수학적으로 증명하는 데 [정의 2.1.3]이 꼭 필요함을 알 수 있으며, 극한이 존재하지 않음을 보일 때 [정리 2.1.1]이 아주 유용하게 사용됨을 알 수 있을 것이다.

**예제 2.1.3**

$\lim_{x\to 3}(2x+1) = 7$임을 보이시오.

---

풀이 2.1.3

임의의 양수 $\epsilon$에 대하여

$$0 < |x-3| < \delta \;\Rightarrow\; |(2x+1)-7| < \epsilon$$

을 만족하는 양수 $\delta$가 존재함을 보이면 된다.
가정 $0 < |x-3| < \delta$로부터 $|(2x+1)-7| = 2|x-3| < 2\delta$이 된다. 따라서 $2\delta = \epsilon$이므로 $\delta = \frac{\epsilon}{2}$로 잡을 수(존재한다) 있다. 점검을 해보면,

$$0 < |x-3| < \delta \;\Rightarrow\; |(2x+1)-7| = 2|x-3| < 2\delta = 2\frac{\epsilon}{2} = \epsilon$$

이 되어 [정의 2.1.3]을 만족함으로 $\lim_{x\to 3}(2x+1) = 7$이 성립한다.

---

**예제 2.1.4**

함수 $f(x) = \frac{|x-1|}{x-1}$은 $x = 1$에서 극한값이 존재하지 않음을 보이시오.

---

풀이 2.1.4

위의 [정리 2.1.1]로부터 $x = 1$에서 $f(x) = \frac{|x-1|}{x-1}$의 좌극한 우극한이 각각 다르게 존재함을 보이면 된다. 좌극한과 우극한을 구해서 비교해보면

$$\lim_{x\to 1^+}\frac{|x-1|}{x-1} = \lim_{x\to 1^+}\frac{x-1}{x-1} = 1 \neq -1 = \lim_{x\to 1^-}\frac{-(x-1)}{x-1} = \lim_{x\to 1^-}\frac{|x-1|}{x-1}$$

이므로 $x = 1$에서 극한값이 존재하지 않는다.

---

**참고 2.6**

**1.** 극한값이 다음과 같을 때 주의하여 계산하여야 하며, 부정이란 존재하지만 정할 수 없음을 의미한다.

$$\frac{0}{1} = 0,\ \frac{1}{0} = \infty,\ \frac{0}{0} = \text{부정}$$

위의 극한값에서 분모가 0이란 0에 아주 가까운 실수를 의미하며 실제 0은 아니다.

예를 들면 $\dfrac{1}{0.000\cdots001} \fallingdotseq \infty$을 의미한다.

**2.** 수학에서 무한대($\infty$)란 크기가 정해진 어떤 수가 아니라, 존재하는 어떤 수보다 제일 크다는 추상적인 유일한 대상을 의미한다. 따라서 무한대는 서로 크기를 비교할 수 없으며 다음에 주의하여 극한값을 계산하여야 한다.

$$\infty + \infty = \infty,\ \infty - \infty = \text{ 부정}$$

**3.** 정의역에서 수열이 $x \to \infty$처럼 발산하는 경우를 수학적으로 바꾸어 표현하면

존재하는 어떤 실수 $M > 0$에 대하여 $x > M$인 수가 되며

유사하게 수열이 $x \to -\infty$처럼 발산하는 경우를 수학적으로 표현하면

존재하는 어떤 실수 $M > 0$에 대하여 $x < -M$인 수

가 된다.

[참고 2.6]을 바탕으로 무한대를 포함하는 극한의 경우는 다음과 같이 정의한다.

**정의 2.1.4**

**무한을 포함하는 극한의 엄밀한 정의**

1. 임의의 실수 $\epsilon > 0$에 대하여 충분히 큰 실수 $M > 0$이 존재하여

$$x > M(\text{또는 } x < -M)\text{인 모든 } x\text{에 대하여 } |f(x) - A| < \epsilon$$

이 성립하면 $\lim_{x \to \infty} f(x) = A$ (또는 $\lim_{x \to -\infty} f(x) = A$)라 정의한다.

2. 임의의 실수 $M > 0$에 대하여 적당한 $\delta > 0$가 존재하여

$$0 < |x - a| < \delta \Rightarrow f(x) > M(\text{또는 } f(x) < -M)$$

이 성립하면 $\lim_{x \to a} f(x) = \infty$ (또는 $\lim_{x \to a} f(x) = -\infty$)라 정의한다.

[정의 2.1.3]과 [정의 2.1.4]는 극한값을 직접 계산하는 경우에는 무의미하지만 극한값을 수학적으로 엄밀하게 증명해야 하는 경우에는 반드시 필요하다. 다음 예제는 극한의 기본개념만으로 충분히 예측하여 극한값을 알 수 있지만 그것을 엄밀하게 증명을 해야하는 경우 [정의 2.1.4]를 사용해야 함을 보여준다.

**예제 2.1.5**

$f(x) = \dfrac{1}{(x-1)^2}$ 로 정의된 함수에 대하여 $\lim_{x \to 1} f(x)$값을 구하고 증명하시오.

---

풀이 2.1.5

$x$가 1로 수렴(또는 근접)할 때 $f(x)$는 $\frac{1}{0}$ 로 수렴(또는 근접)함을 알 수 있다.
따라서 [참고 2.6]의 사실로부터 $\lim_{x \to 1} \dfrac{1}{(x-1)^2} = \infty$임을 알 수 있다.
이제 예측으로 구한 위의 극한값을 증명해 보자.
임의의 실수 $M > 0$에 대해 적당한 $\delta > 0$가 존재하여 $0 < |x-a| < \delta$이면 $\dfrac{1}{(x-1)^2} > M$이 성립함을 보이면 된다.
주어진 $M > 0$에 대하여 $\delta > 0$값을 구하기 위하여 $\dfrac{1}{(x-1)^2} > M$을 이용하면 $0 < (x-1)^2 < \dfrac{1}{M}$ 또는 $0 < |x-1| < \dfrac{1}{\sqrt{M}}$이 된다. 따라서 주어진 $M > 0$에 대하여 $\delta = \dfrac{1}{\sqrt{M}}$로 잡으면

$$0 < |x-1| < \delta \text{ 이면 } \frac{1}{(x-1)^2} > \frac{1}{\delta^2} = M$$

이 성립함으로 [정의 2.1.4]로부터 $\lim_{x \to 1} \dfrac{1}{(x-1)^2} = \infty$ 을 알 수 있다.

---

실제로 증명없이 극한값을 바로 계산할 경우 다음 정리는 아주 유용하게 사용된다. 앞에서 언급한 것과 같이 정리의 증명은 [정의 2.1.3]을 이용한다.

**정리 2.1.2 극한과 함수의 사칙연산**

$\lim_{x \to a} f(x) = A$이고 $\lim_{x \to a} g(x) = B$이면 함수들의 사칙연산에 대하여 다음과 같이 극한값이 보존된다.

(1) $\lim_{x \to a} cf(x) = c \lim_{x \to a} f(x) = c \cdot A$ ($c$는 상수)

(2) $\lim_{x \to a} \{f(x) \pm g(x)\} = \{\lim_{x \to a} f(x)\} \pm \{\lim_{x \to a} g(x)\} = A \pm B$

(3) $\lim_{x \to a} \{f(x)g(x)\} = \{\lim_{x \to a} f(x)\}\{\lim_{x \to a} g(x)\} = AB$

(4) $\lim_{x \to a} \{f(x)/g(x)\} = \{\lim_{x \to a} f(x)/\lim_{x \to a} g(x)\} = \dfrac{A}{B}$

**[증명]**

(2)만 증명하도록 하겠다.

$\lim_{x \to a} f(x) = A$이므로 임의의 $\varepsilon > 0$에 대하여 $\delta_1 > 0$이 정해져서

$$0 < |x-a| < \delta_1 \text{일 때, } |f(x) - A| < \frac{1}{2}\varepsilon$$

이 성립한다. 같은 $\varepsilon > 0$에 대하여 $\lim_{x \to a} g(x) = B$이므로 $\delta_2 > 0$이 정해져서

$$0 < |x-a| < \delta_2 \text{일 때 } |g(x)-B| < \frac{1}{2}\varepsilon$$

이다. 이때 $\min(\delta_1, \delta_2) = \delta$라 하면 $0 < |x-a| < \delta$인 $x$에 대하여

$$\begin{aligned} |f(x)+g(x)-(A+B)| &= |(f(x)-A)+(g(x)-B)| \\ &\leq |f(x)-A| + |g(x)-B| \\ &< \frac{\varepsilon}{2} + \frac{\varepsilon}{2} = \varepsilon \end{aligned}$$

이 성립한다. 결과적으로 임의의 $\varepsilon > 0$에 대하여 $\delta > 0$이 정해져서 $0 < |x-a| < \delta$일 때 $|\{f(x)+g(x)\}-(A+B)| < \varepsilon$이 성립하므로 [정의 2.1.3]으로부터

$$\lim_{x\to a}\{f(x)+g(x)\} = A+B = \lim_{x\to a} f(x) + \lim_{x\to a} g(x)$$

이 성립한다. □

다음은 [정리 2.1.2]를 이용하여 극한값을 구하는 예제들이다. 특히 유리함수의 극한값이 부정형 $\frac{0}{0}$이 되는 경우에는 극한값을 정할 수 없기 때문에 주의해야 한다.

**예제 2.1.6**

$f(x) = 2x+5$로 정의된 함수에 대하여 $\lim_{x\to 2} f(x)$를 구하시오.

---

풀이 2.1.6

$\lim_{x\to 2} 2x+5 = 2\{\lim_{x\to 2} x\} + 5 = 2\cdot 2 + 5 = 9$

---

**예제 2.1.7**

$f(x) = 5x^5 - 13x^2 + 2$로 정의된 함수에 대하여 $\lim_{x\to 2} f(x)$를 구하시오.

---

풀이 2.1.7

[정리 2.1.2]의 사실들을 여러 번 적용하면 다음을 얻는다.

$$\begin{aligned} \lim_{x\to 2}(5x^5 - 13x^2 + 2) &= \lim_{x\to 2}(5x^5) + \lim_{x\to 2}(-13x^2) + \lim_{x\to 2} 2 \\ &= 5\lim_{x\to 2}(x^5) - 13\lim_{x\to 2}(x^2) + \lim_{x\to 2} 2 \\ &= 5(\lim_{x\to 2} x)^5 - 13(\lim_{x\to 2} x)^2 + \lim_{x\to 2} 2 \\ &= 5(2)^5 - 13(2)^2 + 2 = 160 - 52 + 2 = 110 \end{aligned}$$

---

**예제 2.1.8**

$f(x)=\dfrac{\sqrt{x^2-2}}{2x^3-17}$로 정의된 함수에 대하여 $\lim_{x\to-3} f(x)$를 구하시오.

풀이 2.1.8

[정리 2.1.2]의 사실들을 여러 번 적용하면 다음을 얻는다.

$$\begin{aligned}\lim_{x\to-3}\frac{\sqrt{x^2-2}}{2x^3-17} &= \frac{\lim_{x\to-3}\sqrt{x^2-2}}{\lim_{x\to-3}2x^3-17} = \frac{\sqrt{\lim_{x\to-3}(x^2-2)}}{\lim_{x\to-3}2x^3-\lim_{x\to-3}17} \\ &= \frac{\sqrt{\lim_{x\to-3}x^2-\lim_{x\to-3}2}}{2\lim_{x\to-3}x^3-\lim_{x\to-3}17} \\ &= \frac{\sqrt{(-3)^2-2}}{2(-3)^3-17} = -\frac{\sqrt{7}}{71}\end{aligned}$$

유리함수를 [정리 2.1.2]에 적용할 때 극한값이 부정형 $\frac{0}{0}$인 경우 값을 정할 수 없기 때문에 유리함수의 분모의 극한값이 0이 되지 않도록 유리함수를 변형해야 한다. 변형을 인수분해로 사용한 예가 [참고 2.2]와 [예제 2.1.2]이다. 다음은 부정형이 아닌 두 유리함수를 이용하여 부정형의 극한값을 구할 수 있도록 하는 압축정리를 소개하고 그 예를 살펴본다.

**정리 2.1.3 압축정리**

실수 $R$의 한 점 $a$를 중심으로 하는 개구간 $I$에서 정의된 함수 $g$, $f$, $h$가 $I$의 임의의 원소 $x$에 대하여 $g(x)\le f(x)\le h(x)$ 와 $\lim_{x\to a}g(x)=\lim_{x\to a}h(x)=A$가 성립하면 다음이 성립한다.

$$\lim_{x\to a}f(x)=A$$

**[증명]**

개구간 $I$의 임의의 원소 $x$에 대하여 $g(x)\le f(x)\le h(x)$와 $\lim_{x\to a}g(x)=\lim_{x\to a}h(x)=A$이 성립한다고 가정하자. 그러면 임의의 $\epsilon>0$에 대하여 다음을 만족하는 $\delta>0$가 존재함을 보이면 증명이 끝난다.

$$0<|x-a|<\delta \Rightarrow |f(x)-A|<\epsilon$$

이것은 극한의 정의 [정의 2.1.3]로부터 $\lim_{x\to a}f(x)=A$임을 보여주는 것이다.

한편 가정 $\lim_{x\to a}g(x)=\lim_{x\to a}h(x)=A$ 부터 임의의 $\epsilon>0$에 대하여 다음을 만족하는 $\{\delta_1,\delta_2\}$가 존재한다.

$$0<|x-a|<\delta_1 \Rightarrow |g(x)-A|<\epsilon, \qquad 0<|x-a|<\delta_2 \Rightarrow |h(x)-A|<\epsilon$$

이제 $\delta = \min\{\delta_1, \delta_2\}$라 놓으면 $0 < |x-a| < \delta$을 만족하는 $I$의 임의의 원소 $x$에 대하여 $g(x) \le f(x) \le h(x)$이라는 가정으로부터 다음이 성립한다.

$$|g(x) - A| \le |f(x) - A| \le |h(x) - A| < \epsilon$$

따라서 $|f(x) - A| < \epsilon$ 이다.

□

다음 예제는 [정리 2.1.3]을 이용한 대표적인 예제로서 풀이과정뿐만 아니라 결과도 반드시 알아야 한다. 나중에 삼각함수의 극한값을 구하는 데 자주 사용된다.

**예제 2.1.9**

$\lim_{x\to 0} \frac{\sin x}{x} = 1$을 증명하시오.

---

풀이 2.1.9

먼저 [정리 2.1.2]를 적용할 때 극한값이 부정형 $\frac{0}{0}$ 임을 알 수 있다. 따라서 극한값을 바로 정할 수가 없으므로 다음과 같이 [정리 2.1.3]을 이용하여 간접적으로 증명을 하고자 한다.
원점 $O$을 중심으로 반지름이 $r$이고 임의의 각 $x$를 가지는 [그림 2.1]와 같은 부채꼴을 생각하자. 먼저 $x > 0$고 가정하자. 그리고 부채꼴 $OAB$의 $A$에서의 접선과 $\overline{OB}$와의 연장선과의 교점을 $T$라 하면 다음과 같은 면적관계가 성립한다.

$$\triangle OAB\text{의 면적} < \triangledown OAB\text{의 면적} < \triangle OAT\text{의 면적}$$

이제 부채꼴과 삼각형의 면적 구하는 공식을 적용하면

$$\frac{1}{2}r^2 \sin x < \frac{1}{2}r^2 x < \frac{1}{2}r^2 \tan x$$

이 되며, 공통식 $\frac{1}{2}r^2$을 소거하고 양변을 $\sin x (> 0)$로 나누면 다음과 같다.

$$1 < \frac{x}{\sin x} < \frac{1}{\cos x} \text{이므로 } 1 > \frac{\sin x}{x} > \cos x$$

따라서 양변에 극한을 취하면 $\lim_{x\to 0^+} \cos x = 1$이므로 압축정리 [정리 2.1.3]로부터 $\lim_{x\to 0^+} \frac{\sin x}{x} = 1$이 된다.
유사하게 $x < 0$인 경우에는 $x = -\theta$라 두면 $\theta > 0$이 되므로 앞의 방법을 다시 이용하면 $x \to 0^-$는 $\theta \to 0^+$이 되므로 다음을 얻는다.

$$\lim_{x\to 0^-} \frac{\sin x}{x} = \lim_{\theta\to 0^+} \frac{\sin(-\theta)}{-\theta} = \lim_{\theta\to 0^+} \frac{\sin\theta}{\theta} = 1$$

마지막으로 [정리 2.1.1]의 결과로부터 $\lim_{x\to 0} \frac{\sin x}{x} = 1$이 되어 증명이 끝난다.

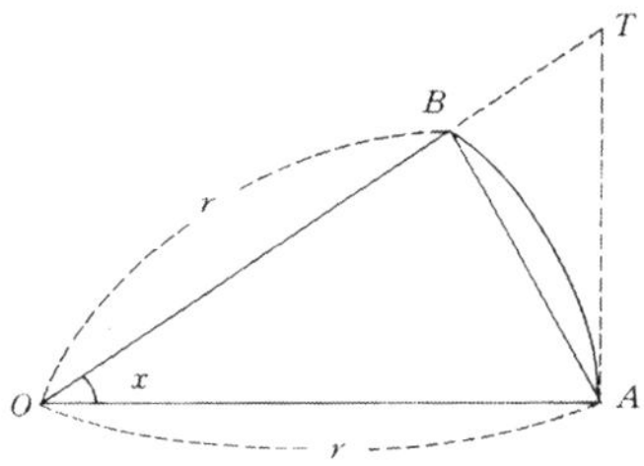


그림 2.1 $\frac{1}{2}r^2\sin x < \frac{1}{2}r^2 x < \frac{1}{2}r^2\tan x$

**예제 2.1.10**

$\lim_{x\to 0}\frac{\tan x}{x}$를 구하시오.

풀이 2.1.10

[예제 2.1.9]을 이용하면 $\lim_{x\to 0}\frac{\sin x}{x}\cdot\frac{1}{\cos x} = 1\cdot 1 = 1$이다.

**예제 2.1.11**

$f(x) = \frac{\cos x - 1}{x}$로 정의된 함수에 대하여 $\lim_{x\to 0} f(x)$를 구하시오.

풀이 2.1.11

[예제 2.1.9]을 이용하면 다음과 같다.

$$\begin{aligned}\lim_{x\to 0}\frac{\cos x - 1}{x} &= \lim_{x\to 0}(\frac{\cos x - 1}{x})(\frac{\cos x + 1}{\cos x + 1}) = \lim_{x\to 0}\frac{\cos^2 x - 1}{x(\cos x + 1)}\\ &= \lim_{x\to 0}(\frac{\sin x}{x})(\frac{-\sin x}{\cos x + 1}) = 1\cdot\frac{0}{1+1} = 0\end{aligned}$$

**예제 2.1.12**

$\lim_{x\to 0}\dfrac{\sin 3x}{\sin 5x}$ 를 구하시오.

---

풀이 2.1.12

$x \neq 0$이면서 0에 근접하면 [예제 2.1.9]의 결과로부터 다음과 같다.

$$\lim_{x\to 0}\frac{\sin 3x}{\sin 5x} = \frac{3\lim\limits_{x\to 0}(\dfrac{\sin 3x}{3x})}{5\lim\limits_{x\to 0}(\dfrac{\sin 5x}{5x})} = \frac{3\cdot 1}{5\cdot 1} = \frac{3}{5}$$

---

**예제 2.1.13**

$\lim_{x\to 0} x\ \sin\dfrac{1}{x} = 0$임을 증명하시오.

**[증명]**

방법1] [정리 2.1.2]를 이용

$$\lim_{x\to 0} x\ \sin\frac{1}{x} = \lim_{x\to 0} x\ \lim_{x\to 0}\sin\frac{1}{x} = 0\cdot 1 = 0$$

이다.

방법2] [정의 2.1.3]을 이용

$0 < |x| < \delta$이면

$$|x\sin\frac{1}{x}| = |x||\sin\frac{1}{x}| \leq |x|\cdot 1 < \delta$$

이다. 따라서 임의의 $\epsilon > 0$에 대하여 $\delta = \epsilon$으로 $\delta$을 잡으면

$$0 < |x-0| < \delta \Rightarrow |x\sin\frac{1}{x} - 0| < \delta = \epsilon$$

이다. 따라서 $\lim_{x\to 0} x\ \sin\dfrac{1}{x} = 0$이다. □

**참고 2.7** 극한 $\lim_{x\to a} f(x) = L$을 [정의 2.1.3]을 이용하여 증명할 때 다음 단계로 생각을 하면 편리하다.

1. $(f(x)-L)$을 $(x-a)$에 관한 식으로 나타낸다.
2. $0 < |x-a| < 0$을 가정하여 $|f(x)-L| < g(\delta)$을 만족하는 $g(\delta)$을 찾는다.
3. 부등식 $0 < g(\delta) \leq \epsilon$을 $\delta$에 대하여 $0 < \delta \leq h(\epsilon)$ 모양으로 바꾸어 $\delta = h(\epsilon)$로 선택한다.
4. 마지막으로 (3)에서 선택된 $\delta$에 대하여 다음 사실이 성립하는지 검증한다.
   임의의 $\epsilon > 0$에 대하여 $0 < |x-a| < \delta \Rightarrow |f(x)-L| < \epsilon$

보기> $\lim_{x \to 2} 3x = 6$을 증명하시오.

1. $(3x-6) = 3(x-2)$
2. $0 < |x-2|$이면 $|3x-6| = 3|x-2| < 3\delta$가 되어 $g(\delta) = 3\delta$이다.
3. $0 < 3\delta \le \epsilon \Rightarrow 0 < \delta \le \frac{\epsilon}{3}$이므로 $\delta = \frac{\epsilon}{3} = h(\epsilon)$으로 택한다.
4. 임의의 $\epsilon > 0$에 대하여 $0 < |x-2| < \delta \Rightarrow |3x-6| = 3|x-2| < 3 \cdot \delta = 3 \cdot \frac{\epsilon}{3} = \epsilon$이다.

## 연습문제 2.1

**1.** 극한 $\lim_{x\to a}(mx+b)=ma+b\ (m\neq 0)$을 [정의 2.1.3]을 이용하여 증명하시오.

**[증명]**

임의의 $\epsilon>0$에 대하여

$$0<|x-a|<\delta \Rightarrow |(mx+b)-(ma+b)|<\epsilon$$

을 만족시키는 $\delta>0$을 찾으면 된다.

$0<|x-a|<\delta$이기 때문에 $|(mx+b)-(ma+b)|=|m||x-a|<|m|\delta$가 성립한다.

따라서 $0<|m|\delta\leq\epsilon$을 만족하는 $\delta$를 잡으면 된다.

임의로 주어진 $\epsilon>0$에 대하여 $\delta=\dfrac{\epsilon}{|m|}$라 두면

$$0<|x-a|<\delta \Rightarrow |(mx+b)-(ma+b)|=|m||x-a|<|m|\delta=\epsilon$$

이다.

따라서 $\lim_{x\to a}(mx+b)=ma+b$이다. □

**2.** 극한 $\lim_{x\to a}\sqrt{x}=\sqrt{a}\ (a>0)$임을 [정의 2.1.3]을 이용하여 증명하시오.

**[증명]**

$|\sqrt{x}-\sqrt{a}|\leq|\sqrt{x}+\sqrt{a}|$이므로 양변에 $|\sqrt{x}-\sqrt{a}|$를 곱하면 $|\sqrt{x}-\sqrt{a}|^2\leq|x-a|$을 얻는다.

따라서 $|\sqrt{x}-\sqrt{a}|\leq\sqrt{|x-a|}$이 성립한다.

임의의 주어진 $\epsilon>0$에 대하여 $\delta=\epsilon^2$라 잡으면

$$0<|x-a|<\delta \Rightarrow |\sqrt{x}-\sqrt{a}|\leq\sqrt{|x-a|}<\sqrt{\delta}=\sqrt{\epsilon^2}=\epsilon$$

이다. 따라서 $\lim_{x\to a}\sqrt{x}=\sqrt{a}$이다. □

**3.** 다음 극한값을 구하시오.

(1) $\lim_{x\to\infty}(2x^3-3x^2-2x+2)$ (2) $\lim_{x\to 0}(\sqrt{\dfrac{1}{x^2}+\dfrac{1}{x}}-\sqrt{\dfrac{1}{x^2}-\dfrac{1}{x}})$

---

풀이

(1) $\lim_{x\to\infty}x^3(2-\dfrac{3}{x}-\dfrac{2}{x^2}+\dfrac{2}{x^3})$

$$=\lim_{x\to\infty}x^3(\lim_{x\to\infty}2-\lim_{x\to\infty}\frac{3}{x}-\lim_{x\to\infty}\frac{2}{x^2}+\lim_{x\to\infty}\frac{2}{x^3})$$
$$=\lim_{x\to\infty}x^3\cdot 2=\infty$$

(2) 준 식 $= \lim_{x\to 0} \dfrac{\sqrt{1+x}-\sqrt{1-x}}{|x|} = \lim_{x\to 0} \dfrac{2x}{|x|(\sqrt{1+x}+\sqrt{1-x})}$ 에서

$$\lim_{x\to 0^+} \left(\sqrt{\frac{1}{x^2}+\frac{1}{x}} - \sqrt{\frac{1}{x^2}-\frac{1}{x}}\right) = 1$$

$$\lim_{x\to 0^-} \left(\sqrt{\frac{1}{x^2}+\frac{1}{x}} - \sqrt{\frac{1}{x^2}-\frac{1}{x}}\right) = -1$$

이므로 극한값은 존재하지 않는다.

---

**4.** 다음 극한값을 구하시오.

(1) $\lim_{x\to 0} \dfrac{\tan ax}{\sin bx}$

(2) $\lim_{x\to 0} \dfrac{1-\cos kx}{x^2} \quad (k \neq 0)$

(3) $\lim_{x\to 0} \dfrac{\sin(n+1)x - \sin(n-1)x}{\sin nx}$

(4) $\lim_{x\to 1} \dfrac{\cos \frac{\pi}{2}x}{1-x^2}$

---

풀이

(1) $\lim_{x\to 0} \dfrac{\tan ax}{\sin bx} = \lim_{x\to 0} (\dfrac{\tan ax}{ax})(\dfrac{bx}{\sin bx}) \cdot \dfrac{a}{b}$ 이고 여기서

$$\lim_{x\to 0} \frac{\tan x}{x} = \lim_{x\to 0} \frac{\sin x}{x} \cdot \frac{1}{\cos x}$$
$$= \lim_{x\to 0} \frac{\sin x}{x} \cdot \lim_{x\to 0} \frac{1}{\cos x} = 1 \cdot 1 = 1$$

이므로 $\lim_{x\to 0} \dfrac{\tan ax}{ax} = 1$ 이고 또한 $\lim_{x\to 0} \dfrac{bx}{\sin bx} = 1$ 이므로

$$\lim_{x\to 0} \frac{\tan ax}{\sin bx} = \lim_{x\to 0} (\frac{\tan ax}{ax})(\frac{bx}{\sin bx}) \cdot \frac{a}{b} = \frac{a}{b}$$

(2) $\lim_{x\to 0} \dfrac{1-\cos kx}{x^2} = \lim_{x\to 0} \dfrac{1-\cos^2 kx}{x^2(1+\cos kx)} = \lim_{x\to 0} \dfrac{\sin^2 kx}{x^2(1+\cos kx)}$

$$= \lim_{x\to 0} \left\{ (\frac{\sin kx}{kx})^2 \cdot \frac{1}{1+\cos kx} \cdot k^2 \right\} = 1 \cdot \frac{1}{2}k^2 = \frac{k^2}{2}$$

(3) $\lim_{x\to 0} \dfrac{\sin(n+1)x - \sin(n-1)x}{\sin nx} = \lim_{x\to 0} \dfrac{2 \cdot \cos nx \cdot \sin x}{\sin nx}$

$$= \lim_{x\to 0} 2 \cdot \cos nx \cdot \frac{\sin x}{x} \cdot \frac{nx}{\sin nx} \cdot \frac{1}{n} = \frac{2}{n}$$

(4) $x-1=\theta$ 라 하면, $x \to 1$ 일 때 $\theta \to 0$ 이므로

$$\lim_{x\to 1} \frac{\cos \frac{\pi}{2}x}{1-x^2} = \lim_{\theta\to 0} \frac{\cos(\frac{\pi}{2}\theta + \frac{\pi}{2})}{1-(\theta+1)^2} = \lim_{\theta\to 0} \frac{\sin \frac{\pi}{2}\theta}{\theta(\theta+2)}$$
$$= \lim_{\theta\to 0} \frac{\sin \frac{\pi}{2}\theta}{\frac{\pi}{2}\theta} \cdot \frac{1}{\theta+2} \cdot \frac{\pi}{2} = \frac{\pi}{4}$$

---

**5**. $\lim_{x\to 0}\frac{\sin^{-1}x}{\tan x}$ $(-1 \le x \le 1)$의 극한값을 구하시오.

---

풀이

$\sin^{-1}x = \theta$라 하면, $\sin\theta = x$ $(\frac{\pi}{2} \le \theta \le \frac{\pi}{2})$ 에서 $x \to 0$일 때 $\theta \to 0$이 된다.

$$준\ 식 = \lim_{x\to 0}\frac{\sin^{-1}x}{x}\cdot\frac{x}{\tan x} = \lim_{\theta\to 0}\frac{\theta}{\sin\theta}\lim_{x\to 0}\frac{x}{\tan x} = 1\cdot 1 = 1$$

---

다음 문제의 증명은 어렵지만 결과는 중요하므로 꼭 알아두기 바란다.

**6**. 극한값 $\lim_{x\to\pm\infty}(1+\frac{1}{x})^x = e$이 성립함을 보이시오.

**[증명]**

(i) $x$가 자연수인 경우

$x = n$(자연수)이라 두면

$$\begin{aligned}(1+\frac{1}{x})^x &= (1+\frac{1}{n})^n = \sum_{r=0}^{n} {}_nC_r(\frac{1}{n})^r \\ &= {}_nC_0(\frac{1}{n})^0 + {}_nC_1(\frac{1}{n})^1 + \cdots + {}_nC_r(\frac{1}{n})^r + \cdots + {}_nC_n(\frac{1}{n})^n \\ &= 1 + n\frac{1}{n} + \frac{n(n-1)}{2!}\frac{1}{n^2} + \cdots \\ &\quad + \frac{n(n-1)\cdots(n-r+1)}{r!}\frac{1}{n^r} + \cdots + \frac{1}{n^n} \\ &= 1 + 1 + \frac{1}{2!}(1-\frac{1}{n}) + \cdots + \frac{1}{r!}(1-\frac{1}{n})(1-\frac{2}{n})\cdots(1-\frac{r-1}{n}) \\ &\quad + \cdots + \frac{1}{n!}(1-\frac{1}{n})(1-\frac{2}{n})\cdots(1-\frac{n-1}{n}) \qquad (2)\end{aligned}$$

여기서 $n > 1$이면 (2)식으로부터

$$(1+\frac{1}{n})^n < 1 + 1 + \frac{1}{2!} + \cdots + \frac{1}{n!}$$

이고 $3! > 2^2,\ 4! > 2^3,\ \cdots,\ n! > 2^{n-1}$ 이므로

$$\begin{aligned}(1+\frac{1}{n})^n &< 1 + \frac{1}{1} + \frac{1}{2} + \frac{1}{2^2} + \cdots + \frac{1}{2^{n-1}} \\ &= 1 + \frac{1-\frac{1}{2^n}}{1-\frac{1}{2}} = 3 - \frac{1}{2^{n-1}} < 3 \\ \therefore\ \lim_{n\to\infty}(1+\frac{1}{n})^n &\le \lim_{n\to\infty}(3-\frac{1}{2^{n-1}}) = 3\end{aligned}$$

지금 이 극한값을 $e$로 나타내면 다음과 같다.

$$\lim_{n\to\infty}(1+\frac{1}{n})^n = e \quad (e < 3)$$

(ii) $x$가 양의 실수일 때

$$n \le x < n+1 \qquad (3)$$

을 만족하는 자연수 $n$을 잡으면, 즉 $n=[x]$라 두면 $\frac{1}{n} \geq \frac{1}{x} > \frac{1}{n+1}$이므로

$$1+\frac{1}{n} \geq 1+\frac{1}{x} > 1+\frac{1}{n+1} \tag{4}$$

이다. (3), (4)에 의해

$$(1+\frac{1}{n})^{n+1} > (1+\frac{1}{x})^x > (1+\frac{1}{n+1})^n$$

이므로

$$\lim_{x\to\infty}(1+\frac{1}{n})^{n+1} \geq \lim_{x\to\infty}(1+\frac{1}{x})^x \geq \lim_{x\to\infty}(1+\frac{1}{n+1})^n \tag{5}$$

이다. 한편 $x\to\infty$이면 $n\to\infty$, $n+1\to\infty$이므로

$$\begin{aligned}\lim_{x\to\infty}(1+\frac{1}{n})^{n+1} &= \lim_{n\to\infty}(1+\frac{1}{n})^{n+1}\\ &= \lim_{n\to\infty}(1+\frac{1}{n})^n(1+\frac{1}{n}) = e\cdot 1 = e\end{aligned}$$

이고

$$\begin{aligned}\lim_{n\to\infty}(1+\frac{1}{n+1})^n &= \lim_{(n+1)\to\infty}(1+\frac{1}{n+1})^{n+1}(1+\frac{1}{n+1})^{-1}\\ &= e\cdot 1 = e\end{aligned}$$

이므로 (5)에 의해

$$\lim_{x\to\infty}(1+\frac{1}{x})^x = e$$

이다.

(iii) $x$가 음의 실수일 때

$x=-z$ ($z$는 양의 실수)라 두면, $x\to-\infty$일 때 $z\to\infty$이다.

$$\begin{aligned}(1+\frac{1}{x})^x &= (1-\frac{1}{z})^{-z} = \frac{1}{(1-\frac{1}{z})^z} = (\frac{z}{z-1})^z\\ &= (1+\frac{1}{z-1})^z = (1+\frac{1}{z-1})^{z-1}(1+\frac{1}{z-1})\end{aligned}$$

이므로 $\lim_{x\to-\infty}(1+\frac{1}{x})^x = \lim_{z\to\infty}(1+\frac{1}{z-1})^{z-1}(1+\frac{1}{z-1})$

$$= e\cdot 1 = e$$

따라서 (1), (2), (3)에 의하여

$$\lim_{x\to\pm\infty}(1+\frac{1}{x})^x = e$$

이다.

□

**7.** 다음 등식이 성립함을 증명하시오.

(1) $\lim_{x\to 1} x^{\frac{1}{1-x}} = \frac{1}{e}$ (2) $\lim_{x\to 0}(1+ax)^{\frac{1}{x}} = e^a$ (3) $\lim_{x\to\pm\infty}(1+\frac{a}{x})^x = e^a \quad (a\neq 0)$

풀이

(1) $1-x=-t$라 하면, $x\to 1$일 때 $t\to 0$이므로

$$\begin{aligned} \text{준 식} &= \lim_{t\to 0}(1+t)^{-\frac{1}{t}} \\ &= \{\lim_{t\to 0}(1+t)^{\frac{1}{t}}\}^{-1} = e^{-1} = \frac{1}{e} \end{aligned}$$

(2) $ax=z$라 하면, $x\to 0$일 때, $z\to 0$이 된다.

$$\lim_{x\to 0}(1+ax)^{\frac{1}{x}} = \lim_{z\to 0}(1+z)^{\frac{a}{z}} = \lim_{z\to 0}\{(1+z)^{\frac{1}{z}}\}^{a} = e^{a}$$

참고로, 이 문제는 연습문제 4.1에서 풀은 로피탈 정리를 사용하면 보다 쉽게 풀 수 있다.

(3) $\frac{x}{a}=z$라 하면, $x\to\pm\infty$일 때 $z\to\pm\infty$가 된다.

$$\begin{aligned} \text{준 식} &= \lim_{z\to\pm\infty}(1+\frac{1}{z})^{az} = \lim_{z\to\pm\infty}\{(1+\frac{1}{z})^{z}\}^{a} \\ &= \{\lim_{z\to\pm\infty}(1+\frac{1}{z})^{z}\}^{a} = e^{a} \end{aligned}$$

**8.** 다음 등식이 성립함을 증명하시오.

(1) $\lim_{x\to 0}\dfrac{\ln(1+x)}{x}=1$　　　(2) $\lim_{x\to 0}\dfrac{e^{x}-1}{x}=1$

풀이

(1) 준 식$=\lim_{x\to 0}\dfrac{1}{x}\ln(1+x)=\lim_{x\to 0}\ln(1+x)^{\frac{1}{x}}=\ln e=1$

(2) $e^{x}-1=t$라 두고 양변에 로그를 취하면 $x=\ln(1+t)$이 된다. 그리고 $x\to 0$이면 $t\to 0$이다.

$$\begin{aligned} \text{준 식} &= \lim_{t\to 0}\frac{t}{\ln(1+t)} = \lim_{t\to 0}\frac{1}{\frac{1}{t}\ln(1+t)} \\ &= \lim_{t\to 0}\frac{1}{\ln(1+t)^{\frac{1}{t}}} = \frac{1}{\ln e} = 1 \end{aligned}$$

**9.** 다음 극한값을 구하시오.

(1) $\lim_{x\to 0}\dfrac{1}{1+2^{\frac{1}{x}}}$　　　(2) $\lim_{x\to 0}\dfrac{a^{x}-1}{x}$　$(a>0)$

풀이

(1) $\lim_{x\to 0^{+}}\dfrac{1}{1+2^{1/x}}=0,\ \lim_{x\to 0^{-}}\dfrac{1}{1+2^{1/x}}=\lim_{x\to 0^{-}}\dfrac{1}{1+(\frac{1}{2})^{-\frac{1}{x}}}=1$ 이므로 극한값은 존재하지 않는다.

(2) $a^x = e^t$이라 두고 양변에 로그를 취하면 $x\ln a = t$이 되며 $x = \dfrac{t}{\ln a}$이 성립한다. 그리고 $x \to 0$이면 $t \to 0$이므로

$$
\begin{aligned}
\text{준 식} = \lim_{t\to 0} \frac{e^t - 1}{\frac{t}{\ln a}} &= \lim_{t\to 0} (\ln a) \cdot \frac{e^t - 1}{t} \\
&= (\ln a) \cdot 1 = \ln a
\end{aligned}
$$

참고로 $a^x - 1 = t$라 두고 같은 방법으로 풀어도 된다.

---

**10.** $\displaystyle\lim_{x\to 0} \frac{e^{-ax} - e^{-bx}}{x}$ 극한값을 구하시오.

---

풀이

주어진 식을 다음과 같이 바꾸고 $e^{-ax} - 1$과 $e^{-bx} - 1$을 치환하여 $\displaystyle\lim_{x\to 0} \frac{\ln(1+x)}{x} = 1$을 이용하면 다음이 성립한다.

$$
\begin{aligned}
&\lim_{x\to 0} \frac{e^{-ax} - e^{-bx}}{x} \\
&= \lim_{x\to 0} \frac{e^{-ax} - 1 - e^{bx} + 1}{x} \\
&= \lim_{x\to 0} \frac{e^{-ax} - 1}{x} - \lim_{x\to 0} \frac{e^{-bx} - 1}{x} \\
&= b - a
\end{aligned}
$$

---

**11.** 다음 극한값을 구하시오.

(1) $\displaystyle\lim_{x\to \frac{\pi}{2}} (\pi - 2x) \cdot \tan x$ (2) $\displaystyle\lim_{x\to \infty} x \cdot \sin \frac{m}{x}$

---

풀이

(1)
$$
\begin{aligned}
\lim_{x\to \frac{\pi}{2}} (\pi - 2x) \cdot \tan x &= 2 \lim_{x\to \frac{\pi}{2}} \left(\frac{\pi}{2} - x\right) \frac{\sin x}{\sin(\frac{\pi}{2} - x)} \\
&= 2 \lim_{x\to \frac{\pi}{2}} \frac{\frac{\pi}{2} - x}{\sin(\frac{\pi}{2} - x)} \cdot \sin x = 2 \lim_{x\to \frac{\pi}{2}} \frac{\frac{\pi}{2} - x}{\sin(\frac{\pi}{2} - x)} \cdot \lim_{x\to \frac{\pi}{2}} \sin x \\
&= 2 \cdot 1 \cdot 1 = 2
\end{aligned}
$$

(2) $\dfrac{1}{x} = \theta$라 하면, $x \to \infty$일 때 $\theta \to 0$이 된다.

$$
\text{준 식} = \lim_{\theta\to 0} \frac{1}{\theta} \cdot \sin m\theta = \lim_{\theta\to 0} m \cdot \frac{\sin m\theta}{m\theta} = m
$$

---

**12.** 다음 극한값을 구하시오.

(1) $\lim_{x\to0}\frac{\sin^{-1}x}{x}\ (-1\le x\le 1)$  (2) $\lim_{x\to0}\frac{\sin(\sin x)}{x}$

(3) $\lim_{x\to0}\frac{1-\cos(1-\cos x)}{x^4}$

---

풀이

(1) $\sin^{-1}x=t$라 두면 $x=\sin t\ (\frac{\pi}{2}\le t\le\frac{\pi}{2})$이고 $x\to0$일 때 $t\to0$이다. 따라서

$$\lim_{x\to0}\frac{\sin^{-1}x}{x}=\lim_{x\to0}\frac{t}{\sin t}=\frac{1}{\lim_{t\to0}\frac{\sin t}{t}}=\frac{1}{1}=1$$

(2) $\lim_{x\to0}\frac{\sin(\sin x)}{x}=\lim_{x\to0}\frac{\sin(\sin x)}{\sin x}\cdot\frac{\sin x}{x}$ 이므로 $\sin x=t$라 두면 $x\to0$일 때 $t\to0$이다. 여기서 $\lim_{x\to0}\frac{\sin(\sin x)}{\sin x}=\lim_{t\to0}\frac{\sin t}{t}=1$ 이므로

$$\lim_{x\to0}\frac{\sin(\sin x)}{x}=1\cdot1=1$$

이다.

(3)
$$\begin{aligned}\lim_{x\to0}\frac{1-\cos(1-\cos x)}{x^4}&=\lim_{x\to0}\frac{1-\cos^2(1-\cos x)}{x^4\{1+\cos(1-\cos x)\}}\\&=\lim_{x\to0}\frac{\sin^2(1-\cos x)}{x^4}\cdot\frac{1}{1+\cos(1-\cos x)}\\&=\lim_{x\to0}\frac{\sin^2(1-\cos x)}{(1-\cos x)^2}\cdot\frac{(1-\cos x)^2}{x^4}\cdot\frac{1}{1+\cos(1-\cos x)}\\&=\lim_{x\to0}\frac{\sin^2(1-\cos x)}{(1-\cos x)^2}\cdot\frac{\sin^4 x}{x^4}\cdot\frac{1}{(1+\cos x)^2}\cdot\frac{1}{1+\cos(1-\cos x)}\\&=1^2\cdot1^4\cdot\tfrac{1}{4}\cdot\tfrac{1}{2}=\tfrac{1}{8}\end{aligned}$$

---

**13.** $\lim_{x\to0}\frac{x}{\sqrt{k+x}-\sqrt{k-x}}=3$일 때 상수 $k$의 값을 구하시오.

---

풀이

분모를 유리화하여 구한다. 분모와 분자에 $(\sqrt{k+x}+\sqrt{k-x})$을 곱하면

$$\begin{aligned}\lim_{x\to0}\frac{x}{\sqrt{k+x}-\sqrt{k-x}}&=\lim_{x\to0}\frac{x(\sqrt{k+x}+\sqrt{k-x})}{k+x-(k-x)}\\&=\frac{1}{2}\lim_{x\to0}(\sqrt{k+x}+\sqrt{k-x})\\&=\frac{1}{2}\cdot2\sqrt{k}=\sqrt{k}\end{aligned}$$

이다. 따라서 $\sqrt{k}=3\ \Rightarrow\ k=9$이다.

---

**14.** $y = \sin(1/x)$는 $x$가 0에 접근할 때 극한이 없음을 보이시오.

---

풀이

연습문제 1.2의 2번 [그림 1.16]에서 $x = 1$인 경우를 생각하자.

$x$가 0으로 수렴하면 $\frac{1}{x}$은 무한히 커진다.

그리고 $\sin(1/x)$는 $-1$과 1사이를 주기적으로 반복한다.

따라서 $x$가 0으로 수렴할 때 $\sin(1/x)$의 함숫값을 어떤 단일한 수로 정할 수가 없다.

---

## 2.2 연속함수

1장에서 배운 함수와 2.2절에서 배운 극한의 개념을 이용하여 함수 중에서 특히 **연속함수**에 대하여 공부한다. 앞으로 다루는 많은 경우가 연속함수이며 주로 연속함수들에 대하여 미분과 적분이 이루어진다. 따라서 극한개념과 연속함수는 수학중에서 특히 미분적분학에서는 매우 중요하다. 먼저 연속함수에 대한 정의를 살펴보고 참고로 보충설명을 하도록 하겠다.

**정의 2.2.1**

**연속함수의 정의**
실수 $R$의 임의의 한 점 $x=a$에서 대하여 함수 $f(x)$가 다음 3가지 조건을 만족할 때 **연속함수**라 한다.

1. $f(a)$가 정의되고
2. $\lim_{x\to a} f(x)$가 존재하고
3. $\lim_{x\to a} f(x) = f(a)$

**참고 2.8** 다시 [정의 2.2.1]을 쉽게 설명하면 실수 $R$의 임의 한 점 $x = a$에서 정의된 함수 $f(x)$ 가 $x=a$로 수렴(근접)하는 수열에 대하여 극한값이 존재하며 그 극한값이 $f(a)$와 같은 함수를 한 점 $x=a$에서 연속이라고 한다. 2.1절 함수의 극한에서는 [참고 2.3]에서 언급했듯이 함수 $f$가 $x=a$에서 정의될 필요가 없으며 그냥 $\lim_{x\to a} f(x)$가 존재하기만 하면 되었다. 따라서 연속함수는 극한의 개념에 조건 (1)과 (3)이 첨가된 것이다.

**예제 2.2.1**

함수 $f(x)=x^2$은 모든 실수점에서 연속임을 보이시오.

---

풀이 2.2.1

임의의 실수점 $a \in \mathbb{R}$에 대하여

$$\lim_{x\to a} f(x) = \lim_{c\to a} x^2 = a^2 = f(a)$$

이다. 이것은 연속함수의 정의 3가지 조건을 만족한다. 따라서 $f(x)=x^2$은 모든 실수점에서 연속이다.

---

**예제 2.2.2**

$f(x) = \dfrac{x^2-4}{x-2}$로 정의된 함수는 $x=2$에서 불연속임을 보이시오.

풀이 2.2.2

먼저 극한값을 구하면

$$\lim_{x\to 2}\frac{x^2-4}{x-2}=\lim_{x\to 2}(x+2)=4$$

이므로 [정의 2.2.1]의 조건 (2)는 만족하지만 $f(2)$의 값이 정의되지 않으므로 조건 (1)을 만족하지 않는다. 따라서 함수 $f(x)$는 $x=2$에서 불연속이다.

**예제 2.2.3**

$$f(x)=\begin{cases}\dfrac{x^2-1}{x-1} & x\neq 1\\ 1 & x=1\end{cases}$$ 로 정의된 함수는 $x=1$에서 불연속임을 보이시오.

풀이 2.2.3

[정의 2.2.1]의 조건에서 $f(1)=1$로 정의되므로 조건 (1)을 만족하며,

$$\lim_{x\to 1}\frac{x^2-1}{x-1}=\lim_{x\to 1}(x+1)=2$$

이므로 조건 (2)도 만족한다. 하지만 $f(2)=1\neq 2=\lim_{x\to 1}\dfrac{x^2-1}{x-1}$ 이므로 조건 (3)을 만족하지 않으므로 함수 $f(x)$는 $x=1$에서 불연속이다.

**참고 2.9** 위의 [예제 2.2.1]과 [예제 2.2.2]에서 연속의 조건 (2)을 보이기 위하여 계산한 극한값은 엄밀히 말하자면 극한에서 공부한 [정리 2.1.1]과 같이 좌극한값과 우극한값 각각을 계산하여 같음을 보여야 한다.

우리는 함수의 극한을 ($\epsilon\delta$ 논법)으로 정의한 것을 배웠다. 그래서 연속의 정의도 다음과 같이 ($\epsilon\delta$ 논법)으로 가능하다.

**정의 2.2.2**

**($\epsilon\delta$ 논법)에 의한 연속함수의 정의**

함수 $f$가 점 $a$에서 정의되어 있다고 가정하자. 임의의 $\epsilon>0$ 에 대하여 적당한 $\delta>0$가 존재하여 $0<|x-a|<\delta$을 만족하는 모든 $x$에 대하여 $|f(x)-f(a)|<\epsilon$ 이 성립할 때 $f$는 $x=a$에서 연속이라고 한다.

**예제 2.2.4**

함수 $f(x)=|x|$가 $x=0$에서 연속임을 ($\epsilon\delta$ 논법)으로 증명하시오.

**[증명]**

연속의 정의에 의해 $\lim_{x\to 0}|x|=0$이 성립함을 보이면 된다.

앞의 극한방법에 의해서, 임의의 $\epsilon>0$에 대하여 $\delta=\epsilon$으로 잡자.

그러면

$$|x-0|<\delta \Rightarrow |f(x)-f(0)|=||x|-0|=|x|<\delta=\epsilon$$

이 되어, 즉 $\lim_{x\to 0}|x|=0$이다.

따라서 $f(x)=|x|$는 $x=0$에서 연속이다. □

다음은 알고 있는 연속인 함수를 이용하여 다소 복잡한 함수가 연속인지를 판별할 수 있도록 하는 정리이다.

**정리 2.2.1 연속함수와 사칙연산**

두 함수 $f(x)$와 $g(x)$가 각각 $x=a$에서 연속이라 가정하자. 그러면 다음은 사칙연산에 대하여 연속이 보존됨을 알 수 있다.

1. $f(x)+g(x)$, $f(x)-g(x)$는 $x=a$에서 연속이다.
2. $kf(x)$와 $f(x)\cdot g(x)$는 $x=a$에서 연속이다 ($k$는 상수).
3. $g(a)\neq 0$이면, $f(x)/g(x)$는 $x=a$에서 연속이다.

**[증명]**

먼저 $h(x)=f(x)\pm g(x)$라 하자. 그러면 극한의 [정리 2.1.2]와 [정의 2.2.1]로부터 다음을 알 수 있다.

$$\begin{aligned}\lim_{x\to a}h(x)&=\lim_{x\to a}\{f(x)\pm g(x)\}\\&=\lim_{x\to a}f(x)\pm\lim_{x\to a}g(x)=f(a)\pm g(a)=h(a)\end{aligned}$$

따라서 연속인 두 함수의 합과 차도 같은 점에서 연속이다.

(2), (3)도 같은 방법으로 증명된다. □

**예제 2.2.5**

$f(x)=\dfrac{x^2+3x}{x^2-5x+6}$로 정의된 함수의 연속인 점을 모두 구하시오.

풀이 2.2.5

[정리 2.2.1]의 (1)과 (2)을 이용하면 분자함수 $x^2+3x$와 분모함수 $x^2-5x+6$는 실수 $R$의 모든 점에서 연속이다. 일반적으로 모든 $n$차 다항함수는 실수상의 모든 점에서 연속이다. 따라서 주어진 함수 $f(x)=\dfrac{x^2+3x}{x^2-5x+6}$은 [정리 2.2.1]의 (3)으로부터 분모함수 $x^2-5x+6=(x-2)(x-3)=0$인 점 $x=\{2,3\}$을 제외한 모든 실수 $R$에서 연속임을 알 수 있다.

**정리 2.2.2 합성함수의 연속성**
함수$g$는 점 $a$에서 연속이고 $f$는 점 $g(a)$에서 연속이면 합성함수 $f\circ g$는 점 $a$에서 연속이다.

**[증명]**

$f$는 $g(a)$에서 연속이므로 $\lim\limits_{g(x)\to g(a)} f(g(x))=f(g(a))$이고

$g$는 $a$에서 연속이므로 $\lim\limits_{x\to a} g(x)=g(a)$이다. 합성함수에 대하여

$$\lim_{x\to a}(f\circ g)(x)=\lim_{x\to a}f(g(x))=f(\lim_{x\to a}g(x))=f(g(a))=(f\circ g)(a)$$

이 성립한다. 따라서 합성함수 $f\circ g$는 점 $x=a$에서 연속이다. □

**예제 2.2.6**

$h(x)=\dfrac{2x^3+1}{x^2+1}+1$로 정의된 함수의 연속성을 조사하시오.

풀이 2.2.6

두 함수 $g(x)=\dfrac{2x^3+1}{x^2+1}$와 $f(x)=x+1$을 정의하면 $h(x)=f(g(x))$와 같다. 함수 $g(x)$의 분모가 실수 $R$의 모든 점에서 0이 아니므로 $g(x)$는 실수 $R$의 모든 점에서 연속이다. 그리고 $f(x)$는 1차 다항함수이므로 실수 $R$의 모든 점에서 연속이다. 따라서 [정리 2.2.2]로부터 $h(x)$는 실수 $R$의 모든 점에서 연속이다.

**예제 2.2.7**

$f(x)=\sqrt{1-\cos x}$로 정의된 함수의 극한값 $\lim\limits_{x\to\pi} f(x)$를 구하시오.

풀이 2.2.7

다음은 [정리 2.2.2]와 [정리 2.1.2]로부터 성립됨을 알 수 있다.

$$\begin{aligned}\lim_{x\to\pi}\sqrt{1-\cos x} &= \sqrt{\lim_{x\to\pi}(1-\cos x)} = \sqrt{1-\cos(\lim_{x\to\pi} x)} \\ &= \sqrt{1-\cos\pi} = \sqrt{2}\end{aligned}$$

연속인 함수의 정의역이 폐구간일 때 중간값 정리라는 중요한 정리가 다음과 같이 존재한다. 이 정리는 방정식의 해가 존재하기 위한 조건을 제공한다.

**정리 2.2.3 중간값 정리**

1. 함수 $f(x)$가 $[a,b]$에서 연속이고, $f(a)$와 $f(b)$가 다른 부호이면, $f(c)=0$이 되는 점 $x=c$가 $a$와 $b$ 사이에 적어도 하나 존재한다.
2. $f(x)$가 $[a,b]$에서 연속이고 $f(a)<f(b)$이면, $f(a)<k<f(b)$인 임의의 실수 $k$에 대하여 $f(c)=k$ 되는 점 $x=c$가 $a$와 $b$ 사이에 적어도 하나 존재한다.

**[증명]**

이 중간값 정리는 미적분학의 기본이 되는 정리이다. 그러나 그 증명은 다소 복잡하므로 여기서는 그래프의 연속성을 이용하여 직관적으로 성립함을 알아본다([그림 2.2-2.3] 참조).

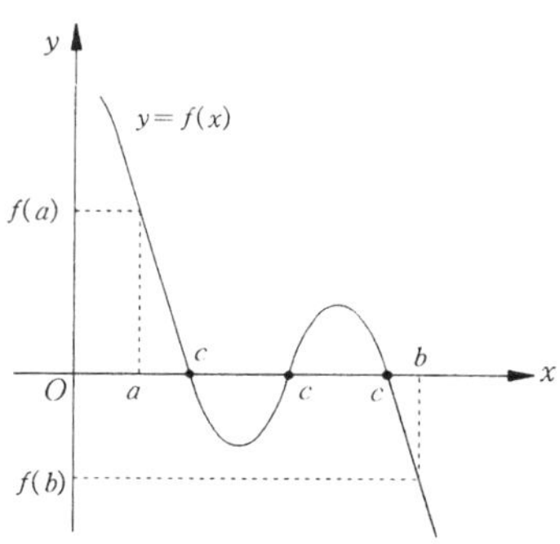


그림 2.2 $f(a)>0, f(b)<0$인 경우

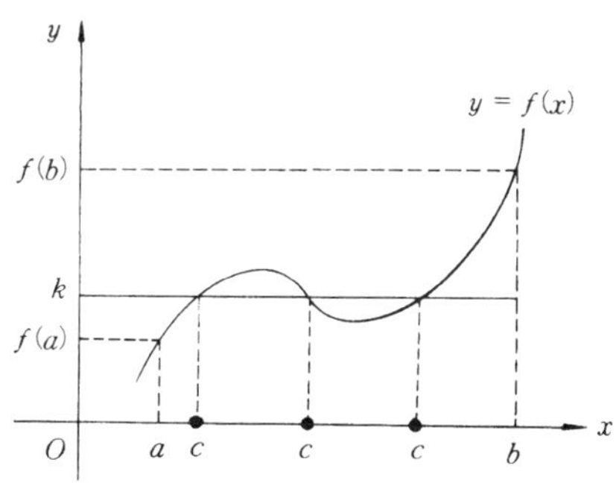


그림 2.3 $f(a)<f(b)$인 경우

□

**예제 2.2.8**

$f(x)=x^3+x-1$로 정의된 함수가 개구간 $(0,1)$안에서 적어도 하나의 해를 가짐을 보이시오.

풀이 2.2.8

$f(x)$는 3차다항식이므로 모든 실수 $R$에서 연속이다. 따라서 $f(x)$는 폐구간 $[0,1]$에서 연속이다. 폐구간의 끝점을 구하면 $f(0)=-1$이고 $f(1)=1$이므로 $f(0)=-1<k<f(1)=1$을 만족하는 $k=0$라 두면 중간값 정리 [정리 2.2.3]으로부터 $f(c)=k=0$을 만족하는 점 $c\in(0,1)$가 존재한다.

## 연습문제 2.2

**1.** 다항식 $P(x) = a_0x^n + a_1x^{n-1} + \cdots + a_n$ 은 $R$의 모든 점에서 연속이다.

---

풀이

실수상의 임의의 한 점을 $x_0$라 두면 [정리 2.2.1]에 의해

$$\lim_{x \to x_0} P(x) = a_0x_0^n + a_1x_0^{n-1} + \cdots + a_n = P(x_0)$$

이므로 $x = x_0$에서 연속이다. 따라서 연속함수의 정의로부터 $P$는 $\mathbb{R}$에서 연속이다.

---

**2.** 함수 $y = |x^2 - 2|$는 모든 실수점에서 연속임을 보이시오.

---

풀이

$f(x) = x^2 - 2$와 $g(x) = |x|$는 모든 실수점에서 연속이다.
따라서 합성함수 $g(f(x)) = |x^2 - 2|$는 모든 실수점에서 연속이다.

---

**3.** 다음을 구하시오.

(1) $\lim_{x \to 1} \cos\left(\dfrac{x^2-1}{x-1}\right)$ (2) $\lim_{x \to \pi} \sqrt{1 - \sin x}$

---

풀이

(1) $\lim_{x \to 1} \cos\left(\dfrac{x^2-1}{x-1}\right) = \cos\left(\lim_{x \to 1} \dfrac{x^2-1}{x-1}\right) = \cos 2,$

(2) $$\begin{aligned}\lim_{x \to \pi} \sqrt{1 - \sin x} &= \sqrt{\lim_{x \to \pi}(1 - \sin x)} = \sqrt{1 - \sin(\lim_{x \to \pi} x)} \\ &= \sqrt{1 - \sin \pi} = 1\end{aligned}$$

---

**4.** 방정식 $(x^2 - 1)\cos x + \sqrt{2}\sin x = 0$은 $[0, \frac{\pi}{2}]$에서 적어도 하나의 실근을 가짐을 증명하시오.

**[증명]**
$f(x) = (x^2 - 1)\cos x + \sqrt{2}\sin x$라 하면 $f(x)$는 $[0, \frac{\pi}{2}]$에서 연속이고 $f(0) = -1 < 0$, $f(\frac{\pi}{2}) = \sqrt{2} > 0$이므로 중간값 정리에 의해 $f(c) = 0$이 되는 $c$가 0과 $\frac{\pi}{2}$ 사이에 적어도 하나 존재한다. □

**5.** 함수 $f(x)$가 $[-1,1]$에서

$$f(x)=\begin{cases}0 & (x<0)\\ 1 & (x\geq 0)\end{cases}$$

일 때, 이 함수는 $f(-1)<\frac{1}{2}<f(1)$인 $\frac{1}{2}$에 대하여 중간값 정리를 만족시키는 점이 존재하지 않음을 보여라.

---

풀이

함수 $f(x)$는 $[-1,1]$에서 불연속이므로 중간값 정리가 성립하지 않는다.

---

**6.** 방정식 $x\cos x-\sin x=0$은 $[\pi,\dfrac{3\pi}{2}]$에서 해를 가짐을 보이시오.

---

풀이

$f(x)=x\cos x-\sin x$라 하면 분명히 구간 $[\pi,\dfrac{3\pi}{2}]$에서 연속이다.

그리고 $f(\pi)=\pi$ 이고 $f(\dfrac{3\pi}{2})=-1$이므로 [중간값 정리]에 의해 $f(c)=0$을 만족하는 $c\in(\pi,\dfrac{3\pi}{2})$가 존재한다.

따라서 $f(x)=0$을 만족하는 해가 구간 $[\pi,\dfrac{3\pi}{2}]$에서 존재한다.

---

다음 최대·최소 정리는 4장 도함수의 응용에서 배우는 **Rolle의 정리**의 증명에서 사용되며 극값을 구하는 데도 사용된다. 정의역이 폐구간이고 연속인 함수에 대하여 중요한 정리이니 꼭 알아두기 바란다.

> **정리 2.2.4 최대·최소 정리**
> 함수 $f(x)$가 폐구간 $[a,b]$에서 연속이면, $f(x)$는 $[a,b]$에서 최댓값, 최솟값을 반드시 갖는다.

**7.** 함수 $f(x)=x$의 $(0,1)$에서의 최대, 최솟값을 구하시오.

---

풀이

개구간 $(0,1)$에서 $f(x)$는 연속이지만 최댓값, 최솟값은 갖지 않는다. 왜냐하면, $x=a$에서 최소라 가정하면 모든 $0<x<1$에서 $f(a)\leq f(x)$이 된다. 한편 $0<\dfrac{a}{2}<1$
이므로 $f(a)\leq f(\dfrac{a}{2})$가 되어야 한다. 이것은 $a\leq\dfrac{a}{2}$가 되어 모순이 된다. 여기서 $(0,1)$이 개구간임을 주목하여라.

---

**8.** 함수 $f(x) = \dfrac{\sin x}{1-\cos x}$ $(0 \le x < 2\pi)$가 연속이 될 범위를 구하시오.

---

풀이

분모와 분자가 연속이므로 분모가 0이 되는 점을 제외하면 $f(x)$는 연속이다.

따라서 $1-\cos x = 0$을 만족하는 주어진 구간내에서의 점은 $x=0$이다.

따라서 $f(x)$가 연속이기 위한 구간은 $0 < x < 2\pi$이다.

---

**9.** 함수 $f(x) = \log_2(4-x^2)$이 연속이 될 $x$의 범위를 구하시오.

---

풀이

로그함수에서 진수가 양이 되는 범위를 정하면 된다.

따라서 $4-x^2 > 0 \ \Rightarrow\ -2 < x < 2$이다.

---

**10.** 함수 $f(x) = \lim\limits_{n\to\infty} \dfrac{3+(\log_2(1+|x|))^n}{1+(\log_2(1+|x|))^n}$이 불연속이 되는 $x$의 값을 구하시오.

---

풀이

먼저 $t = \log_2(1+|x|)$ 놓으면

(1) $|x| < 1$이면 $0 \le t < 1$이고 따라서 $f(x) = \lim\limits_{x\to\infty} \dfrac{3+t^3}{1+t^n} = 3$ 이다.

(2) $|x| > 1$이면 $t > 1$이고 따라서 $f(x) = 1$이다.($\because$ 분모와 분자를 $t^n$ 으로 각각 나누어준다.)

(3) $x = \pm 1$일 때 $t = 1$이고 따라서 $f(x) = 2$이다.

(1) - (3)을 바탕으로 그림을 그려보면 불연속인 점은 $x = \pm 1$이다.

---

# 제 3 장
# 도함수

## 3.1 도함수의 정의

함수 $f : X \to Y$에 대하여 정의역 $X$의 임의의 원소 $x$가 $x+h$로 변할 때 $\Delta x = (x+h-x) = h$을 **$x$의 변화율**이라 하며 대응되는 공역 $Y$에서의 $\Delta y = (f(x+h) - f(x))$를 **$y$의 변화율**이라 한다. $x$의 변화율에 대한 $y$의 변화율의 비

$$\frac{\Delta y}{\Delta x} = \frac{f(x+h) - f(x)}{h}$$

을 $x$에서 $x+h$까지의 함수 $f(x)$의 **평균변화율**이라 한다.

**예제 3.1.1**

$f(x) = x^2$로 정의된 함수에 대하여 $x = 1$가 0.5로 변할 때 $f(x)$의 평균변화율을 구하시오.

풀이 3.1.1

$\Delta x = (0.5 - 1) = -0.5$이고 $\Delta y = (f(0.5) - f(1)) = (0.5^2 - 1^2) = -0.75$이므로
평균변화율은 $\dfrac{\Delta y}{\Delta x} = \dfrac{-0.75}{-0.5} = 1.5$이다.

**정의 3.1.1**

**도함수**
만약 정의역 $X$의 임의의 원소 $x$에서 변화량이 아주 조금인 경우

$$\lim_{h \to 0} h \text{ or } \lim_{\Delta x \to 0} \Delta x$$

로 간단히 표현하며, 대응되는 공역 $Y$에서 $y$의 변화율은 극한값

$$\lim_{h\to0}(f(x+h)-f(x))$$

으로 표현된다. 그러면 [정리 2.1.2]의 (3)으로부터 점 $x$에서 **순간변화율** (또는 평균변화율의 극한)은

$$\lim_{h\to0}\frac{f(x+h)-f(x)}{h}$$

로 표현될 수 있다. [정리 2.1.1]로부터 한 점 $x$에서 순간변화율(또는 평균변화율의 극한값)이 존재할 필요충분조건은

$$\lim_{h\to0^+}\frac{f(x+h)-f(x)}{h}=\lim_{h\to0^-}\frac{f(x+h)-f(x)}{h}$$

이다. 이 극한값을 $f'(x)$라 표현하고 **점 $x$ 에서 $f$의 도함수**라 부른다. 때로는 함수 $f$가 점 $x$에서 **미분가능하다** 또는 **도함수를 갖는다**라고 한다.

**참고 3.1** 도함수의 정의는 함수의 그래프 위의 한 점에 접하는 접선의 기울기를 구하는 데 응용되며, 물리학에서는 평균변화율은 평균속도로 순간변화율은 순간속력으로 바꾸어 사용한다. 따라서 점 $(x_0, f(x_0))$에서 곡선 $y=f(x)$에 접하는 접선의 기울기 $m$은

$$\begin{aligned}f'(x_0)=m&=\lim_{h\to0}\frac{f(x_0+h)-f(x_0)}{h}\\&=\lim_{x\to x_0}\frac{f(x)-f(x_0)}{x-x_0}\ (\because x=x_0+h)\end{aligned}$$

**예제 3.1.2**

$f(x)=x^3-x$로 정의된 함수에서 $x=2$에서 도함수를 구하시오.

풀이 3.1.2

$$f'(2)=\lim_{h\to0}\frac{\{(2+h)^3-(2+h)\}-(2^3-2)}{h}=\lim_{h\to0}(11+6h+h^2)=11$$

**예제 3.1.3**

포물선 $y=x^2$ 위의 점$(2,4)$에서 접하는 접선의 방정식을 구하시오.

풀이 3.1.3

먼저 $y=f(x)=x^2$로 생각을 하고 $x_0=2$로 두자. 그러면 $(2,4)$에서 곡선에 접하는 접선의 기울기는

$$f'(2)=m=\lim_{h\to0}\frac{(2+h)^2-2^2}{h}=\lim_{h\to0}(h+4)=4$$

따라서 접선의 방정식은 $y-4=4(x-2) \;\Rightarrow\; y=4x-4$이다.

---

**예제 3.1.4**

지표에서 정지 상태($t=0$)로부터 떨어뜨려진 고체의 물체는 $t$초 동안에 $y=16t^2\ (ft)$로 자유낙하 운동을 한다. 이때 $t=1$에서 정확한 속력을 구하시오.

---

풀이 3.1.4

먼저 $y=f(t)=16t^2$로 생각하고 $t=1$로 두자. 그러면

$$f'(1)=\lim_{h\to 0}\frac{f(1+h)-f(1)}{h}=\lim_{h\to 0}\frac{16(1+h)^2-16(1)^2}{h}=\lim_{h\to 0}16(h+2)=32\ ft/sec$$

은 $t=1$일 때 물체의 낙하속력이다.

---

**예제 3.1.5**

$f(x)=|x|$로 정의된 함수에서 $x=0$에서 미분불가능함을 보이시오.

---

풀이 3.1.5

도함수의 정의로부터 $f'(0)$값이 존재할 필요충분조건은 다음과 같다.

$$\lim_{h\to 0^+}\frac{f(h)-f(0)}{h}=\lim_{h\to 0^-}\frac{f(h)-f(0)}{h}$$

따라서 $\lim_{h\to 0^+}\frac{f(h)-f(0)}{h}=1$ 이고 $\lim_{h\to 0^-}\frac{f(h)-f(0)}{h}=-1$이므로
$f'(0)$값이 존재하지 않는다.

---

**정리 3.1.1 미분가능과 연속**
함수 $f(x)$가 $x=a$에서 미분가능하면 $f(x)$는 $x=a$에서 연속함수이다.

**[증명]**

$x\neq a$을 만족하는 임의의 점 $x$에 대해서 함수 $f(x)$를

$$f(x)=\frac{f(x)-f(a)}{x-a}(x-a)+f(a)$$

와 같이 정의하면 $f(a)$값이 정의되므로 연속의 조건 (1)을 만족한다. 그리고 다음으로부터 조건 (2)와 (3)을 만족함을 알 수 있다.

$$\begin{aligned}\lim_{x\to a} f(x) &= \lim_{x\to a}\left\{\frac{f(x)-f(a)}{x-a}(x-a)+f(a)\right\}\\ &= f'(a)\cdot 0 + f(a) = f(a)\end{aligned}$$

따라서 $f(x)$는 $x=a$에서 연속이다. □

일반적으로 [정리 3.1.1]의 역은 성립하지 않는다. 그리고 연속인 함수가 미분가능한 함수보다 일반화된 함수임을 보여주는 다음 예제들은 중요하므로 정확히 이해하기 바란다.

**예제 3.1.6**

$f(x)=|x|$로 정의된 함수는 $x=0$에서 연속이지만 미분불가능임을 보이시오.

**[증명]**

$\lim_{x\to 0}|x| = 0 = f(0)$이므로 함수 $f(x)=|x|$는 $x=0$에서 연속이다.
그리고 [예제 3.1.3]으로부터 $f(x)=|x|$는 $x=0$에서 미분불가능임을 알 수 있다. □

**예제 3.1.7**

함수 $f(x)=\sqrt[3]{x^2}$은 $x=0$에서 연속이지만 미분불가능임을 보이시오.

**[증명]**

$\lim_{x\to 0} f(x) = \lim_{x\to 0}\sqrt[3]{x^2} = 0 = f(0)$ 이므로 $f(x)$는 $x=0$에서 연속이다.
그리고 도함수의 정의로부터

$$\begin{aligned}\lim_{x\to 0^+}\frac{f(x)-f(0)}{x-0} &= \lim_{x\to 0^+}\frac{\sqrt[3]{x^2-0}}{x-0} = \lim_{x\to 0^+}\frac{1}{\sqrt[3]{x}} = \infty\\ \lim_{x\to 0^-}\frac{f(x)-f(0)}{x-0} &= \lim_{x\to 0^-}\frac{1}{\sqrt[3]{x}} = -\infty\end{aligned}$$

이므로 $f'(0)$가 존재하지 않는다.

따라서 $f(x)$는 $x=0$에서 미분불가능이다. □

**정의 3.1.2**

**도함수의 표기**

함수 $f$가 정의역의 모든 점에서 미분가능이면 $f$를 **미분가능한 함수**라 한다. 그리고 미분가능한 함수

$y = f(x)$에 대하여 $f'(x)$를 $f(x)$의 **도함수**라 하며 책에 따라 다음과 같이 표시하기도 한다.

$$\frac{dy}{dx} \qquad \frac{d}{dx}f(x) \qquad y'$$

이후 미분가능한 함수의 도함수를 표시할 때 편의에 따라 위의 표시 중 하나를 사용할 것이다.

**참고 3.2** 원래함수 $f(x)$와 그것의 도함수 $f'(x)$는 서로 다른 함수이지만 일반적으로 **도함수의 정의역은 원래함수의 정의역의 부분집합**이다. 도함수의 표기법에서

$$\frac{dy}{dx} \qquad \frac{d}{dx}f(x)$$

를 **Leibniz의 기호**라 한다.

## 연습문제 3.1

**1.** $f(x) = \sqrt{x}\ \ (x \geq 0)$로 정의된 함수에서 $x = 2$에서 미분계수를 구하시오.

---

풀이

$f'(2) = \lim_{h\to 0} \frac{\sqrt{2+h}-\sqrt{2}}{h} = \lim_{h\to 0} \frac{1}{\sqrt{2+h}+\sqrt{2}} = \frac{1}{2\sqrt{2}}$

---

**2.** 함수 $f(x)$가

$$f(x) = \begin{cases} x\ \sin\frac{1}{x} & (x \neq 0) \\ 0 & (x = 0) \end{cases}$$

으로 정의되었을 때 $x = 0$에서 $f(x)$의 미분가능성을 조사하시오.

---

풀이

미분계수의 정의로부터

$$\lim_{h\to 0} \frac{f(0+h)-f(0)}{h} = \lim_{h\to 0} \frac{h \cdot \sin\frac{1}{h}}{h} = \lim_{h\to 0}\ \sin\frac{1}{h}$$

이지만 극한값 $\lim_{h\to 0}\ \sin\frac{1}{h}$이 존재하지 않으므로 $x = 0$에서 미분불가능이다.

---

**3.** 함수 $f(x) = \frac{1}{x}\ (x > 0)$의 $f'(x)$를 구하시오. 또, $f'(3)$과 $f'(x^2)$을 구하시오.

---

풀이

임의의 $x > 0$에 대하여

$$f(x+h)-f(x) = \frac{1}{x+h} - \frac{1}{x} = \frac{-h}{x(x+h)} \text{ 이므로}$$
$$f'(x) = \lim_{h\to 0} \frac{-1}{x(x+h)} = -\frac{1}{x^2} \text{ 이고}$$
$$f'(3) = -\frac{1}{3^2} = -\frac{1}{9},\ f'(x^2) = -\frac{1}{(x^2)^2} = -\frac{1}{x^4}$$

이다.

---

**4.** $f(x) = \sqrt{x}\ \ (x > 0)$의 도함수를 정의를 이용해서 구하시오..

---

**풀이**

$$f'(x) = \lim_{h\to 0}\frac{f(x+h)-f(x)}{h} = \lim_{h\to 0}\frac{\sqrt{x+h}-\sqrt{x}}{h} = \lim_{h\to 0}\frac{1}{\sqrt{x+h}+\sqrt{x}} = \frac{1}{2\sqrt{x}}$$

---

**5.** 임의의 양의 정수 $n > 0$에 대하여 $\frac{d}{dx}x^n = nx^{n-1}$임을 보이시오.

---

**풀이**

먼저 $h = t - x$라 두면

$$\begin{aligned}\lim_{h\to 0}\frac{f(x+h)-f(x)}{h} &= \lim_{t\to x}\frac{f(t)-f(x)}{t-x}\\ &= \lim_{t\to x}\frac{(t-x)(t^{n-1}+t^{n-2}x+\cdots tx^{n-2}+x^{n-1})}{t-x}\\ &= \lim_{t\to x}(t^{n-1}+t^{n-2}x+\cdots tx^{n-2}+x^{n-1})\\ &= nx^{n-1}\end{aligned}$$

---

**6.** 함수 $f(x)$가 미분가능이고 $c$가 상수이면 $\frac{d}{dx}cf(x) = c\ \frac{d}{dx}f(x)$를 보이시오.

---

**풀이**

위 문제는 $(c\ f(x))' = c\ f'(x)$을 보이는 것과 같다.

따라서 다음으로부터 성립한다.

$$\begin{aligned}(cf(x))' &= \lim_{h\to 0}\frac{cf(x+h)-cf(x)}{h}\\ &= c\ \lim_{h\to 0}\frac{f(x+h)-f(x)}{h}\\ &= c\ f'(x)\end{aligned}$$

---

**7.** 대포는 대포알을 $160\ ft/sec$의 발사속도로 수직으로 쏜다면 $t$초 후에 높이 $s = 160t - 16t^2$에 도달한다. 대포알은 얼마나 높이 올라 갔는지를 구하시오.

---

**풀이**

대포알이 $t$초 후에 최고 높이(거리)가 $s = 160t - 16t^2$라면 그 지점에서의 속력은 $0$이 된다.
따라서 $\frac{ds}{dt} = 160 - 32t = 0\ \Rightarrow\ \therefore t = 5$이다.
대포알의 높이는 $t = 5$초일 때 도달하며 그 높이는 $s(5) = 160(5) - 16(5)^2 = 400\ ft$이다.

---

**정리 3.1.2 경제학에서의 도함수**

경영에서 **생산비용** $c(x)$를 [생산된 단위수] $x$의 함수로 경제학자들은 사용한다.

**한계생산비용**은 [생산된 단위수]에 대한 [비용]의 변화율 $\dfrac{dc}{dx}$ 이다.

한계생산비용은 다음과 같이 정의된다.

$X$축을 단위당 생산수(량)라 하고, $Y$축을 단위당 생산량을 생산하는 데 필요한 비용(달러)라 생각하자. 그리고 이들의 함수관계를 $y = c(x)$라 하자.

- $c(x)$ : 1주일에 $x$톤의 철을 생산하는 데 필요한 달러
- $c(x+h)$ : 1주에 $x+h$톤의 철을 생산하는 데 더 필요한 달러
- $\dfrac{c(x+h)-c(x)}{h}$ : 1주일에 추가로 생산한 각 톤당의 평균비용
- $c'(x) = \dfrac{dc}{dx} = \lim\limits_{h\to 0} \dfrac{c(x+h)-c(x)}{h}$ : 현재 1주일 생산량이 $x$톤일 때

  주당 초과 생산되는 철의 한계생산비용

**8.** $x$개 $(8 \le x \le 30)$의 컴퓨터를 생산할 때 드는 비용이 $c(x) = x^3 - 6x^2 + 15x$달러이고, $x$개를 팔 때의 수입이 $r(x) = x^3 - 3x^2 + 12x$달러이다. 공장에서 하루에 10개를 생산한다면 하루에 1개를 더 생산할 때 드는 추가비용을 구하고, 하루에 11개를 팔아 얻어지는 수입의 증가는 얼마인가?

---

풀이

하루에 10개를 생산할 때 1개를 추가로 더 생산하는 데 추가비용은

$$c'(x) = \lim_{h\to 0} \frac{c(x+h)-c(x}{h} = 3x^2 - 12x + 15$$

를 이용하면

$$c'(10) = \lim_{h\to 0} \frac{c(10+h)-c(10}{h} = 3(10)^2 - 12(10) + 15 = 195$$

달러이다. 그리고 한계이익은

$$r'(x) = \lim_{h\to 0} \frac{r(x+h)-r(x}{h} = 3x^2 - 6x + 12$$

를 이용하면

$$r'(10) = \lim_{h\to 0} \frac{c(10+h)-c(10}{h} = 3(10)^2 - 6(10) + 12 = 252$$

달러이다.

---

## 3.2 기본 미분법

3.1절에서 배운 도함수의 정의를 이용하여 사칙연산으로 결합된 함수들의 미분법, 합성함수에 대한 미분법인 연쇄법칙, 음함수의 미분법에 대하여 공부한다. 다음 정리는 함수를 미분하는 데 있어 가장 기본이 되는 미분법이므로 반드시 알아두어야 한다.

**정의 3.2.1**

**상수함수의 정의**
정의역 $R$의 모든 원소가 공역 $R$의 한 점 $c$로 대응되는 함수 $f : R \to R$를 **상수함수**라 하며 $f(x) = c$로 표시한다.

**정리 3.2.1 미분가능한 함수의 기본 미분법**
두 함수 $f(x)$와 $g(x)$를 미분가능한 함수라 하자. 그러면 다음과 같은 도함수의 법칙이 성립한다.

1. $f(x) = c$이면 $f'(x) = 0$ ($c$: 상수)
2. $\{cf(x)\}' = cf'(x)$ ($c$: 상수)
3. $\{f(x) \pm g(x)\}' = f'(x) \pm g'(x)$ (복호동순)
4. $\{f(x)g(x)\}' = f'(x)g(x) + f(x)g'(x)$
5. $\{f(x)/g(x)\}' = \dfrac{f'(x)g(x) - f(x)g'(x)}{\{g(x)\}^2}$ (단 $g(x) \neq 0$)
6. $f(x) = x^n$이면 $f'(x) = nx^{n-1}$ ($n \neq 0$인 모든 실수)

**[증명]**

(1) 상수함수 $f(x) = c$에 대한 3.1절 도함수는 정의로부터

$$f'(x) = \lim_{h \to 0} \frac{f(x+h) - f(x)}{h} = \lim_{h \to 0} \frac{c - c}{h} = 0$$

이므로 증명된다.

(2)와 (3)은 3.1절 도함수의 정의를 이용하면 간단히 증명된다. 따라서 다소 어려운 (4)와 (5)에 대한 증명을 다음에서 보이고자 한다.

$$\begin{aligned}
\{f(x)g(x)\}' &= \lim_{h \to 0} \frac{f(x+h)g(x+h) - f(x)g(x)}{h} \\
&= \lim_{h \to 0} \frac{f(x+h)g(x+h) - f(x)g(x+h) + f(x)g(x+h) - f(x)g(x)}{h} \\
&= \lim_{h \to 0} \left[ \frac{f(x+h) - f(x)}{h} g(x+h) + f(x) \frac{g(x+h) - g(x)}{h} \right] \\
&= f'(x)g(x) + f(x)g'(x)
\end{aligned}$$

$$(5)\ \left\{\frac{f(x)}{g(x)}\right\}' = \lim_{h\to 0}\frac{\dfrac{f(x+h)}{g(x+h)} - \dfrac{f(x)}{g(x)}}{h}$$

$$= \lim_{h\to 0}\frac{1}{g(x+h)g(x)}\frac{f(x+h)g(x) - f(x)g(x+h)}{h}$$

$$= \lim_{h\to 0}\frac{f(x+h)g(x) - f(x)g(x) + f(x)g(x) - f(x)g(x+h)}{g(x+h)g(x)h}$$

$$= \lim_{h\to 0}\frac{1}{g(x+h)g(x)}\left\{\frac{f(x+h)-f(x)}{h}g(x) - f(x)\frac{g(x+h)-g(x)}{h}\right\}$$

$$= \frac{f'(x)g(x) - f(x)g'(x)}{\{g(x)\}^2}$$

(6)은 3.1절 도함수의 정의를 이용하면 쉽게 증명된다. 하지만 $n$이 양의 정수일 경우에만 증명된다(연습문제 3.2). 그리고 $n$이 음일 때는 $n = -m$ ($m$은 양의 정수)으로 치환하여 (5)의 방법을 이용하면 된다(연습문제 3.2). 일반적으로 0이 아닌 모든 실수의 경우는 다음 절에서 배우는 지수함수와 로그함수에 대한 도함수를 알아야만 증명된다. □

**예제 3.2.1**

**함수 $f(x) = 3x^2 + 4$의 도함수를 구하시오.**

풀이 3.2.1

[정리 3.2.1]의 (4)와 (3) 그리고 (2)와 (1)을 차례로 적용하면

$$f'(x) = \{3x^2 + 4\}' = 3\{x^2\}' + \{4\}' = 3\{2x\} + 0 = 6x$$

**예제 3.2.2**

**$y = (x^2+1)(x^3 - x^2 + 1)$로 정의된 함수에 대하여 $\dfrac{dy}{dx}$를 구하시오.**

풀이 3.2.2

[정리 3.2.1]의 (5)와 (4) 그리고 (2)와 (1)을 이용하면

$$\frac{dy}{dx} = \{\frac{d}{dx}(x^2+1)\}(x^3 - x^2 + 1) + (x^2+1)\{\frac{d}{dx}(x^3 - x^2 + 1)\}$$
$$= (2x)(x^3 - x^2 + 1) + (x^2+1)(3x^2 - 2x)$$
$$= 5x^4 - 4x^3 + 3x^2$$

**예제 3.2.3**

$f(x)=\dfrac{x^2-4}{x^2+1}$로 정의된 함수에 대하여 도함수를 구하시오.

---

풀이 3.2.3

[정리 3.2.1]의 (6)과 (5), (4)와 (3) 그리고 (2)와 (1)을 이용하면

$$\begin{aligned} f'(x) &= \frac{(x^2-4)'(x^2+1)-(x^2-4)(x^2+1)'}{(x^2+1)^2} \\ &= \frac{(2x)(x^2+1)-(x^2-4)(2x)}{(x^2+1)^2} = \frac{10x}{(x^2+1)^2} \end{aligned}$$

---

[정리 3.2.1]는 사칙연산으로 이루어진 함수들에 대하여 미분하는 방법을 보여준다. 그리고 합성함수에 대한 미분은 **연쇄법칙(Chain Rule)**이라는 다음 정리를 이용한다.

**정리 3.2.2 연쇄법칙**
공역과 정의역이 각각 같은 미분가능한 두 함수 $f: X \to Y$와 $g: Y \to Z$에 대하여 $h(x)=g(f(x))$로 정의된 미분가능한 합성함수의 미분은 다음과 같다.

$$h'(x)=g'(f(x))f'(x)$$

**[증명]**

정의역 $X$의 임의의 한 원소를 $x=a$라 하자. 가정으로부터 함수 $f$는 $a$에서 미분가능이고 $g$는 $f(a)$에서 미분가능하다. 그리고 도함수의 정의로부터

$$\begin{aligned} h'(a) &= \lim_{x\to a}\frac{(g\circ f)(x))-(g\circ f)(a))}{x-a} = \lim_{x\to a}\frac{g(f(x))-g(f(a))}{f(x)-f(a)}\cdot\frac{f(x)-f(a)}{x-a} \\ &= \lim_{x\to a}\frac{g(f(x))-g(f(a))}{f(x)-f(a)}\lim_{x\to a}\frac{f(x)-f(a)}{x-a} \\ &= \lim_{y\to f(a)}\frac{g(y)-g(f(a))}{y-f(a)}\lim_{x\to a}\frac{f(x)-f(a)}{x-a} \\ &= g'(f(a))f'(a) \end{aligned}$$

이 성립한다.

따라서 합성함수 $h: X \to Z$는 미분가능하며 $h'(a)=g'(f(a))f'(a)$가 성립한다. □

**참고 3.3** 연쇄법칙을 [정의 3.1.1]과 [참고 3.2]에서 언급한 Leibniz의 기호로 표시하고자 한다. 합성함수를 $y=h(x)=g(f(x))$로 $u=f(x)$로 치환하고 모두 미분가능한 함수라 가정하자. 그러면 연쇄법칙은

다음과 같이 Leibniz의 기호로 표시된다.

$$\frac{dy}{dx} = \frac{dy}{du}\frac{du}{dx}$$

Leibniz의 기호는 미분하고자 하는 함수의 변수를 명확히 표시할 때 사용하면 편리하다. 예를 들어 $y = g(u)$로 정의된 함수에 대하여 $y'$ 라기보다는 $\frac{dy}{du}$ 라는 표현이 명확함을 알 수 있다.

**예제 3.2.4**

두 함수 $y = g(u) = \frac{u}{u+1}$, $u = f(x) = \frac{x}{x+1}$ 에 대하여 $\frac{dy}{dx}$ 를 구하시오.

---

풀이 3.2.4

이해의 편리를 위하여 연쇄법칙 [정리 3.2.2]와 [정리 3.2.1]의 (5)의 방법으로 각각 풀이할 것이다.
방법1] 연쇄법칙을 사용하여 풀면

$$\frac{dy}{du} = \frac{1}{(u+1)^2}, \quad \frac{du}{dx} = \frac{1}{(x+1)^2}$$
$$\frac{dy}{dx} = \frac{dy}{du}\frac{du}{dx} = \frac{1}{(u+1)^2} \cdot \frac{1}{(x+1)^2} = \frac{1}{(2x+1)^2}$$

방법2] 합성함수 $y = g(f(x))$를 구하기 위하여 $u = \frac{x}{x+1}$ 을 $g(u) = \frac{u}{u+1}$ 에 대입하면

$$y = g(f(x)) = \frac{x}{2x+1}$$

이 된다. 그리고 [정리 3.2.1]의 (5)의 방법으로 미분하면

$$\frac{dy}{dx} = y' = \frac{1(2x+1) - x(2)}{(2x+1)^2} = \frac{1}{(2x+1)^2}$$

임을 알 수 있다.

---

**예제 3.2.5**

$y = (x^3 + 2x + 1)^7$ 로 정의된 함수에 대하여 $\frac{dy}{dx}$ 를 구하시오.

---

풀이 3.2.5

$f(x) = u = x^3 + 2x + 1$ 라 하고 $y = g(u) = u^7$ 라 하면 $y = (x^3 + 2x + 1)^7 = g(f(x))$가 되어 합성함수가 된다. 따라서 연쇄법칙으로부터

$$\frac{dy}{dx} = \frac{dy}{du} \cdot \frac{du}{dx} = \frac{d}{du}(u^7) \cdot \frac{d}{dx}(x^3 + 2x + 1)$$
$$= 7u^6(3x^2 + 2) = 7(3x^2 + 2)(x^3 + 2x + 1)^6$$

---

지금까지는 [정리 3.2.1]과 [정리 3.2.2]의 방법으로 미분되는 함수에 대하여 주로 공부를 하였다. 다시 말해 두 정리 [정리 3.2.1]과 [정리 3.2.2]는 방정식의 변수가 좌변과 우변으로 분리가 되는 경우에 $\frac{dy}{dx}$를 구할 수 있게 해준다.

하지만 다음과 같은 방정식

$$x^3 + y^3 = 2xy$$

에 대하여 $\frac{dy}{dx}$를 구할 수 있을까?

**결론적으로** 위의 방정식은 변수가 좌변과 우변으로 분리되지 않으므로 [정리 3.2.1]과 [정리 3.2.2]의 방법으로 $\frac{dy}{dx}$를 구할 수 없다.

일반적으로 변수가 분리되는 또는 분리되지 않는 $f(x, y) = 0$와 같은 형태의 방정식을 **음함수**라고 한다. 그러면 $f(x, y) = x^3 + y^3 - 2xy = 0$이므로 위의 방정식은 음함수의 방정식이 된다. 그리고 음함수 $f(x, y) = 0$로부터 $\frac{dy}{dx}$를 구하는 방법을 **음함수 미분법**이라고 한다.

음함수로부터 음함수 미분을 구하는 방법을 3단계로 요약하여 소개한다.

## 음함수 미분법

1. 음함수의 좌변과 우변을 [정리 3.2.1]과 [정리 3.2.2]의 방법으로 각각 미분한다.

2. 좌변과 우변에서 구한 양쪽의 도함수를 같게 놓는다.

$$\text{예를 들면 } x^3 + y^3 = 2xy \;\Rightarrow\; 3x^2 + 3y^2\frac{dy}{dx} = 2y + 2x\frac{dy}{dx}$$

3. 도함수 $\frac{dy}{dx}$을 좌변으로 나머지는 우변으로 옮기고 $\frac{dy}{dx}$에 대해 정리한다.

$$3x^2 + 3y^2\frac{dy}{dx} = 2y + 2x\frac{dy}{dx} \;\Rightarrow\; \frac{dy}{dx}(3y^2 - 2x) = 2y - 3x^2 \;\Rightarrow\; \frac{dy}{dx} = \frac{2y - 3x^2}{3y^2 - 2x}$$

**예제 3.2.6**

음함수 방정식 $x = y^5 - y$에 대하여 $\frac{dy}{dx}$를 구하시오.

풀이 3.2.6

음함수 미분법에 따라 구하면

$$x = y^5 - y \;\Rightarrow\; 1 = 5y^4\frac{dy}{dx} - 1\frac{dy}{dx} = (5y^4 - 1)\frac{dy}{dx} \;\Rightarrow\; \frac{dy}{dx} = \frac{1}{5y^4 - 1}$$

**참고 3.4** 음함수의 미분법은 [정리 3.2.1]과 [정리 3.2.2]의 미분법을 반드시 알아야만 사용할 수 있으며 대학수학 또는 교양수학에서 배우는 가장 일반화된 미분법이다. 보다 일반화된 복잡한 경우에 대하여 미분을 구하는 방법은최대·최소 정리 **미분방정식**이라는 교과목에서 주로 다루어진다.

지금까지는 다항함수 또는 분모와 분자가 다항함수로 이루어진 유리함수에 대하여 미분하는 방법을 공부했지만 이후부터는 보다 다양한 함수들에 대하여 미분하는 방법을 공부할 것이다. 특히 삼각함수, 지수함수, 로그함수 등을 중심으로 미분하는 방법과 특징들을 살펴볼 것이다. 수학에서 삼각함수, 지수함수, 로그함수를 포함하여 역삼각함수, 쌍곡선함수 등을 통틀어 **초월함수**라 부른다.

## 연습문제 3.2

**1.** $y=\sqrt{x}$로 정의된 함수의 도함수를 구하시오.

---

풀이

$y=\sqrt{x}=x^{1/2}$이므로 [정리 3.2.1]로부터 $y'=\dfrac{1}{2}x^{\frac{1}{2}-1}=\dfrac{1}{2\sqrt{x}}$ 이 성립한다.

---

**2.** $y=\sqrt[4]{x^2-5x+2}$로 정의된 함수의 도함수를 구하시오.

---

풀이

$x^2-5x+2=z$라 하면 $y=\sqrt[4]{z}=z^{\frac{1}{4}}$이므로 문제에서 주어진 함수는 합성함수이다. 따라서 연쇄법칙을 사용하면

$$\begin{aligned} y' &= \frac{dy}{dx}=\frac{dy}{dz}\cdot\frac{dz}{dx}=\frac{d}{dx}(z^{\frac{1}{4}})\frac{d}{dx}(x^2-5x+2) \\ &= \frac{1}{4}z^{-\frac{3}{4}}(2x-5)=\frac{2x-5}{4\sqrt[4]{(x^2-5x+2)^3}} \end{aligned}$$

이다.

---

**3.** $y=\dfrac{\sqrt[4]{1+x^4}}{x}$로 정의된 함수의 도함수를 구하시오.

---

풀이

연쇄법칙과 나눗셈에 대한 미분을 이용하여 구하면

$$y'=\frac{\frac{1}{4}(1+x^4)^{-\frac{3}{4}}(4x^3)x-(1+x^4)^{\frac{1}{4}}}{x^2}=\frac{-1}{x^2\left(\sqrt[4]{(1+x^4)}\right)^3}$$

이다.

---

**4.** 방정식 $x^2-xy+y^2=1$의 도함수 $\dfrac{dy}{dx}$를 구하시오.

---

풀이

음함수 미분법을 이용하면

$$2x-y-x\cdot\frac{dy}{dx}+2y\cdot\frac{dy}{dx}=0 \;\Rightarrow\; \frac{dy}{dx}=\frac{2x-y}{x-2y}$$

---

**5.** $x=\sqrt{t}$, $y=t^3-t^2+4t+5$로 정의된 함수들에 대하여 $\dfrac{dy}{dx}$를 구하시오.

---

풀이

연쇄법칙에 의해

$$\frac{dy}{dx}=\frac{dy}{dt}\frac{dt}{dx}=(3t^2-2t+4)(2\sqrt{t})$$

이다.

---

**6.** 곡선 $y=x+\dfrac{2}{x}$ 위의 점(1,3)에서 접선의 방정식을 구하시오.

---

풀이

곡선의 기울기는

$$\frac{dy}{dx}=1-\frac{2}{x^2}$$

이다. 따라서 $x=1$에서 기울기는 $\dfrac{dy}{dx}_{|x=1}=1-2=-1$ 이고,

접선의 방정식은 $y-3=(-1)(x-1)=-x+4$이다.

---

**7.** 곡선 $x^3+y^3-9xy=0$ 위의 점$(2,4)$에서의 접선과 법선의 방정식을 구하시오.

---

풀이

곡선의 기울기를 구하기 위하여 음함수의 미분법을 사용한다. 접선의 기울기가 $m$ 이고 법선의 기울기가 $m'$이면 $m\cdot m'=-1$가 성립한다.

$$\frac{d}{dx}(x^3+y^3-9xy)=\frac{d}{dx}(0)$$

$$3x^2+3y^2\frac{dy}{dx}-9(x\frac{dy}{dx}+y\frac{dx}{dx})=0$$

$$(3y^2-9x)\frac{dy}{dx})+3x^2-9y=0$$

$$\frac{dy}{dx}=\frac{3y-x^2}{y^2-3x}$$

따라서 $\dfrac{dy}{dx}_{|(2,4)}=\dfrac{4}{5}$이다. 점(2,4)에서 접선의 방정식은 $y-4=\dfrac{4}{5}(x-2)$이고

법선의 방정식은 $y-4=-\dfrac{5}{4}(x-2)$이다.

---

**8.** 함수 $f(x) = x^n$ ($n$은 음이 아닌 정수)일 때 $f'(x) = nx^{n-1}$임을 보이시오.

풀이

다음 과정에서 $(x^n - a^n) = (x-a)(x^{n-1} + x^{n-2}a + x^{n-3}a^2 + \cdots + xa^{n-2} + a^{n-1})$이 필요하다.

$$\begin{aligned} f'(x) &= \lim_{h\to 0} \frac{f(x+h) - f(x)}{h} = \lim_{h\to 0} \frac{(x+h)^n - x^n}{h} \\ &= \lim_{h\to 0} \frac{(x+h-x)((x+h)^{n-1} + (x+h)^{n-2}x + \cdots + (x+h)x^{n-2} + x^{n-1})}{h} \\ &= x^{n-1} + x^{n-2}x + \cdots + xx^{n-2} + x^{n-1} \\ &= nx^{n-1} \end{aligned}$$

**9.** 함수 $f(x) = x^n$ ($x > 1$ 이고 $n$은 정수)일 때 $f'(x) = nx^{n-1}$임을 보이시오.

풀이

먼저 $n$이 음이 아닌 정수일 때는 위의 문제로부터 증명된다.

이제 $n = -m$ ($m$은 양의 정수)라 하면

$$\frac{d}{dx}x^n = \frac{d}{dx}(\frac{1}{x^m}) = \frac{-mx^{m-1}}{x^{2m}} = -m^{-m-1} = nx^{n-1}$$

이 성립한다.

## 3.3 삼각함수, 지수함수, 로그함수의 미분법

삼각함수, 지수함수, 로그함수들의 도함수를 공부하는 데 필요한 이들 함수들의 몇 가지 성질을 증명없이 소개하고자 한다. 아래 사실들은 미분뿐만 아니라 나중에 적분을 공부하는 데도 자주 사용되므로 잘 익혀두기 바란다.

앞에서 배운 삼각함수 공식과 도함수의 정의를 이용하면 아래 정리와 같이 삼각함수들의 미분을 구할 수 있다.

**정리 3.3.1 삼각함수의 미분법**

(1) $y = \sin x \Longrightarrow y' = \cos x$

(2) $y = \cos x \Longrightarrow y' = -\sin x$

(3) $y = \tan x \Longrightarrow y' = \sec^2 x$

(4) $y = \cot x \Longrightarrow y' = -\csc^2 x$

(5) $y = \sec x \Longrightarrow y' = \sec x \tan x$

(6) $y = \csc x \Longrightarrow y' = -\csc x \cot x$

**[증명]**

(1) $$y' = \lim_{h\to 0}\frac{\sin(x+h)-\sin x}{h} = \lim_{h\to 0}\frac{2\cos(x+\frac{h}{2})\sin\frac{h}{2}}{h}$$

$$= \lim_{h\to 0}\cos(x+\frac{h}{2})\lim_{h\to 0}\frac{\sin\frac{h}{2}}{\frac{h}{2}} = \cos x$$

(2) $$y' = \lim_{h\to 0}\frac{\cos(x+h)-\cos x}{h} = \lim_{h\to 0}\left\{-\sin(x+\frac{h}{2})\frac{\sin\frac{h}{2}}{\frac{h}{2}}\right\} = -\sin x$$ 또는

$$y' = (\cos x)' = \{\sin(x+\frac{\pi}{2})\}' = \cos(x+\frac{\pi}{2}) = -\sin x$$

(3) $$y' = (\frac{\sin x}{\cos x})' = \frac{(\sin x)'\cos x - \sin x(\cos x)'}{\cos^2 x} = \frac{\cos^2 x + \sin^2 x}{\cos^2 x} = \frac{1}{\cos^2 x} = \sec^2 x$$

(4) $$y' = (\frac{\cos x}{\sin x})' = \frac{-\sin x\sin x - \cos x\cos x}{\sin^2 x} = -\frac{1}{\sin^2 x} = -\csc^2 x$$ 또는

$$y' = (\frac{1}{\tan x})' = \frac{-\sec^2 x}{\tan^2 x} = -\frac{1}{\cos^2 x}\frac{\cos^2 x}{\sin^2 x} = -\csc^2 x$$

(5) $$y' = (\frac{1}{\cos x})' = \frac{-(\cos x)'}{\cos^2 x} = \frac{\sin x}{\cos^2 x} = \sec x\tan x$$

(6) $$y' = (\frac{1}{\sin x})' = \frac{-(\sin x)'}{\sin^2 x} = -\frac{\cos x}{\sin^2 x} = -\csc x\cot x$$

□

**예제 3.3.1**

$y = \sin 2x\sec x$로 정의된 함수에 대하여 $\frac{dy}{dx}$을 구하시오.

풀이 3.3.1

[정리 3.2.1]의 미분의 곱셈공식과 [정리 3.3.1]로부터

$$
\begin{aligned}
y' &= (2\cos 2x)\sec x + (\sin 2x)\sec x \tan x \\
&= 2\sec x(\cos^2 x - \sin^2 x) + 2\sin x \cos x \sec x \tan x \\
&= 2\cos x
\end{aligned}
$$

이 된다.

**예제 3.3.2**

방정식 $\sin x + \sin y = xy$에 대하여 $\dfrac{dy}{dx}$을 구하시오.

풀이 3.3.2

음함수 미분법과 [정리 3.3.1]의 공식을 사용하면

$\cos x + \cos y \dfrac{dy}{dx} = y + x\dfrac{dy}{dx}$이므로 $\dfrac{dy}{dx} = \dfrac{\cos x - y}{x - \cos y}$이 된다.

**정리 3.3.2 지수함수와 로그함수의 미분법**

(1) $y = e^x \;\Rightarrow\; y' = e^x$

(2) $y = \ln|x| \;\Rightarrow\; y' = \dfrac{1}{x}$

(3) $y = a^x \;\Rightarrow\; y' = a^x \ln a$

(4) $y = \log_a x \;\Rightarrow\; y' = \dfrac{1}{\ln a}\dfrac{1}{x}$

**[증명]**

앞에서 배운 도함수의 정의를 이용하면 (1)과 (2)은 쉽게 증명이 되며 (3)과 (4)는 (1)과 (2)의 결과를 이용하여 증명하면 된다.

(1) $y' = \lim_{h\to 0}\dfrac{e^{x+h} - e^x}{h} = \lim_{h\to 0}\dfrac{e^x(e^h - 1)}{h} = e^x \lim_{h\to 0}\dfrac{e^h - 1}{h} = e^x$

(2) (i) $x > 0$일 때 $y = \ln x$이므로

$$
\begin{aligned}
y' &= \lim_{h\to 0}\frac{\ln(x+h) - \ln x}{h} = \lim_{h\to 0}\frac{\ln(1+\frac{h}{x})}{h} \\
&= \lim_{h\to 0}\frac{\ln(1+\frac{h}{x})}{\frac{h}{x}}\frac{1}{x} = \frac{1}{x}\lim_{h\to 0}\frac{\ln(1+\frac{h}{x})}{\frac{h}{x}} \\
&= \frac{1}{x}
\end{aligned}
$$

(ii) $x < 0$일 때 $x = -z$라 하면, $z > 0$이고 $y = \ln z$이므로

$$\frac{dy}{dx} = \frac{dy}{dz}\frac{dz}{dx} = \frac{1}{z}(-1) = \frac{1}{-z} = \frac{1}{x}$$

(3) $y = a^x$ 의 양변에 자연로그를 취하면 $\ln y = x \ln a$ 이고 양변을 $x$에 관하여 미분하면 $\frac{1}{y}\, y' = \ln a$ 이므로 $y' = a^x \ln a$ 이다.

(4) $y = \log_a x = \frac{\ln x}{\ln a}$ 이므로 $y' = \frac{1}{x}\,\frac{1}{\ln a}$ (또는 $= \frac{\log_a e}{x}$) 이 된다. □

**예제 3.3.3**

다음 각 함수에서 $\frac{dy}{dx}$ 를 구하시오.

(1) $y = \ln(2x+1)$ (2) $y = \ln \sin x$

풀이 3.3.3

연쇄법칙과 [정리 3.3.2]를 이용하여 풀면 다음과 같다.

(1) $\frac{dy}{dx} = \frac{1}{2x+1}\,\frac{d}{dx}(2x+1) = \frac{2}{2x+1}$

(2) $\frac{dy}{dx} = \frac{1}{\sin x}\,\frac{d}{dx}(\sin x) = \frac{\cos x}{\sin x} = \cot x$

**예제 3.3.4**

다음 각 함수에서 $\frac{dy}{dx}$ 를 구하시오.

(1) $y = x^x$ (2) $y = 2^x \sin x$

풀이 3.3.4

(1) [정리 3.3.2]를 이용하여 음함수 미분법으로 풀면

$y = x^x$ (양변에 로그) $\Rightarrow \ln y = x \ln x$ (양변을 미분) $\Rightarrow \frac{1}{y}\frac{dy}{dx} = \ln x + x\frac{1}{x}$ 이다.

따라서 $\frac{dy}{dx} = x^x(1 + \ln x)$ 이다.

(2) [정리 3.2.1]의 미분의 곱셈공식과 [정리 3.3.1]로부터

$\frac{dy}{dx} = 2^x(\ln 2)\sin x + 2^x \cos x = 2^x(\sin x \ln 2 + \cos x)$ 이다.

지수를 포함하는 곱셈으로 이루어진 복잡한 유리함수에 대한 도함수는 로그함수의 미분법과 로그함수의 성질을 이용하면 편리하다. [예제 3.3.5]는 [정리 3.2.1]의 미분의 나눗셈 공식을 이용하여 도함수를 구할 수도 있지만 로그함수의 미분법과 로그함수의 성질을 이용하면 더욱 편리하다.

**예제 3.3.5**

$y = \dfrac{(x-1)^{\frac{3}{2}}(x-3)^{\frac{1}{2}}}{(x-2)^2}$ 일 때 $\dfrac{dy}{dx}$를 구하시오.

---

풀이 3.3.5

로그의 성질을 이용하여 미분을 구하기 위해 양변에 자연로그를 취하면

$$\ln y = \frac{3}{2}\ln(x-1) + \frac{1}{2}\ln(x-3) - 2\ln(x-2)$$

이다. 이제 [정리 3.3.1]을 이용하여 양변에 미분하면

$$\begin{aligned}\frac{1}{y}\frac{dy}{dx} &= \frac{3}{2(x-1)} + \frac{1}{2(x-3)} - \frac{2}{x-2} \\ &= \frac{3(x^2-5x+6)+(x^2-3x+2)-4(x^2-4x+3)}{2(x-1)(x-2)(x-3)} \\ &= \frac{4-x}{(x-1)(x-2)(x-3)}\end{aligned}$$

이 된다. 따라서 $\dfrac{dy}{dx} = \dfrac{(x-1)^{\frac{1}{2}}(4-x)}{(x-3)^{\frac{1}{2}}(x-2)^3}$ 이다.

---

**참고 3.5** 마지막으로 [정리 3.3.2]의 결과를 이용하면 지수함수와 로그함수에 대한 일반 형태의 미분법

$$y = a^{f(x)} \;\Rightarrow\; y' = f'(x)a^{f(x)}\ln(a) \qquad y = \log_a f(x) \;\Rightarrow\; y' = \frac{f'(x)}{f(x)}\frac{1}{\ln(a)}$$

을 얻을 수 있다. 그리고 $f(x)$는 미분가능한 함수이며 첫 번째 식의 증명은 양변에 자연로그를 취하고 양변을 미분하여 정리하면 되며 두 번째 식은 [정리 3.3.2]의 (4) 처럼하든지 아니면 [정의 3.3.1]과 같이 역함수를 이용하여 로그함수를 지수함수로 바꾼 다음 다시 양변에 자연로그를 취하고 양변을 미분하여 정리하면 된다.

**정리 3.3.3 역함수의 미분법**
미분가능한 함수 $y = f(x)$가 역함수를 가진다고 하면 그 역함수의 미분은 다음과 같다.

$$\frac{dx}{dy} = \frac{1}{\dfrac{dy}{dx}}$$

**[증명]**

미분가능한 함수 $y = f(x)$의 역함수를 $x = g(y)$라 하면 합성함수 $x = g(f(x))$가 된다. 양변을 연쇄법칙([정리 3.3.2])의 방법으로 $x$에 대해 미분하면 다음이 성립한다.

$$1 = \frac{dg(y)}{dx} = \frac{dg(y)}{dy}\frac{dy}{dx} = \frac{dx}{dy}\frac{dy}{dx}$$

따라서 $\dfrac{dx}{dy} = \dfrac{1}{\frac{dy}{dx}}$이 성립한다. □

**참고 3.6** 위 정리의 증명에서 $y = f(x)$의 역함수를 $y = f^{-1}(x)$라 하자.
그러면 $f(a)$에서 $\dfrac{df^{-1}}{dx}$의 값은 $a$에서 $\dfrac{df}{dx}$의 값과 같다.
따라서

$$(\frac{df^{-1}}{dx})_{|f(a)} = \frac{1}{(\frac{df}{dx})_{|a}}$$

**예제 3.3.6**

함수 $y = x^5 + 2x$에서 $\dfrac{dx}{dy}$와 $\dfrac{dx}{dy}|_{y=-3}$을 각각 구하시오.

풀이 3.3.6

주어진 함수는 역함수를 가진다. 따라서 [정리 3.3.3]을 이용하면 다음과 같다.

$$\frac{dx}{dy} = \frac{1}{\frac{dy}{dx}} = \frac{1}{5x^4 + 2}$$

그리고 함수 $y = x^5 + 2x$에서 $x = -1$에 대한 값이 $y = -3$이다. 따라서 다음을 얻는다.

$$\frac{dx}{dy}|_{y=-3} = \frac{1}{5(-1)^4 + 2} = \frac{1}{7}$$

**예제 3.3.7**

함수 $f(x) = x^3 - 2$은 전단사함수이므로 역함수가 존재한다.
이 역함수를 $y = f^{-1}(x)$라 할 때 $x = 6$에서 $\dfrac{df^{-1}}{dx}$의 값을 구하시오.

풀이 3.3.7

$f^{-1}(6) = 2 \Leftrightarrow f(2) = 6$이므로 $x = 2$에서 $\dfrac{df}{dx}$를 구하면 된다.
따라서 $(\dfrac{df}{dx})_{|2} = (3x^2)_{|2} = 12$이므로 $(\dfrac{df^{-1}}{dx})_{|6} = \dfrac{1}{12}$이다.

## 연습문제 3.3

**1.** 삼각함수 $y = \tan^3 2x$의 도함수 $\dfrac{dy}{dx}$을 구하시오.

풀이

$$\frac{dy}{dx} = 3\tan^2 2x \frac{d}{dx}(\tan 2x) = 3\tan^2 2x \sec^2 2x \frac{d}{dx}(2x) = 6\tan^2 2x \sec^2 2x$$

**2.** $y = \ln(x^3\sqrt{\dfrac{x-1}{x+1}}\,)$의 도함수 $\dfrac{dy}{dx}$을 구하시오.

풀이

로그의 성질을 이용하여 풀면 다음과 같다.

$$y = 3\ln x + \frac{1}{2}\ln(x-1) - \frac{1}{2}\ln(x+1)$$

$$\therefore \frac{dy}{dx} = \frac{3}{x} + \frac{1}{2(x-1)} - \frac{1}{2(x+1)} = \frac{3x^2+x-3}{x(x^2-1)}$$

**3.** $y = \dfrac{x\sqrt{2x+1}}{\sqrt[3]{3x+1}}$의 도함수 $\dfrac{dy}{dx}$을 구하시오.

풀이

양변에 로그를 취하면 $\ln y = \ln x + \dfrac{1}{2}\ln(2x+1) - \dfrac{1}{3}\ln(3x+1)$이므로

$$\frac{1}{y}\frac{dy}{dx} = \frac{1}{x} + \frac{1}{2}\frac{2}{2x+1} - \frac{1}{3}\frac{3}{3x+1}$$

$$\therefore \frac{dy}{dx} = \frac{x\sqrt{2x+1}}{\sqrt[3]{3x+1}}\left(\frac{1}{x} + \frac{1}{2x+1} - \frac{1}{3x+1}\right)$$

초월함수에 대한 미분으로 삼각함수, 지수함수, 로그함수에 대하여 주로 다루었다. 이외에 역삼각함수, 쌍곡선함수, 역쌍곡선함수들에 대한 미분도 수학의 응용이나 공학수학에서 많이 다룬다. 따라서 나중에 필요할 때마다 아래 결과들을 인용하여 사용하면 될 것이다.

**정리 3.3.4 역삼각함수의 미분법**
주치에서 정의된 역삼각함수는 모두 미분가능한 함수이고 그들의 도함수는 다음과 같다.

(1) $y = \sin^{-1} x \Rightarrow y' = \dfrac{1}{\sqrt{1-x^2}}$ (2) $y = \cos^{-1} x \Rightarrow y' = -\dfrac{1}{\sqrt{1-x^2}}$

(3) $y = \tan^{-1} x \Rightarrow y' = \dfrac{1}{1+x^2}$ (4) $y = \cot^{-1} x \Rightarrow y' = -\dfrac{1}{1+x^2}$

(5) $y = \sec^{-1} x \Rightarrow y' = \dfrac{1}{|x|\sqrt{x^2-1}}$ (6) $y = \csc^{-1} x \Rightarrow y' = \dfrac{-1}{|x|\sqrt{x^2-1}}$

위의 미분식에서 분모의 루트 안은 0보다 커야한다.

위에서 소개한 역삼각함수의 공식을 이용하여 풀 수 있는 몇 가지 예제들을 소개한다.

**4.** 다음 각 함수에서 $\dfrac{dy}{dx}$를 구하시오.

(1) $y = \sin^{-1}\sqrt{x}$ (2) $y = \tan^{-1}\dfrac{2x}{1-x^2}$

(3) $y = \tan^{-1}\sqrt{ax+b}$ (4) $y = \cot^{-1}\sqrt{x^2-2x}$

(5) $y = \sec^{-1}\sqrt{1+x^2}$ (6) $y = \sqrt{a^2-x^2} - a\cos^{-1}\dfrac{x}{a}$

---

풀이

(1) $u = \sqrt{x}$라 하면 $y = \sin^{-1} u$이므로 연쇄법칙에 의하여

$$\frac{dy}{dx} = \frac{dy}{dx}\frac{du}{dx} = \frac{1}{\sqrt{1-u^2}}\frac{1}{2\sqrt{x}} = \frac{1}{2\sqrt{x}\sqrt{1-x}} \quad (0 < x < 1)$$

(2) $$\frac{dy}{dx} = \frac{1}{1+(\frac{2x}{1+x^2})^2}\frac{2(1-x^2)-2x(-2x)}{(1-x^2)^2} = \frac{2}{1+x^2}$$

(3) $$y' = \frac{1}{1+(\sqrt{ax+b})^2}\frac{d}{dx}\sqrt{ax+b} = \frac{a}{2(1+ax+b)\sqrt{ax+b}}$$

(4) $$y' = -\frac{1}{1+(\sqrt{x^2-2x})^2}\frac{d}{dx}\sqrt{x^2-2x} = -\frac{1}{(x-1)\sqrt{x^2-2x}}$$

(5) $$\frac{dy}{dx} = \frac{1}{\sqrt{1+x^2}\sqrt{(1+x^2)-1}}\frac{2x}{2\sqrt{1+x^2}} = \frac{1}{1+x^2} \quad (x \geq 0)$$

(6) $$\frac{dy}{dx} = \frac{-2x}{2\sqrt{a^2-x^2}} - a\left(-\frac{1}{\sqrt{1-(\frac{x}{a})^2}}\frac{1}{a}\right) = \sqrt{\frac{a-x}{a+x}} \quad (0 < x < a)$$

---

**정리 3.3.5 쌍곡선함수의 미분법**

(1) $y = \sinh x \Rightarrow y' = \cosh x$ (2) $y = \cosh x \Rightarrow y' = \sinh x$

(3) $y = \tanh x \Rightarrow y' = \mathrm{sech}^2 x$ (4) $y = \mathrm{coth} x \Rightarrow y' = -\mathrm{csch}^2 x$

(5) $y = \mathrm{sech} x \Rightarrow y' = -\mathrm{sech} x \tanh x$ (6) $y = \mathrm{csch} x \Rightarrow y' = -\mathrm{csch} x \mathrm{coth} x$

위에서 소개한 쌍곡선함수의 공식을 이용하여 풀 수 있는 몇 가지 예제들을 소개한다.

**5.** 다음 각 함수를 $\dfrac{dy}{dx}$를 구하시오.

(1) $y = \sinh^2 x$　　　　(2) $y = e^x \sinh x$

---

풀이

(1) $y' = 2\sinh x \cdot \cosh x = \sinh 2x$

(2) $y' = e^x \sinh x + e^x \cosh x = e^x(\sinh x + \cosh x)$

$= e^x(\dfrac{e^x - e^{-x}}{2} + \dfrac{e^x + e^{-x}}{2}) = e^x \cdot e^x = e^{2x}$

---

**정리 3.3.6 역쌍곡선함수의 미분법**

역쌍곡선함수는 아래의 정의역에서 각각 미분가능하며 도함수는 다음과 같다.

(1) $y = \sinh^{-1} x \Rightarrow y' = \dfrac{1}{\sqrt{x^2+1}}$ $(-\infty < x < \infty)$

(2) $y = \cosh^{-1} x \Rightarrow y' = \dfrac{1}{\sqrt{x^2-1}}$ $(x \geq 1)$

(3) $y = \tanh^{-1} x \Rightarrow y' = \dfrac{1}{1-x^2}$ $(-1 < x < 1)$

(4) $y = \coth^{-1} x \Rightarrow \dfrac{-1}{x^2-1}$ $(|x| > 1)$

(5) $y = \mathrm{sech}^{-1} x \Rightarrow y' = \dfrac{-1}{x\sqrt{1-x^2}}$ $(0 < x < 1)$

(6) $y = \mathrm{csch}^{-1} x \Rightarrow y' = \dfrac{-1}{x\sqrt{1+x^2}}$ $(|x| > 0)$

위에서 소개한 역쌍곡선함수의 공식을 이용하여 풀 수 있는 몇 가지 예제들을 소개한다.

**6.** 다음 각 함수를 $\dfrac{dy}{dx}$를 구하시오.

(1) $y = \sinh^{-1} 3x$　　　　(2) $y = \mathrm{csch}^{-1}(\tan x)$

---

풀이

(1) $y' = \dfrac{1}{\sqrt{(3x)^2+1}} \cdot 3 = \dfrac{3}{\sqrt{9x^2+1}}$

(2) $y' = \dfrac{-1}{\tan x\sqrt{1+\tan^2 x}}\sec^2 x = \dfrac{-\sec^2 x}{\tan x \sec x} = -\csc x$

---

## 3.4 고차도함수와 근삿값

미분가능한 함수에서 도함수는 속도로 해석되며 두 번 미분한 도함수는 가속도로 해석된다. 이와 같이 도함수의 도함수가 존재하며 일반화된 유한 번 미분가능한 도함수에 대하여 고차도함수를 정의할 것이다.

**정의 3.4.1**

**고차도함수**

$y = f(x)$를 $n$번 미분가능한 함수라 하면 다음과 같이 도함수의 도함수를 실행한 2차 이상의 도함수를 **고차도함수**라 정의한다.

$$1\text{차 도함수 } y' = f'(x) = \lim_{h \to 0} \frac{f(x+h) - f(x)}{h}$$

$$2\text{차 도함수 } y^{(2)} = f^{(2)}(x) = \lim_{h \to 0} \frac{f'(x+h) - f'(x)}{h}$$

$$\vdots$$

$$n\text{차도함수 } y^{(n)} = f^{(n)}(x) = \lim_{h \to 0} \frac{f^{(n-1)}(x+h) - f^{(n-1)}(x)}{h}$$

**예제 3.4.1**

$y = x^5 - 3x^4 + 2x - 1$로 정의된 함수에 대하여 $y^{(4)}$을 구하시오.

풀이 3.4.1

고차도함수의 정의로부터

$$y' = 5x^4 - 12x^3 + 2 \quad y^{(2)} = 20x^3 - 36x^2$$

$$y^{(3)} = 60x^2 - 72x \quad y^{(4)} = 120x - 72$$

**예제 3.4.2**

삼각함수 $y = \cos x$에 대하여 $y^{(3)}$을 구하시오.

풀이 3.4.2

고차도함수의 정의로부터

$$y' = -\sin x \qquad y^{(2)} = -\cos x \qquad y^{(3)} = \sin x$$

**참고 3.7** 고차도함수를 Leibniz기호로 표시하면

$$y' = \frac{dy}{dx} \qquad y^{(2)} = \frac{d}{dx}(\frac{dy}{dx}) = \frac{d^2y}{dx} \quad \cdots \quad y^{(n)} = \frac{d^n y}{dx}$$

이며 임의로 사용될 것이다.

도함수를 이용함으로써 얻어지는 많은 성과들 중에 하나는 미분가능한 함수들의 근삿값을 알 수 있게 한다는 것이다. 다음에서 **선형근사법 또는 테일러근사법**이라 부르는 방법을 소개한다. 미분가능한 함수 $y = f(x)$에 대하여

$$\lim_{\Delta x \to 0} \frac{f(x+\Delta x) - f(x)}{\Delta x} = f'(x) \text{ 이므로 극한의 정의로부터}$$

$$\frac{f(x+\Delta x) - f(x)}{\Delta x} \approx f'(x) \text{이 성립한다.}$$

만약에 $\Delta y = f(x+\Delta x) - f(x)$라 두면

$$\Delta y = f(x+\Delta x) - f(x) \approx f'(x)\Delta x \text{이 성립한다.}$$

따라서

$$f(x+\Delta x) \approx f(x) + f'(x)\Delta x$$

이 성립하며, $f(x+\Delta x)$의 근삿값으로 $f(x) + f'(x)\Delta x$을 사용하면 된다.

그리고 [그림 3.1]에서 $\Delta y = \overline{RQ}$와 $dy = \overline{RT}$를 의미하며, 기하적으로 $\frac{dy}{dx} = f'(x)$는 점$P$와 점 $T$를 지나는 직선(접선)의 기울기를 나타내며, 특별히

$$dy = f'(x)\Delta x = f'(x)dx$$

를 $y = f(x)$의 **미분**이라 한다.

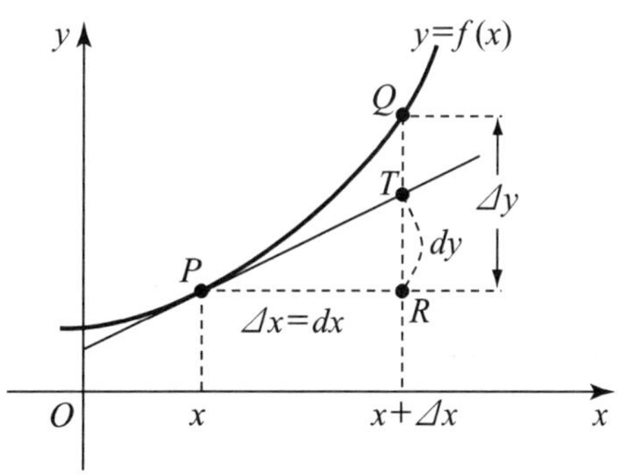


그림 3.1 $\Delta y$와 $dy$의 기하적 의미

**예제 3.4.3**

$\sqrt{8.5}$의 근삿값을 선형근사법으로 구하시오.

풀이 3.4.3

$f(x)=\sqrt{x}$ 라 하면 $f'(x)=\dfrac{1}{2\sqrt{x}}$ 이 성립한다. 이제 $x=9$, $\Delta x=-0.5$ 라 두면 선형근사법의 정의로부터

$$f(8.5)\approx f(9)+f'(9)(-0.5)=3+\frac{1}{6}(-0.5)\approx 2.9166$$

**예제 3.4.4**

점 $x=a\ (a>-1)$에서 $f(x)=\sqrt{1+x}$ 의 선형근사화를 구하시오.

풀이 3.4.4

점 $a$로부터 $\Delta x$만큼 떨어진 점을 $a+\Delta x=x$라 하면

$$[f(a+\Delta x)=f(x)]\approx f(a)+f'(a)(x-a)$$

이 된다. 따라서 $f'(x)=\dfrac{1}{2\sqrt{1+x}}$ 이므로

$$f(x)\approx\sqrt{1+a}+\frac{1}{2\sqrt{1+a}}(x-a)$$

이 선형근사화이다.
특별히, 점 $a=0$에서 선형근사화는

$$f(x)\approx 1+\frac{1}{2}(x-0)=1+\frac{x}{2}$$

이다. 다시 말해 $\sqrt{1+x}\approx 1+\dfrac{x}{2}$ 이다.

**예제 3.4.5**

다음 식에서 미분 $dy$를 구하시오.

(1) $y=x^5+37x$ (2) $y=\sin 4x$
(3) $y=x^5+e^{-2x}$ (4) $y=\tan 3x$

풀이 3.4.5

(1) $dy=(5x^4+37)dx$ (2) $dy=(4\cos 4x)dx$
(3) $dy=(5x^4-2e^{-2x})dx$ (4) $dy=(3\sec^2 3x)dx$

**참고 3.8** 이외에 방정식으로부터 근의 근삿값을 구할 수 있도록 하는 **Newton 근사법**이 있으며 Newton 근사법의 소개와 예제는 다음과 같다.

**정리 3.4.1 Newton 근사법**
방정식 $f(x)=0$의 한 실근 $\alpha$는 미지수이고 $\alpha$의 근삿값 $\alpha_0$를 알고 있을 때 $\alpha_0$보다 더 가까운 $\alpha$의 근사치 $\alpha_1$, $\alpha_2$, $\cdots$, $\alpha_{n+1}$ 을 구하면 다음과 같다.

$$\alpha_1 = \alpha_0 - \frac{f(\alpha_0)}{f'(\alpha_0)}, \cdots, \alpha_{n+1} = \alpha_n - \frac{f(\alpha_n)}{f'(\alpha_n)}$$

**[증명]**

알고 있는 점 $(\alpha_0, f(\alpha_0))$에서 접선의 방정식을 구한다. 이 접선의 방정식이 $x$축과 만나는 점 $\alpha_1$을 구하면 다음과 같다.

$$\alpha_1 = \alpha_0 - \frac{f(\alpha_0)}{f'(\alpha_0)}$$

다음 $(\alpha_1, f(\alpha_1))$에서 접선의 방정식을 구한다. 같은 방법으로 $(\alpha_n, f(\alpha_n))$에서 접선의 방정식을 구한다. 이 접선의 방정식이 $x$축과 만나는 점 $\alpha_{n+1}$을 구하면 다음과 같다.

$$\alpha_{n+1} = \alpha_n - \frac{f(\alpha_n)}{f'(\alpha_n)}$$

따라서 $n$이 커질수록 $\alpha_n$값은 실근 $\alpha$에 더 가까워진다. □

**예제 3.4.6**

방정식 $x^3+3x-6=0$의 근의 근삿값을 구하시오.

---

풀이 3.4.6

$f(x)=x^3+3x-6$이라 하면 $f(1)=-2, f(2)=8$이므로 $f(x)=0$의 근은 1과 2 사이에 있음을 알 수 있고, $f(1)$이 $f(2)$보다 0에 가까우므로 $\alpha_0=1$로 정한다.
$f'(x)=3x^2+3$이고 $f'(1)=6$이므로 제1근삿값 $\alpha_1$은

$$\alpha_1 = 1 - \frac{(-2)}{6} = \frac{4}{3}$$

이다. 또한, $f(\frac{4}{3}) = \frac{10}{27}$이고 $f'(\frac{4}{3}) = \frac{25}{3}$이므로 제2근삿값 $\alpha_2$는

$$\alpha_2 = \frac{4}{3} - \frac{\frac{10}{27}}{\frac{25}{3}} = \frac{58}{45} \approx 1.289$$

이다. 이를 계속하면, 보다 정확한 $f(x)=0$의 근삿값을 구할 수 있다. 여기서 실제로 $f(x)=0$의 소수 셋째 자리까지 정확한 근은 1.288이다.

---

## 연습문제 3.4

**1.** $\sin 60°10'$의 근삿값을 구하시오.

---

풀이

$f(x) = \sin x$라 두면 $f'(x) = \cos x$이므로

$$\sin(x + \Delta x) \approx \sin x + \cos x \Delta x$$

을 이용하여 구한다. 라디안과 도수의 관계는 다음과 같다.

$$1° = \frac{\pi}{180}, \pi = 180°, 1° = 60'.$$

따라서 $\frac{\pi}{180} = 60'$ 이고 $1' = \frac{\pi}{60 \cdot 180} = \frac{\pi}{10800}$ 이다. 따라서 $10' = \frac{\pi}{1080}$.
위 사실로부터 $x = 60° = \frac{\pi}{3}$, $\Delta x = 10' = \frac{\pi}{1080}$라고 하면

$$\begin{aligned}(\sin 60°10') &= \sin(\frac{\pi}{3} + \frac{\pi}{1080}) \approx \sin\frac{\pi}{3} + \cos\frac{\pi}{3} \times \frac{\pi}{1080} \\ &= \frac{\sqrt{3}}{2} + \frac{1}{2} \times \frac{\pi}{1080} \approx 0.8660 + 0.0015 = 0.8675\end{aligned}$$

이 된다.

---

**2.** $y = \cos x + x \sin x$일 때 3차 미분을 구하시오.

---

풀이

고계도함수의 정의를 이용하면 다음과 같다.

$$\begin{aligned}dy &= (\cos x + x\sin x)'dx \\ &= (-\sin x + \sin x + x\cos x)dx = x \cdot \cos x dx \\ d^2y &= (\cos x + x\sin x)''dx^2 \\ &= (x \cdot \cos x)'dx^2 = (\cos x - x\sin x)dx^2 \\ d^3y &= (\cos x + x\sin x)'''dx^3 = (\cos x - x\sin x)'dx^3 \\ &= (-\sin x - \sin x - x\cos x)dx^3 = -(2\sin x + x\cos x)dx^3\end{aligned}$$

---

**3.** 방정식 $\ln x - \cos x = 0$의 근을 소수 셋째 자리까지 구하시오.

---

풀이

$f(x) = \ln x - \cos x$로 놓으면 $f'(x) = \dfrac{1}{x} + \sin x$이다. 자연로그표와 삼각함수표에 의하여

$$f(1) = -0.5402 < 0,\ f(1.5) = 0.3347 > 0$$

을 만족하기 때문에 실근의 근삿값으로 $a_1 = 1$로 두자. 이제 보다 실근에 근접하는 근삿값을 구하기 위하여 [정리 3.4.1]의 방법을 사용하면 다음과 같다.

$$\begin{aligned} a_2 =& a_1 - \frac{\ln a_1 - \cos a_1}{\dfrac{1}{a_1} + \sin a_1} = \frac{1 + a_1 \sin a_1 - \ln a_1 + \cos a_1}{\dfrac{1}{a_1} + \sin a_1} \\ =& \frac{1 + 0.8415 + 0.5402}{1 + 0.8415} = 1.293 \\ a_3 =& a_2 - \frac{\ln a_2 - \cos a_2}{\dfrac{1}{a_2} + \sin a_2} = \frac{1 + a_2 \sin a_2 - \ln a_2 + \cos a_2}{\dfrac{1}{a_2} + \sin a_2} \\ =& \frac{1 + 1.2441 - 0.2569 + 0.2740}{0.7726 + 0.9622} = 1.3034 \end{aligned}$$

따라서 구하는 근은 $1.303$이다.

---

**4.** 미분을 사용하여 $\sin(7\pi/36)$의 근삿값을 구하시오.

---

풀이

$f(x) = \sin x$라 두면 $\dfrac{7\pi}{36}$가 $\dfrac{\pi}{6}$에 가깝다.

따라서 $x = \dfrac{\pi}{6}$이고 $\Delta x = dx = \dfrac{\pi}{36}$이면

$$\sin(\frac{7\pi}{36}) \approx f(\frac{\pi}{6}) + (\cos(\frac{\pi}{6}))(\frac{\pi}{36}) \approx 0.5 + 0.0755749735 = 0.5755749735$$

이다.

---

**5.** 함수 $f(x) = x + 2\sin x - 1$의 해를 Newton 근사법으로 소수 10째 자리까지 근사시키고, 계산기를 사용하여 근삿값을 확인해 보시오.

---

풀이

$f(0) = -1$이고 $f(1) = 2\sin 1 > 0$이므로 중간값 정리로 $[0, 1]$에서 연속인 $f$는 $[0, 1]$에서 해를 가진다. 구간 $[0, 1]$의 중점으로 초깃값 $c_1 = 0.5$로 잡자.

따라서

$$\alpha(x) = x - \frac{f(x)}{f'(x)} = x - \frac{x = 2\sin x - 1}{1 + 2\cos x}$$

과 계산기를 사용하면 다음 수열을 얻는다.

$c_1 = 0.5,\ c_2 = \alpha(c_1) \approx 0.3334578667,\ c_3 = \alpha(c_2) \approx 0.3375817694,$

$c_4 = \alpha(c_3) \approx 0.3375837050,\ c_5 = \alpha(c_4) \approx 0.3375837050,\ \cdots .$

결과적으로 소수 10째 자리까지 주어진 함수 $f(x) = x + 2\sin x - 1$의 근사해는 $0.3375837050$이다.

---

# 제 4 장
# 도함수의 응용

## 4.1 최대-최솟값 판별법

[연습문제 2.2]에서 소개한 [정리 2.2.4]의 최대·최솟값 정리는 폐구간에서 연속이면 함수는 최댓값 또는 최솟값을 반드시 가진다는 의미지만 구체적으로 그 값을 알 수도 없으며 구하는 방법도 모른다. 따라서 폐구간에서 연속인 함수의 최댓값 또는 최솟값을 구하는 방법에 대하여 알아본다.

**정의 4.1.1**

**최대·최솟값**
집합 $X$에서 정의된 실가함수를 $f$라 하고 $a$, $b$, $c$를 $X$상의 점들이라 하자.

1. 원소 $a$에서 함수 $f$가 **최댓값**을 가진다는 의미는

$$\forall x \in X,\ f(x) \le f(a)$$이며

2. 원소 $b$에서 함수 $f$가 **최솟값**을 가진다는 의미는

$$\forall x \in X,\ f(b) \le f(x)$$이다.

3. 원소 $c$가 **임계점**이라는 의미는 다음과 같이 정의한다.

$$f'(c) = 0$$ 또는 $f$는 $c$에서 미분불가능

**정의 4.1.2**

**극대·극솟값**
집합 $X$에서 정의된 실가함수를 $f$라 하고 $m$과 $n$을 $X$의 소구간 $(a, b)$상의 점들이라 하자.

1. 원소 $m$에서 함수 $f$가 **극댓값**을 가진다는 의미는

$$\forall x \in (a,b),\ f(x) \le f(m)\text{이며}$$

2. 원소 $n$에서 함수 $f$가 **극솟값**을 가진다는 의미는

$$\forall x \in X,\ f(n) \le f(x)\text{이다.}$$

3. 극댓값과 극솟값을 합쳐서 **극값**이라고 부른다.

**참고 4.1** 최대·최솟값은 정의역 전체에서 함숫값이 가장 큰 값과 작은 값을 의미하지만 극대·극솟값은 정의역 전체가 아니라 정의역의 **소구간에서 최대·최솟값**을 의미한다. 따라서 최대·최솟값이 극대·극솟값일 수도 있고 아닐 수도 있으며, 반대로 극대·극솟값이 최대·최솟값일 수도 있고 아닐 수도 있다.

**정리 4.1.1 임계점의 정리**
함수 $f(x)$가 $x = m$를 포함하는 소구간 $(a,b)$에서 미분가능하고 $x = m$에서 극값을 가지면 $f'(m) = 0$이다.

**[증명]**

$f(x)$가 $x = m$에서 극댓값을 갖는다면 충분히 작은 양수 $h$에 대하여

$$f(m+h) - f(m) \le 0,\quad f(m-h) - f(m) \le 0$$

이므로

$$\frac{f(m+h) - f(m)}{h} \le 0\text{이고 } \frac{f(m-h) - f(m)}{-h} \ge 0$$

이다. 그러므로

$$f'(m) = \lim_{h\to 0} \frac{f(a+m) - f(a)}{m} \le 0,\quad f'(m) = \lim_{h\to 0} \frac{f(m-h) - f(m)}{-h} \ge 0$$

그런데 $f'(m)$가 존재하므로 $f'(m) = 0$이다. $f(x)$가 $x = m$에서 극솟값을 가질 경우도 마찬가지로 증명된다. □

**참고 4.2** 임계점이라는 용어를 사용하여 [정리 4.1.1]을 다시 표현하면 소구간 $(a,b)$에서 미분가능한 함수 $f$는 임계점이 아닌 점에서는 극값이 존재하지 않음을 의미한다. 따라서 극값을 구하기 위해서는 반드시 임계점을 먼저 구한 다음 [정의 4.1.2]를 사용하여 판별한다.

주의해야 할 점은 [정리 4.1.1]의 역은 일반적으로 성립하지 않으며 다시 말해 임계점이라 해서 반드시 그 점에서 극값을 가지는 것은 아니다. [예제 4.1.1]에서 그 사실을 보여준다.

**예제 4.1.1**

$f(x) = 2x^3$ 는 $x = 0$ 에서 극값을 가지지 않음을 보이시오.

---

풀이 4.1.1

0을 포함하는 소구간을 $(-1.5,\ 1.5)$ 라고 하자. 그러면 $f'(0) = 0$ 이므로 $x = 0$ 은 함수 $f$ 의 임계점이다. 하지만 $-2 = f(-1) \le f(0) \le f(1) = 2$ 이므로 [정의 4.1.2]로부터 $x = 0$ 에서 함수 $f$ 의 극값이 될 수 없다.

---

**참고 4.3** [예제 4.1.1]처럼 비록 임계점을 구하였다고 해도 [정의 4.1.2]의 판별을 따라야 한다는 것을 알 수 있다. 하지만 다음 [4.2절]에서는 [정의 4.1.2]를 사용하지 않고 1차 도함수 및 2차 도함수를 사용하여 임계점에서 극값을 판별한다.

이제 최대·최솟값 정리인 [정리 2.2.4]와 임계점을 이용하여 폐구간에서 연속인 함수의 최대·최솟값을 직접 구할 수 있는 방법에 대해 알아보자.

**폐구간 $[a, b]$ 에서 최대·최솟값 구하는 방법**

1. 함수 $f$ 가 폐구간 $[a, b]$ 에서 연속임을 확인한다 (즉 최대·최솟값이 존재한다).
2. 소구간 $(a, b)$ 에서 임계점 $c$ 를 구한다 (임계점이 2개 이상 존재해도 된다).
3. $f(a)$, $f(b)$, $f(c)$ 를 비교하여 가장 큰 값이 최댓값이고 가장 작은 값이 최솟값이다.

**예제 4.1.2**

$f(x) = x - x^3$ 으로 정의된 함수에 대하여 폐구간 $[0, 1]$ 에서 최댓값과 최솟값을 구하시오.

---

풀이 4.1.2

함수 $f$ 는 구간 $[0, 1]$ 에서 연속이므로 [정리 2.2.4]로부터 최댓값 또는 최솟값은 존재한다.
이제 $f'(x) = 0$ 을 만족하는 임계점은 다음과 같다.

$$f'(x) = 1 - 3x^2 = 0 \ \Rightarrow \ x = \{\frac{\sqrt{3}}{3}, -\frac{\sqrt{3}}{3}\}$$

그런데 $-\frac{\sqrt{3}}{3} \notin [0, 1]$ 이므로 $x = \{0, \frac{\sqrt{3}}{3}, 1\}$ 에서 최댓값 또는 최솟값이 된다.
따라서 최솟값은 $f(0) = f(1) = 0$ 이고 최댓값은 $f(\frac{\sqrt{3}}{3}) = \frac{2\sqrt{3}}{9}$ 이다.

---

**예제 4.1.3**

연속함수 $f(x) = x^3 - 3ax + b$ 의 극댓값 6이고 극솟값이 2가 되도록 $a$ 와 $b$ 의 값을 구하시오.

풀이 4.1.3

먼저 임계점은 $f'(x) = 3(x+\sqrt{a})(x-\sqrt{a}) = 0$으로부터 $a > 1$을 만족하는 $x = \{-\sqrt{a}, \sqrt{a}\}$이다.
따라서 증감표를 이용하여 구하면 다음과 같다.

| $x$ | $\cdots$ | $-\sqrt{a}$ | $\cdots$ | $\sqrt{a}$ | $\cdots$ |
|---|---|---|---|---|---|
| $f'(x)$ | $+$ | 0 | $-$ | 0 | $+$ |
| $f(x)$ | $\nearrow$ | 극대 | $\searrow$ | 극소 | $\searrow$ |

극댓값은 $f(-\sqrt{a}) = 2a\sqrt{a} + b = 6$이고, 극솟값은 $f(\sqrt{a}) = -2a\sqrt{a} + b = 2$이므로 $a = 1$이고 $b = 4$임을 알 수 있다.

**예제 4.1.4**

구간 $[1,3]$에서 $f(x) = 2x^3 - 9x + 12x - 2$의 극대·극솟값과 최대·최솟값을 각각 구하시오.

풀이 4.1.4

함수 $f$는 구간 $[1,3]$에서 연속이므로 [정리 2.2.4]로부터 최댓값 또는 최솟값은 존재한다.
이제 $f'(x) = 0$을 만족하는 임계점은 다음과 같다.
$f'(x) = 6x^2 - 18x + 12 = 6(x-1)(x-2) = 0$이므로 $x = \{1, 2\}$이다.
증감표를 이용하면 다음과 같다.

| $x$ | 1 | $\cdots$ | 2 | $\cdots$ | 3 |
|---|---|---|---|---|---|
| $f'(x)$ | 0 | $-$ | 0 | $+$ | |
| $f(x)$ | 3 | $\searrow$ | 2 | $\nearrow$ | 7 |

따라서 극솟값:$f(2) = 2$, 최댓값: $f(3) = 7$, 최솟값: $f(2) = 2$임을 알 수 있다.

## 연습문제 4.1

**1.** $y = \sin x(1+\cos x)$와 $[0, 2\pi]$에서 극값을 판정하시오.

---

풀이

$$y' = \cos x(1+\cos x) + \sin x(-\sin x) = \cos x + \cos^2 x - \sin^2 x = 2\cos^2 x + \cos x - 1$$
$$= 2(\cos x + 1)\left(\cos x - \frac{1}{2}\right)$$

$y' = 0$이면 $\cos x = \{-1, \frac{1}{2}\}$ 이다. 따라서 $0 \le x \le 2\pi$에서 임계점은 다음과 같다.

$$x = \{\pi, \frac{\pi}{3}, \frac{5}{3}\pi\}.$$

증감표를 이용하면 다음과 같다.

| x | 0 | ⋯ | $\frac{\pi}{3}$ | ⋯ | $\pi$ | ⋯ | $\frac{5}{3}\pi$ | ⋯ | $2\pi$ |
|---|---|---|---|---|---|---|---|---|---|
| $y'$ | | + | 0 | − | 0 | − | 0 | + | |
| $y$ | 0 | ↗ | 극대 | ↘ | | ↘ | 극소 | ↗ | 0 |

따라서 극댓값은 $f(\frac{\pi}{3}) = \frac{3\sqrt{3}}{4}$이고, 극솟값은 $f(\frac{5\pi}{3}) = -\frac{3\sqrt{3}}{4}$이다.

---

**2.** $f(x) = \sqrt[3]{(x-1)^2}$의 극값을 판정하시오.

---

풀이

$f'(x) = \frac{2}{3\sqrt[3]{x-1}}$이므로 $f'(x) = 0$인 $x$값은 존재하지 않는다. 지금 $x = 1$근방에서 $f'(x)$의 부호를 조사하면 충분히 작은 양수 $h$에 대해서

$$f'(1-h) = \frac{2}{3\sqrt[3]{-h}} < 0, \quad f'(1+h) = \frac{2}{3\sqrt[3]{h}} > 0$$

이므로 $x = 1$에서 극솟값은 $f(1) = 0$이다( [그림 4.1] 참고).

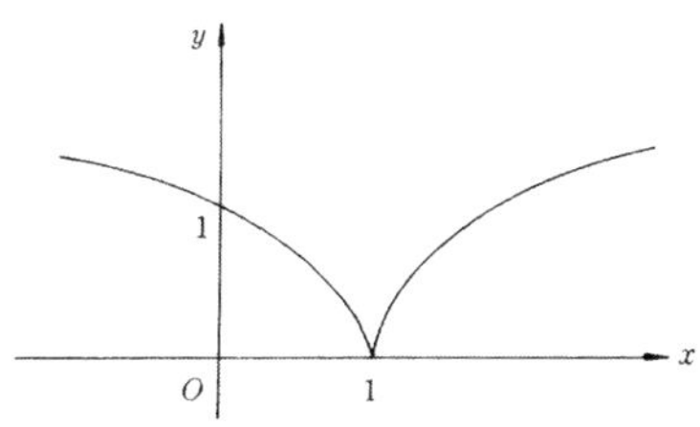


그림 4.1

---

**3.** 함수 $f(x)=\frac{1}{3}x^3-x^2-3x+4$의 극댓값과 극솟값을 구하시오.

---

풀이

$f'(x)=x^2-2x-3=(x+1)(x-3)0$이므로 따라서 임계점은 $x=-1,3$이다.

임계점 주위의 증감상태를 나타내면 $f'(-2)>0$(증가), $f'(-1)=-\frac{17}{3}$, $f'(0)<0$(감소), $f'(3)=-5$, $f'(4)>0$(증가)이므로

극댓값은 $f'(-1)=-\frac{17}{3}$이고 극솟값은 $f'(3)=-5$이다.

---

**4.** 수직의 벽면 앞으로 총길이 $2km$인 직사각형의 울타리를 조성한다, 단 수직의 벽면쪽은 울타리를 만들지 않는다. 울타리의 면적을 최대로 하려면 가로와 세로의 길이를 각각 얼마로 하면 되는가?

---

풀이

직사각형의 가로를 $x$, 세로를 $y$라 하면

$$x+2y=2000m$$

이다. 울타리의 면적은

$$S=xy$$

이다. 이 두 식을 변수 $x$에 대한 식으로 나타내면

$$S(x)=xy=x(1000-\frac{x}{2})=1000x-\frac{x^2}{2},\ (0\le x\le 2000)$$

이 된다. 임계점을 구하기 위해 도함수를 구하면

$$S'(x)=1000-x=0\ \Rightarrow\ \therefore x=1000$$

이고, 주어진 범위에서 $S(0)=0m$, $S(1000)=500000m$, $S(2000)=0m$이므로 울타리의 최대면적을 만들기 위해서는 가로의 길이 $x=1000m$이고 세로의 길이 $y=500m$로 담을 쌓으면 된다.

---

**5.** 한 변이 $10cm$인 정사각형의 종이를 가지고 지붕이 없는 최대 부피의 상자를 만들려고 할 때 정사각형을 모서리를 얼마로 오려내야 하는가?

---

풀이

오려내는 정사각형의 모서리의 한 변을 $x\ cm$라 하자.

정사각형의 한 변이 $10\ cm$이므로 조건 $0\le x\le 5$을 만족해야 한다.

만들려고 하는 상자 밑면의 가로와 세로의 길이는 각각 $10-2x$이다.

상자의 높이가 $x$이므로 이 상자의 부피의 식은

$$V(x) = x(10-2x)^2 = 4x^3 - 40x^2 + 100x \ (0 \le x \le 5)$$

이다. 임계점을 구하기 위해 도함수를 이용하면

$$V'(x) = 12x^2 - 80x + 100 = 4(x-5)(3x-5) \ \Rightarrow \ \therefore x = \frac{5}{3},\ x = 5$$

이고, 주어진 구간의 점은 $x = \frac{5}{3}$이다.

따라서 $V(0) = 0,\ V(\frac{5}{3}) = \frac{2000}{27},\ V(5) = 0$이므로 모서리를 $x = \frac{5}{3}\ cm$로 오려내면 최대부피가 $\frac{2000}{27}\ cm^3$인 상자가 만들어진다.

---

**6.** 총 담장의 길이가 $3km$인 이등변삼각형 모양의 울타리를 만들려고 할 때 면적을 가장 크게 할려면 어떻게 만들어야 하는가?

---

풀이

이등변삼각형의 밑변의 길이를 $x\ km$라 하고 다른 변의 길이를 $y\ km$, 높이를 $h\ km$라 하자. 주어진 조건으로부터

$$x + 2y = 3 \ \Leftrightarrow \ y = \frac{3}{2} - \frac{x}{2}$$

이고, 높이는

$$h = \sqrt{y^2 - \frac{1}{4}x^2} = \frac{1}{2}\sqrt{9-6x}$$

이다. 따라서 이등변삼각형의 면적은

$$T(x) = \frac{1}{2}xh = \frac{x}{4}\sqrt{9-6x} \ (0 \le x \le \frac{3}{2})$$

이다. 임계점을 구하기 위해 곱셈에 대한 도함수를 사용하면

$$T'(x) = \frac{1}{4}\sqrt{9-6x} - \frac{3x}{4\sqrt{9-6x}} = \frac{9-9x}{4\sqrt{9-6x}} = 0$$

이므로 $9 - 9x = 0$, 즉 $x = 1$이 임계점이다.

따라서 $T(0) = 0,\ T(1) = \frac{\sqrt{3}}{4},\ T(\frac{3}{2}) = 0$이므로 $x = 1km,\ y = 1km$로 담장을 만들면 울타리의 면적은 최대가 된다.

---

## 4.2 평균값 정리와 극대 · 극솟값 판별법

함수 $f$가 폐구간 $[a,b]$에서 연속일 때 임계점들이 존재할 조건인 *Rolle*의 정리와 이것의 일반화인 평균값 정리에 대하여 공부한다. 그리고 함수의 증감을 이용하여 임계점들 중에서 극댓값 또는 극솟값을 가지는 판별방법을 1차 도함수와 2차 도함수를 이용하여 알아본다.

**정리 4.2.1 Rolle의 정리**
함수 $y=f(x)$가 $[a,b]$에서 연속이고 $(a,b)$에서 미분가능하며 $f(a)=f(b)$이면 $f'(c)=0$이 되는 점 $c$가 $(a,b)$ 내에 적어도 하나 존재한다.

**[증명]**

Rolle의 정리는 $[a,b]$에서 연속인 함수가 소구간 $(a,b)$에서 임계점이 존재할 조건을 알려준다. [그림 4.2]로 이해를 돕고자 한다.

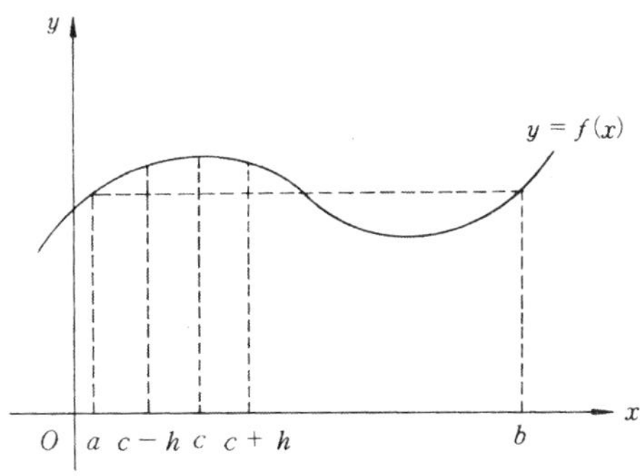


그림 4.2 Rolle의 정리

□

**예제 4.2.1**

$f(x)=(x-1)(x-2)$에서 $f'(c)=0$인 점 $c$를 구하시오.

풀이 4.2.1

$f(x)$는 $[1,2]$에서 연속이며 미분가능하고 $f(1)=f(2)=0$이므로 Rolle의 정리에서 $f'(c)=0$인 점 $c$가 $(1,2)$에 반드시 존재하게 된다. 그러므로 $f'(x)=2x-3$이고 $f'(c)=0$이므로 $c=\dfrac{3}{2}$이다.

**참고 4.4** 함수 $y=f(x)$가 $[a,b]$에서 연속이고 $f(a)=f(b)$일지라도 $(a,b)$에서 미분가능하지 않은 점이 있으면 Rolle의 정리가 성립하지 않음을 다음 예제에서 알 수 있다.

**예제 4.2.2**

$f(x) = 1 - |x|$는 $[-1, 1]$에서 $f'(c) = 0$인 점 $c$가 존재하지 않음을 보이시오.

**[증명]**

$f(x)$는 $[-1, 1]$에서 연속이고 $f(-1) = f(1) = 0$이며

$$f'(x) = \begin{cases} -1 & (x > 0) \\ 1 & (x < 0) \end{cases}$$

이다.

마지막으로 [그림 4.3]과 같이 $x = 0$인 점에서의 미분계수에 대해 알아보면

$$\begin{aligned} f'_+(0) &= \lim_{\Delta x \to 0^+} \frac{(1 - |0 + \Delta x|) - (1 - |0|)}{\Delta x} \\ &= \lim_{\Delta x \to 0^+} \frac{-|\Delta x|}{\Delta x} = -1 \\ f'_-(0) &= \lim_{\Delta x \to 0^-} \frac{(1 - |0 + \Delta x|) - (1 - |0|)}{\Delta x} \\ &= \lim_{\Delta x \to 0^-} \frac{-|\Delta x|}{\Delta x} = 1 \end{aligned}$$

이므로 $f'(0)$가 존재하지 않는다. 그러므로 $f'(c) = 0$이 되는 점 $c$는 $(-1, 1)$ 내에 존재하지 않는다.

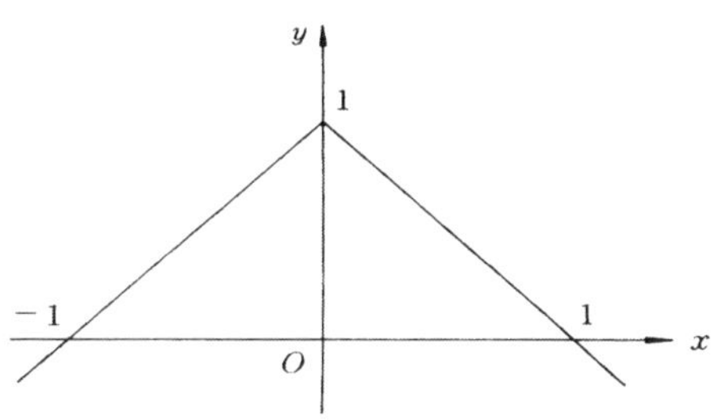


그림 4.3 연속이지만 $x = 0$에서 미분불능인 경우

□

**정리 4.2.2 평균값 정리**

함수 $y = f(x)$가 $[a, b]$에서 연속이고 $(a, b)$에서 미분가능하면,

$$\frac{f(b) - f(a)}{b - a} = f'(c)$$

인 점 $c$가 $(a, b)$ 내에 적어도 하나 존재한다.

**[증명]**

평균값 정리는 Rolle의 정리의 일반화이다. 다시 말해 조건 $f(a) = f(b)$을 만족하는 평균값 정리가 Rolle의 정리이다. [그림 4.4]로 이해를 돕고자 한다.

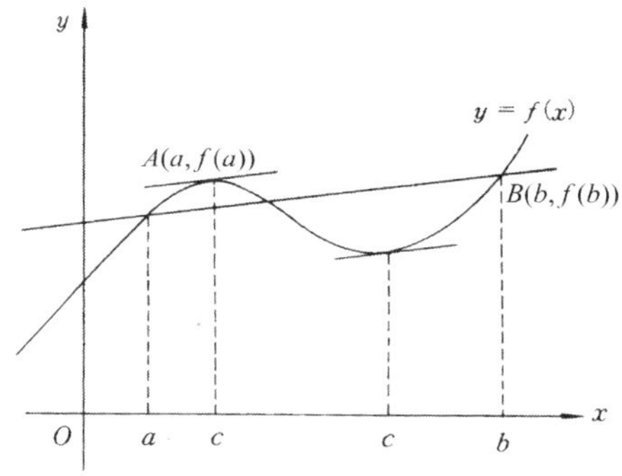


그림 4.4 평균값 정리

□

**참고 4.5** 구간 $[a, b]$의 양끝점에서 다른 값을 갖는다면 Rolle의 정리와 같은 수평 접선을 이야기 할 수는 없다. 하지만 양끝점을 잇는 선분과 평행한 접선을 갖는 점이 구간 $[a, b]$에 존재하게 되며 이러한 접선의 존재성의 정리가 평균값 정리이다.

**예제 4.2.3**

$f(x) = \sqrt{x}$에 대하여 $[1, 4]$에서 평균값 정리를 적용할 때 $c$의 값을 구하시오.

---

풀이 4.2.3

$f(x)$는 $[1, 4]$에서 연속이고 $(1, 4)$에서 미분가능하다. 또한 $f'(x) = \dfrac{1}{2\sqrt{x}}$ 이고 $\dfrac{f(4) - f(1)}{4 - 1} = \dfrac{\sqrt{4} - \sqrt{1}}{3} = \dfrac{1}{3}$이 되므로 [정리 4.2.2]의 결과로부터 $\dfrac{1}{3} = \dfrac{1}{2\sqrt{c}}$ 이 성립한다. 따라서 $c = \dfrac{9}{4}$이다.

---

Rolle의 정리로부터 적어도 한 개 이상의 임계점들이 존재한다는 사실을 알고 있으며 다음에서 존재하는 임계점들 중에서 극댓값 또는 극솟값을 가질 조건들에 대하여 공부한다. 참고로 $I$는 개구간 및 폐구간을 포함하는 임의의 모든 구간을 의미한다.

**정의 4.2.1**

**증가·감소**

함수 $f(x)$가 구간 $I$에서 정의되고 $I$의 임의의 두 점 $x_1$와 $x_2$에 대하여

(1) $x_1 < x_2 \;\Rightarrow\; f(x_1) < f(x_2)$일 때 $f(x)$는 구간 $I$에서 **순증가**라 하고
(2) $x_1 < x_2 \;\Rightarrow\; f(x_1) > f(x_2)$일 때 $f(x)$는 구간 $I$에서 **순감소**라 하며
(3) $x_1 < x_2 \;\Rightarrow\; f(x_1) \le f(x_2)$일 때 $f(x)$는 구간 $I$에서 **증가**라 하고
(4) $x_1 < x_2 \;\Rightarrow\; f(x_1) \ge f(x_2)$일 때 $f(x)$는 구간 $I$에서 **감소**라 한다.

다음 정리는 [정의 4.2.1]에서 정의한 함수의 증가와 감소를 1차 도함수를 이용하여 판별하는 방법이다.

**정리 4.2.3 증감의 1계도함수 판별법**
함수 $f(x)$가 $[a,b]$에서 연속이고 개구간 $(a,b)$에서 미분가능하면
(1) $(a,b)$의 모든 $x$에 대하여 $f'(x) > 0 \Leftrightarrow f(x)$는 $(a,b)$에서 순증가이고
(2) $(a,b)$의 모든 $x$에 대하여 $f'(x) < 0 \Leftrightarrow f(x)$는 $(a,b)$에서 순감소한다.

**[증명]**

(1)의 충분조건: $a < x_1 < x_2 < b$인 임의의 두 점 $x_1$, $x_2$에 대해서 평균값 정리를 적용하면 $f(x_2) - f(x_1) = (x_2 - x_1)f'(c)$ 을 만족하는 $x_1 < c < x_2$인 점 $c$가 존재한다. 가정에서 $f'(x) > 0$이므로 $f'(c) > 0$이고 $(x_2 - x_1)\cdot f'(c) > 0$이다. 따라서 $f(x_2) - f(x_1) > 0$이므로 $f(x)$는 $(a,b)$에서 순증가함수이다.

(1)의 필요조건: $h > 0$이면 $f(x) < f(x+h)$이므로 $\dfrac{f(x+h)-f(x)}{h} > 0$이고

$h < 0$이면 $f(x) > f(x+h)$이므로 $\dfrac{f(x+h)-f(x)}{h} > 0$이다.

따라서 $f'(x) = \lim\limits_{h\to 0} \dfrac{f(x+h)-f(x)}{h} > 0$이 된다.

(2) (1)과 같은 방법으로 증명된다.

□

**예제 4.2.4**

함수 $y = x^3 - 3x^2 - 9x$의 증감상태를 조사하시오.

---

풀이 4.2.4

$y' = 3x^2 - 6x - 9 = 3(x+1)(x-3)$이므로 [정리 4.2.3]으로부터 $x < -1$ 또는 $x > 3$이면 $y' > 0$이므로 $y$는 순증가하고 $-1 < x < 3$이면 $y' < 0$이므로 $y$는 순감소한다.

---

임계점의 정리인 [정리 4.1.1]과 [정리 4.2.3]의 결과를 이용하면 [정의 4.1.2]를 사용하지 않고 다음과 같이 임계점으로부터 바로 극값을 판별할 수 있다.

**정리 4.2.4 극대·극소의 1계도함수 판별법**
함수 $f(x)$가 점 $a$의 근방 $(a-h,\ a+h)$에서 미분가능하고 $f'(a)=0$이면 다음과 같이 1차 도함수를 이용하여 극값을 판별할 수 있다.

1. $(a-h,\ a)$의 임의의 점 $x$에서 $f'(x)>0$이고 $(a,\ a+h)$의 임의의 점 $x$에서 $f'(x)<0$이면 $(a,\ f(a))$는 극대점이 되며
2. $(a-h,\ a)$의 임의의 점$x$에서 $f'(x)<0$이고 $(a,\ a+h)$의 임의의 점 $x$에서 $f'(x)>0$이면 $(a,\ f(a))$는 극소점이 된다.

**[증명]**

앞의 [정리 4.1.1]로부터 함수 $f(x)$는 점 $x=a$에서 극댓값 또는 극소점을 가진다. 그리고 [정리 4.2.3]으로부터 점 $x=a$의 왼쪽 구간 $(a-h,\ a)$에서 (1)은 증가이고 (2)는 감소이며 $x=a$의 오른쪽 구간 $(a,\ a+h)$에서 (1)은 감소이고 (2)은 증가이다. 따라서 [정의 4.1.2] 로부터 (1) $(a,\ f(a))$는 극대점이 되며 (2) $(a,\ f(a))$는 극소점이 된다. □

**예제 4.2.5**

$y=x^3-3x^2-2$의 극값을 구하시오.

풀이 4.2.5

먼저 임계점을 구하기 위하여 $y'=3x^2-6x=3x(x-2)=0$을 계산하면 $x=0$ 또는 $x=2$이다.
이제 [정리 4.2.4]의 결과를 이용하기 위해 $x=0$ 근방에서 $y'$의 부호를 조사하면 $+$에서 $-$로 변하므로 $(0,-2)$은 이 곡선의 극대점이고 $x=2$ 근방에서 $y'$의 부호가 $-$에서 $+$로 변하므로 $(2,-6)$는 이 곡선의 극소점이다.

**예제 4.2.6**

$f(x)=x^3-3ax+b\ (a>0)$에서 극댓값 6이고 극솟값이 2가 되도록 $a$와 $b$의 값을 구하시오.

풀이 4.2.6

임계점을 구하기 위하여 $f'(x)=3x^2-3a=3(x^2-a)=3(x-\sqrt{a})(x+\sqrt{a})=0$라 하면
$x=-\sqrt{a}$ 또는 $\sqrt{a}$이다. 그리고 구한 임계점의 근방에서 [정리 4.2.3]과 [정리 4.2.4]를 이용하면 다음과 같은 증감표가 얻어진다.

| $x$ | $\cdots$ | $-\sqrt{a}$ | $\cdots$ | $\sqrt{a}$ | $\cdots$ |
|---|---|---|---|---|---|
| $f'(x)$ | $+$ | 0 | $-$ | 0 | $+$ |
| $f(x)$ | $\nearrow$ | 극대 | $\searrow$ | 극소 | $\searrow$ |

증감표에서 극댓값은 $f(-\sqrt{a}) = 2a\sqrt{a} + b = 6$이고 극솟값은 $f(\sqrt{a}) = -2a\sqrt{a} + b = 2$이므로 따라서 $a = 1$이고 $b = 4$이다.

---

**예제 4.2.7**

폐구간 $[1,\ 3]$에서 함수 $f(x) = 2x^3 - 9x + 12x - 2$의 극값과 최대 또는 최솟값을 구하시오.

---

풀이 4.2.7

임계점을 구하기 위해 $f'(x) = 6x^2 - 18x + 12 = 6(x-1)(x-2) = 0$라 하면 $x = 1,\ 2$이다.
그리고 구한 임계점의 근방에서 [정리 4.2.3]과 [정리 4.2.4]를 이용하면 다음과 같은 증감표가 얻어진다.

| $x$ | 1 | $\cdots$ | 2 | $\cdots$ | 3 |
|---|---|---|---|---|---|
| $f'(x)$ | 0 | $-$ | 0 | $+$ | |
| $f(x)$ | 3 | ↘ | 2 | ↗ | 7 |

그리고 [4.1절]에서 최대·최솟값을 구하는 방법을 이용하면
극댓값: $f(1) = 3$, 극솟값: $f(2) = 2$, 최댓값: $f(3) = 7$, 최솟값: $f(2) = 2$이다.

---

앞의 예제들에서 알 수 있듯이 임계점에서 극값을 판정하는 데 증감표를 이용하면 편리하다. 하지만 2차 도함수를 이용하면 증감표 없이 임계점에서 극값을 보다 쉽게 판정할 수 있으며 다음에서 이들에 대한 공부를 할 것이다.

**정의 4.2.2**

**변곡점**
함수$f(x)$가 점 $a$의 근방 $(a-h,\ a+h)$에서 미분가능하며 2차 도함수 $f''(x)$가 존재할 때 $f'(a) = f''(a) = 0$이고 $f''((a-h,\ a)) \cdot f''((a,\ a+h)) < 0$ 를 만족하는 점을 **변곡점**이라 한다.

다음에서 극값의 1차 도함수 판정법인 [정리 4.2.4]보다 편리한 극값의 2차 도함수 판정법을 소개한다.

**정리 4.2.5 극대·극소의 2계도함수 판별법**
함수$f(x)$가 점 $a$의 근방 $(a-h,\ a+h)$에서 미분가능하여 $f'(a) = 0$이고 2차 도함수 $f''(x)$가 존재하면 다음과 같이 2차 도함수를 이용하여 극값을 판별할 수 있다.
(1) $f''(a) < 0$이면 $(a,\ f(a))$는 극대점이고
(2) $f''(a) > 0$이면 $(a,\ f(a))$는 극소점이고
(3) $f''(a) = 0$인 변곡점이면 극값을 판정할 수 없다.

**[증명]**

(2)을 증명하면 (1)은 같은 방법으로 할 수 있다. 가정에서

$$f''(a) = \lim_{x \to a} \frac{f'(x) - f'(a)}{x - a} > 0$$

이므로 적당한 개구간 $(a-\delta, a+\delta)$이 존재하여 그 구간의 임의의 점 $x \neq a$에 대하여 부등식

$$\frac{f'(x) - f'(a)}{x - a} > 0$$

이 성립한다. 만약에 $a < x < a+\delta$이면 $x - a > 0$이므로 $f'(x) > 0$이 성립한다. 그리고 $a - \delta < x < a$라고 하면 $f'(x) < 0$이 성립한다. 따라서 점 $a$ 근방에서 $f'$의 부호가 음에서 양으로 변한다. [정리 4.2.4]의 (2)로부터 $(a,\ f(a))$는 극소점이 된다. □

**예제 4.2.8**

함수 $y = x^3 - x^2$의 극대와 극소를 조사하고 변곡점을 구하시오.

풀이 4.2.8

$y' = 3x^2 - 2x = x(3x-2)$, $y'' = 6x - 2 = 2(3x-1)$이므로

(1) $x < \frac{1}{3}$일 때, $y'' < 0$이므로 곡선은 위로 볼록

(2) $x > \frac{1}{3}$일 때, $y'' > 0$이므로 곡선은 아래로 볼록

(3) $x = \frac{1}{3}$일 때, $y'' = 0$이고 그 전후에서 $y''$ 는 $-$ 에서 $+$로 부호가 바뀌므로 점 $(\frac{1}{3}, -\frac{2}{27})$는 변곡점

| $x$ | $\cdots$ | $0$ | $\cdots$ | $\frac{1}{3}$ | $\cdots$ | $\frac{2}{3}$ | $\cdots$ |
|---|---|---|---|---|---|---|---|
| $y'$ | $+$ | $0$ | $-$ | | $-$ | $0$ | $+$ |
| $y''$ | $-$ | | $-$ | $0$ | $+$ | | $+$ |
| $y$ | ↗ | 극대 | ↘ | 변곡 | ↘ | 극소 | ↗ |

[정리 4.2.5]보다 일반화된 $n$차 미분가능한 함수에 대한 극값의 판정법인 정리가 존재하며 증명없이 다음에서 소개한다.

**정리 4.2.6 극대·극소의 일반회된 판별법**

함수 $f(x)$가 점 $a$의 근방 $(a-h,\ a+h)$에서 $f^{(n)}(x)$가 존재 할 때

(1) $f'(a) = f''(a) = \cdots = f^{(n-1)}(a) = 0, f^{(n)}(a) \neq 0$ ($n$은 짝수)일 때

$f^{(n)}(a) < 0$이면 $f(a)$는 **극댓값**이고 $f^{(n)}(a) > 0$이면 $f(a)$는 **극솟값**이다.

(2) $f''(a) = f^{(3)}(a) = \cdots = f^{(n-1)}(a) = 0,\ f^{(n)}(a) \neq 0$ ($n$은 홀수)이면 점 $(a, f(a))$는 변곡점이다.

**[증명]**

이 정리는 [정리 4.2.5]의 일반화된 결과이며 [정리 4.2.5]의 증명을 유사하게 일반화하면 된다. 하지만 대학수학의 과정에서는 [정리 4.2.5]의 결과만 알면 충분할 것이라 생각한다. □

다음 예제들에서 주어진 함수에 대한 극값과 변곡점 등을 구한다. 극값과 변곡점을 이용하면 함수의 그래프의 개형을 추적하는 데 도움을 준다.

**예제 4.2.9**

다음 함수의 극값을 구하시오.

(1) $f(x) = 2x^3 - 15x^2 + 36x + 10$ (2) $f(x) = e^x \sin x \ \ (0 \le x \le 2\pi)$

풀이 4.2.9 [정리 4.2.5]의 결과를 이용한다.

(1) $f'(x) = 6x^2 - 30x + 36 = 6(x-2)(x-3)$이므로
$f$의 임계점은 $x = 2,\ 3$이다.
또한 $f''(x) = 12x - 30 = 6(2x-5)$이므로
$f''(2) < 0,\ f''(3) > 0$이다.
따라서 극댓값: $f(2) = 38$, 극솟값: $f(3) = 37$을 가진다.

(2) $f'(x) = e^x(\sin x + \cos x)$이므로
$f$의 임계점은 $x = \frac{3}{4}\pi$ 과 $\frac{7}{4}\pi$ 이다.
한편 $f''(x) = 2e^x \cos x$이므로
$f''\left(\frac{3}{4}\pi\right) = 2e^{\frac{3\pi}{4}} \cos \frac{3}{4}\pi < 0$이고 $f''(\frac{7}{4}\pi) = 2e^{\frac{7\pi}{4}} \cos \frac{7\pi}{4} > 0$이다.
따라서 극댓값: $f(\frac{3\pi}{4}) = \frac{\sqrt{2}}{2}e^{\frac{3\pi}{4}}$, 극솟값: $f(\frac{7\pi}{4}) = -\frac{\sqrt{2}}{2}e^{\frac{7\pi}{4}}$ 을 가진다.

**예제 4.2.10**

$f(x) = x^5 - 5x^4 + 10x^3 - 10x^2 + 5x - 1$의 변곡점을 구하시오.

풀이 4.2.10

$f'(x) = 5x^4 - 20x^3 + 30x^2 - 20x + 5 = 5(x-1)^4$, $f''(x) = 20(x-1)^3$, $f'''(x) = 60(x-1)^2$,
$f^{(4)}(x) = 120(x-1)$, $f^{(5)}(x) = 120$이다.
따라서 $f''(1) = f'''(1) = f^{(4)}(1) = 0$이고 $f^{(5)}(1) \neq 0$이므로 [정리 4.2.6]의 (2)에 의해
점 $(1, 0)$은 곡선 $y = f(x)$의 변곡점이다.

마지막으로 평균값 정리를 이용하여 인구증가율이나 방사성원소의 반감기 등을 나타내는 함수를 구해보자.

**평균값 정리의 응용**

• 인구증가율

인구증가율과 관련된 응용으로 일정기간 후에 해조류의 번식상태나 박테리아의 번식률 등을 알 수 있다. 수학적으로 표현하면, $f(t)$는 시각 $t$에서 개체상태를 나타낸다면 $f'(t)$는 시각 $t$일 때의 개체수의 증가율을 나타낸다. 개체수의 증가율은 개체수에 비례하므로

$$f'(t) = kf(t)$$

인 상수 $k > 0$가 성립한다.

보통 개채수가 2배가 되는 데 걸리는 시간을 2배기라고 부르며, 해초의 2배기는 2일이다.

• 방사성원소의 반감기

방사성 동위원소 $C_{14}$는 공기중에서 방출되면 우주선에 의해 새로운 $C_{14}$로 보충받게 된다. 살아있는 식물에서 $C_{14}$가 손실되면 광합성에 의해서 $C_{14}$를 받아들여 다시 채워진다. 동물에서는 식물을 섭취하여 $C_{14}$를 보충한다. 공기 중에서 산 유기체는 탄소동위원소 $C_{14}$의 비율은 일정한 것으로 밝혀졌다. 그러나 죽은 유기체에서는 어느 순간 이후부터는 $C_{14}$의 원자가 계속 감소만 하기 때문에 시간이 지남에 따라 $C_{14}$ 비율이 달라진다. 따라서 시각 $t$일 때 뼈속에 있는 $C_{14}$의 양을 $f(t)$라 하면 $f'(t)$는 시각 $t$일 때 $C_{14}$의 감소율을 나타내며

$$f'(t) = kf(t)$$

인 음의 상수 $k < 0$가 성립한다.

방사성 물질의 반감기란 방출에 의해서 처음 양의 반이 될 때까지 걸리는 기간을 말하며 $C_{14}$의 반감기는 약 5730년이다. 다시 말해, 어떤 유기체가 죽은 지 5730년 후에는 살았을 때의 $C_{14}$의 밤만 남아있다는 의미이다.

• 기압과 고도

$f(t)$를 고도 $t$미터에서 기압이라고 하자. 기압은 위로 갈수록 낮아진다. 높이가 증가함에 따라 감소하는 기압의 비율은 기압에 비례한다. 따라서

$$f'(t) = kf(t)$$

인 음의 상수 $k < 0$가 성립한다.

고도 $10200m$는 통상 국제선 여객기의 비행고도이다. 이 높이에서는 해면 기압의 $\frac{1}{4}$정도의 기압이 되기 때문에 비행기 기내의 공기압을 조절해야 한다.

만약에 대기압 $f(0) = 1$라고 하면 $k = -1.25 \times 10^{-4}$이 되고, 모든 $t \geq 0$에 대하여

$$f(t) = e^{(-1.25 \times 10^{-4})t}$$

는 $f'(t) = kf(t)$를 만족하는 함수이다.

이제 위 응용에서 중요하게 사용될 $f'(t) = kf(t)$을 만족시키는 <u>모든 함수를 구해보자</u>.

$f$를 $[0, \infty)$에서 연속이고 $f'(t) = kf(t)$을 만족시키는 함수라 하자.

먼저 $g(t) = e^{-kt}f(t)$라 두면 그것의 도함수는 모든 $t > 0$에 대하여

$$g'(t) = -ke^{-kt}f(t) + e^{-kt}f'(t) = 0 \ (\because f'(t) = kf(t))$$

이다. 따라서 함수 $g$는 상수함수이므로 모든 $t \geq 0$에 대하여 $g(t) = c$라고 하자.

모든 $t \geq 0$에 대하여

$$g(t) = e^{-kt}f(t) \;\Rightarrow\; f(t) = g(t)e^{kt} = ce^{kt}$$

을 얻는다. 그리고 $f(0) = ce^0 = c$이므로 모든 $t \geq 0$에 대하여 다음이 성립한다.

$$f(t) = f(0)e^{kt}$$

**예제 4.2.11**

바다의 어떤 해조류는 그 수가 2일마다 2배가 된다고 한다. 현재 1,000,000개라 하면 일주일 후에는 그 수가 얼마나 되는가?

---

풀이 4.2.11

$t \geq 0$에 대하여 $f(0) = 1,000,000$이므로 $f(t) = f(0)e^{kt} = 1,000,000e^{kt}$ 가 성립한다.
이제 $k$를 구하기 위해서 조건으로부터 $f(2) = 2,000,000$을 위 식에 대입하면

$$2,000,000 = (2) = 1,000,000e^{2k}$$

이다. 따라서 $2 = e^{2k}$이다.
양변에 로그를 취하면 $\ln 2 = 2k \;\Rightarrow\; k = \dfrac{1}{2}\ln 2$이다.
결론적으로

$$f(t) = 1,000,000e^{(\ln 2)(t/2)} = 1,000,0002^{t/2}$$

을 얻는다. 구하는 답은 $f(7) = 1,000,0002^{7/2} \approx 11,313,708$이다.

---

**예제 4.2.12**

함수 $f(t)$가 죽은 지 $t$년 후의 $C_{14}$의 양이라고 하자. 1000년 후의 남은 $C_{14}$의 비를 구하시오.

---

풀이 4.2.12

$f(t) = f(0)e^{kt}$ 이고 $f(5730) = \dfrac{f(0)}{2}$은 위 설명을 통하여 알 수 있다. 이들을 풀면

$$\frac{1}{2} = \frac{f(5730)}{f(0)} = e^{5730k}$$

을 얻는다. 양변에 로그를 취하여 구하면

$$k = \frac{-\ln 2}{5730}$$

이다. 따라서 일반식은

$$f(t) = f(0)e^{(-\ln 2)t/5730} = f(0)2^{-t/5730}$$

이고, 비율 $\dfrac{f(1000)}{f(0)} = 2^{-1000/5730} \approx 0.886$이다. 구하는 답은 1000년 후에는 88.6%만 남는다.

---

**예제 4.2.13**

여객기의 외부 기압(대기압)은 $0.28$일 때 이 여객기의 고도를 구하시오.

---

풀이 4.2.13

만약 $t$를 비행기의 고도라고 하면 $f(t) = 0.28$을 만족하는 $t$를 구해야 한다.
위의 설명으로부터 $0.28 = f(t) = e^{(-1.25\times10^{-4})t}$이고, 그 양변에 로그를 취하여 구하면

$$\ln 0.28 = (-1.25 \times 10^{-4})t$$

이다. 따라서

$$t = \frac{\ln 0.28}{-1.25 \times 10^{-4}} \approx 10,200m$$

이다.

---

## 연습문제 4.2

**1.** $y = \sin^2 x$와 $[0, \pi]$에서 증감 상태를 조사하시오.

---

풀이

$y' = 2\sin x \cos x = \sin 2x$이므로
(1) $0 < x < \frac{\pi}{2}$에서는 $y' > 0$이므로 $y$는 증가하고,
(2) $\frac{\pi}{2} < x < \pi$에서는 $y' < 0$이므로 $y$는 감소한다.

---

**2.** $x > 0$일 때 $x - \frac{x^2}{2} < \ln(1+x) < x$임을 증명하시오.

**[증명]**

(1) $f(x) = x - \ln(1+x)$라 두면, $x > 0$이므로

$$f'(x) = 1 - \frac{1}{1+x} = \frac{x}{1+x} > 0$$

되어 $f(x)$는 단조증가한다. 따라서 $x > 0$에 대하여 $f(x) > f(0) = 0$가 성립한다. 즉, $x > \ln(1+x)$.

(2) $g(x) = \ln(1+x) - (x - \frac{x^2}{2})$라 하면, $x > 0$이므로

$$g'(x) = \frac{1}{1+x} - 1 + x = \frac{x^2}{1+x} > 0$$

되어 $g(x)$도 단조증가하고 $g(x) > g(0) = 0$이다, 즉 $\ln(1+x) > x - \frac{x^2}{2}$.
(1)과 (2)로부터 주어진 부등식은 $x > 0$인 모든 실수에 대해서 항상 성립한다.

□

**3.** $a > 0,\ b > 0,\ 0 < x < 1$일 때, $a^x b^{1-x} < ax + (1-x)b$임을 증명하시오.

**[증명]**

$f(x) = ax + (1-x)b$라 하면, $f(0) = b,\ f(1) = a$이므로 $f(x)$의 그래프는 두 점 $(0, b),\ (1, a)$를 지나는 직선이다. 또한 $g(x) = a^x b^{1-x}$이라 하면, $g(0) = b,\ g(1) = a$이므로 $g(x)$의 그래프도 두 점 $(0, b),\ (1, a)$를 지나는 곡선이다. 곡선 $g(x)$의 2차 도함수를 구해보면, $\ln g(x) = x \ln a + (1-x) \ln b$이므로 $g'(x) = \left(\ln \frac{a}{b}\right) g(x)$이고 $g''(x) = (\ln \frac{a}{b})^2 g(x) = \left(\ln \frac{a}{b}\right)^2 a^x b^{1-x} \geq 0$이다. $g(x)$의 그래프는 $0 < x < 1$에서 아래로 볼록하다.

$$0 < x < 1\text{에서 } g(x) < f(x) \text{ 즉, } a^x b^{1-x} < ax + (1-x)b$$

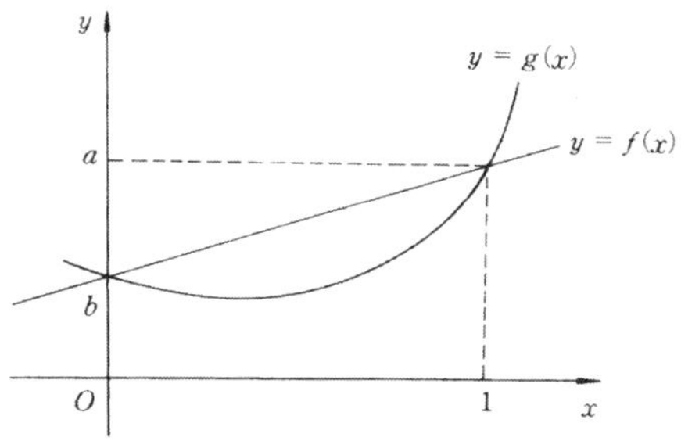


그림 4.5

□

**4.** $f(x) = \cos 2x - 4\cos x$의 극값을 구하시오.

---

풀이

$f'(x) = -2\sin 2x + 4\sin x = 4\sin x(1-\cos x)$이므로 $f$의 임계점은 $f'(x) = 0$이 되는 점은 $\sin x = 0$ 또는 $\cos x = 1$이다. 일반해는 $x = 2n\pi$ 또는 $x = (2n+1)\pi$ ($n$은 정수)이다. $f''(x) = -4\cos 2x + 4\cos x$, $f^{(3)}(x) = 8\sin 2x - 4\sin x$, $f^{(4)}(x) = 16\cos 2x - 4\cos x$이다.

(1) $x = 2n\pi$일 때

$f'(x) = f''(x) = f'''(x) = 0, f^{(4)}(x) > 0$이므로 [정리 4.2.6]의 (1)에 의해

$f(2n\pi) = -3$은 극솟값이다.

(2) $x = (2n+1)\pi$일 때

$f'(x) = 0, f''(x) < 0$이므로 [정리 4.2.6]의 (1)에 의해 $f((2n+1)\pi) = 5$은 극댓값이다.

---

**5.** $f(x) = e^x + e^{-x} + 2\cos x$의 극값을 구하시오.

---

풀이

$f'(x) = e^x - e^{-x} - 2\sin x$이므로 $f'(0) = 0$이고 $f''(x) = e^x + e^{-x} - 2\cos x$ 이므로 $f''(0) = 0$이다. 다시 $f^{(3)}(x) = e^x - e^{-x} + 2\sin x$이므로 $f^{(3)}(0) = 0$ 이며 $f^{(4)}(x) = e^x + e^{-x} + 2\cos x$이므로 $f^{(4)}(0) = 4 > 0$이 된다.

따라서 $x = 0$일 때 $f'(x) = f''(x) = f^{(3)}(x) = 0$이고 $f^{(4)}(x) > 0$이므로

[정리 4.2.6]의 (1)에 의해 $x = 0$에서 극솟값은 $f(0) = 4$이다.

---

**6.** $f(x) = x - \sin x$ 의 변곡점을 구하시오.

---

풀이

$f'(x) = 1 - \cos x,\ f''(x) = \sin x$ 이므로 $f''(x) = 0$ 의 근은 $x = n\pi$ 이고 $f^{(3)}(n\pi) = \cos n\pi \neq 0$ 이므로 [정리 4.2.6]의 (2)에 의해 점 $(n\pi,\ n\pi)$ 은 곡선 $y = f(x)$ 의 변곡점이다.

---

**7.** 가로가 $24cm$ 이고 세로가 $9cm$ 인 직사각형의 종이로 천장이 없는 최대 부피의 상자를 만들려고 할 때 이 상자의 부피를 구하시오.

---

풀이

직사각형의 네 군데 모퉁이를 길이가 $x$ 인 정사각형으로 잘라내고 상자를 만들면 상자 밑면의 가로는 $24 - 2x$ 이고 세로는 $9 - 2x$ 이고 높이 $x$ 가 된다.

따라서 상자의 부피는

$$V(x) = x(9-2x)(24-2x) = 216x - 66x^2 + 4x^3 \ (0 < x < \frac{9}{2})$$

이다. 임계점을 구하기 위해서 도함수를 이용하면

$$V'(x) = 216 - 132x + 12x^2 = 12(9-x)(2-x) = 0 \ \Rightarrow \ \therefore x = 2,\ x = 9$$

이다. 주어진 구간을 만족하는 점은 $x = 2$ 이다.

2계도함수를 이용하여 판별하면 $V''(x) = -132 + 24x$ 에서 $V''(2) = -84 < 0$ 이므로

$x = 2$ 에서 $V(2) = 200$ 인 최댓값을 가진다.

---

**8.** 모든 $x > 0$ 에 대하여 다음 부등식이 성립함을 보이시오.

(1) $e^x > 1$ (2) $e^x > x + 1$

---

풀이

(1) $f(x) = e^x$ 라 하면 $f'(x) = e^x > 0$ 이므로 $f$ 는 증가함수이다.
따라서 $x > 0 \ \Rightarrow \ f(x) = e^x > f(0) = 1$ 이 성립한다.

(2) $g(x) = e^x - x$ 라 두면 위 (1)에 의해서 $g'(x) = e^x - 1 > 0$ 이 성립하므로 $g$ 는 증가함수이다.
따라서 모든 $x > 0$ 에 대하여 $g(x) = e^x - x > g(0) = 1$ 이 성립한다.
결론적으로 $e^x > x + 1$ 이 성립한다.

---

**9**. 동굴에서 발견된 인류의 뼈에서 발견된 $C_{14}$의 양은 현재 사람의 $\frac{1}{10}$ 정도만 남아있다면 이 발견된 인류는 죽은 지 얼마나 지났는가?

---

풀이

죽은 후 $t$년이 지났다면 $f(t) = \frac{1}{10}f(0)$ 가 성립하고,

$$f(t) = f(0)e^{(-\ln 2)t/5730} = f(0)2^{-t/5730}$$

로부터 $e^{(-\ln 2)t/5730} = \frac{f(t)}{f(0)} = \frac{1}{10}$ 이다.

이것의 양변을 로그로 취하면

$$-\frac{\ln 2}{5730}t = \ln\frac{1}{10} = -\ln 10$$

이고, 다시 $t$를 계산하면

$$t = \frac{\ln 10}{\ln 2}(5730) \approx 19,000$$

이다. 다시 말해 $19,000$년 전에 죽은 인류임을 알 수 있다.

---

## 4.3 부정형의 극값과 로피탈 정리

2장에서 극한값의 계산은 [정리 2.1.2]의 결과를 이용하였다.
하지만 [예제 2.1.9]의 경우처럼 부정형 $\frac{0}{0}$의 극한에는 [정리 2.1.2]를 사용할 수 없다.
이 절에서 부정형꼴의 극한값을 구하는 데 사용되는 유용한 정리를 소개한다.
극한에서

$$\frac{\infty}{\infty},\ \frac{0}{0},\ 0\cdot\infty,\ \infty-\infty,\ 0^0,\ \infty^0,\ 1^\infty$$

꼴을 부정형이라고 하며, 다음꼴은 부정형이 아니다.

$$\frac{0}{\infty},\ \frac{\infty}{0},\ \infty+\infty,\ \infty\cdot\infty,\ 0^\infty,\ \infty^\infty$$

미분의 성질을 이용하여 극한을 구하는 방법인 **로피탈 정리**를 소개하고 이 정리와 관련된 예제들을 다룬다.
로피탈 정리는 극한의 부정형 중에서 $\frac{\infty}{\infty}$, $\frac{0}{0}$ 꼴에 적용이 된다.
나머지 극한의 부정형은 대수의 법칙을 이용하여 $\frac{\infty}{\infty}$, $\frac{0}{0}$ 꼴로 변형시킨 후에 로피탈 정리를 이용하여 극한값을 구한다.

**정의 4.3.1**

**부정형**
함수의 극한값이 다음과 같다면 함수의 극한값은 **부정형**(indefinite form)을 갖는다고 한다.

$$\frac{0}{0},\ \frac{\infty}{\infty},\ 0\cdot\infty,\ \infty-\infty,\ 1^\infty,\ 0^0,\ \infty^0$$

다음 정리는 로피탈 정리의 증명에 필요한 이론이다.

**정리 4.3.1 Cauchy의 평균값 정리**
함수 $f(x)$와 $g(x)$가 $[a,b]$에서 연속이고 $(a,b)$에서 미분가능하며 $(a,b)$내의 모든 $x$에 대하여 $g'(x)\neq 0$이면

$$\frac{f(b)-f(a)}{g(b)-g(a)}=\frac{f'(c)}{g'(c)}$$

을 만족하는 점 $c$가 $(a,b)$ 내에 적어도 하나 존재한다.

**[증명]**

함수 $f$ 와 $g$에 대하여 평균값 정리를 적용하면

$$\frac{f(b)-f(a)}{b-a}=f'(c_1),\ \ \frac{g(b)-g(a)}{b-a}=g'(c_2)$$

를 만족하는 $c_1, c_2\in(a,b)$가 존재한다.

(1) $c_1 = c_2 = c$ 인 경우

$$\frac{f(b)-f(a)}{f'(c)} = (b-a) = \frac{g(b)-g(a)}{g'(c)} \quad \Rightarrow \quad \frac{f(b)-f(a)}{g(b)-g(a)} = \frac{f'(c)}{g'(c)}$$

이 되어 정리를 만족한다.

(2) $c_1 \neq c_2$ 인 경우

모든 $x \in (a,b)$에 대하여 $g'(x) \neq 0$이면 $g(b)-g(a) \neq 0$이다.

왜냐하면 만약에 $g(b)-g(a)=0$라 가정하면 평균값 정리에 의해

$$g'(x) = \frac{g(b)-g(a)}{b-a} = 0$$

인 $x \in (a,b)$가 존재한다.

이제 함수 $F$를 다음과 같이 정의하자.

$$F(x) = f(x) - f(a) - \frac{f(b)-f(a)}{g(b)-g(a)}(g(x)-g(a)) \ (a \leq x \leq b)$$

그러면 $F(a) = F(b) = 0$이므로 Rolle의 정리에 의해

$$F'(c) = 0$$

을 만족하는 $c \in (a,b)$가 존재한다.

따라서

$$F'(c) = f'(c) - \frac{f(b)-f(a)}{g(b)-g(a)}g'(c) = 0$$

이고, $g'(c) \neq 0$이므로

$$\frac{f(b)-f(a)}{g(b)-g(a)} = \frac{f'(c)}{g'(c)} \ (a < c < b)$$

가 성립한다. □

**정리 4.3.2 로피탈 정리 ($0/0$꼴과 $\infty/\infty$꼴)**
함수 $f(x)$와 $g(x)$가 점 $x = a$ or $\pm\infty$를 포함한 근방(개구간) $I$에서 미분가능하고, 그 개구간 $I$의 모든 $x$에 대하여 $g'(x) \neq 0$이다. 만일

$$\lim_{x \to a,\ \pm\infty} f(x) = \{0 \text{ or } \pm\infty\} = \lim_{x \to a,\ \pm\infty} g(x)$$

일 때 $\displaystyle\lim_{x \to a,\ \pm\infty} \frac{f'(x)}{g'(x)}$이 존재 한다면

$$\lim_{x \to a,\ \pm\infty} \frac{f(x)}{g(x)} = \lim_{x \to a,\ \pm\infty} \frac{f'(x)}{g'(x)}$$

이 성립한다.

**[증명]**

특별히 $\lim_{x\to a}\dfrac{f(x)}{g(x)}=\lim_{x\to a}\dfrac{f'(x)}{g'(x)}$인 경우만을 증명한다.

나머지 경우도 같은 방법으로 증명된다.
두 함수 $f$와 $g$는 연속함수이므로 $f(a)=g(a)=0$이 성립한다.
따라서

$$\begin{aligned}\lim_{x\to a}\frac{f(x)}{g(x)}&=\lim_{x\to a}\frac{f(x)-f(a)}{g(x)-g(a)}\\&=\lim_{x\to a}(\frac{f(x)-f(a)}{x-a})/(\frac{g(x)-g(a)}{x-a})\\&=\lim_{x\to a}\frac{f'(x)}{g'(x)}\end{aligned}$$

이 성립한다. □

**참고 4.6** 대수의 법칙을 이용하여 $\frac{0}{0}$ 또는 $\frac{\infty}{\infty}$ 이외의 부정형 $0\cdot\infty$와 $\infty-\infty$들의 극한값을 구할 때는 반드시 $\frac{0}{0}$ 또는 $\frac{\infty}{\infty}$의 꼴로 고친 다음 로피탈 정리를 이용한다.

그리고 거듭제곱형의 부정형 $\infty^0$, $0^0$, $1^\infty$들의 극한값을 구할 때는 먼저 자연로그를 취한 후 로피탈 정리를 적용하면 된다.

**참고 4.7** $\lim_{x\to\infty}\dfrac{x-\cos x}{x}$는 $\frac{\infty}{\infty}$ 꼴이므로 로피탈 정리를 사용하여 $\lim_{x\to\infty}\dfrac{1+\sin x}{1}$라고 생각하기 쉽다. 하지만 분자 $\lim_{x\to\infty}(1+\sin x)$의 값이 존재하지 않으므로 이 경우는 극한을 구할 수 없다.

로피탈 정리에서 주의해야 할 부분이

$$\lim_{x\to a,\ \pm\infty}\frac{f'(x)}{g'(x)}$$

이 존재한다면 그 값이 $\lim_{x\to\infty}\dfrac{f(x)}{g(x)}$와 같다는 것이다.
다시 말해

$$\lim_{x\to a,\ \pm\infty}\frac{f'(x)}{g'(x)}$$

이 존재하지 않는다면 로피탈 정리를 적용할 수 없다.

이제 위 예제를 맞게 계산하면

$$\lim_{x\to\infty}\frac{x-\cos x}{x}=\lim_{x\to\infty}(1-\frac{\cos x}{x})=1-0=1$$

이다.

**예제 4.3.1**

다음 극한값을 구하시오.

(1) $\lim_{x\to4}\frac{x^2-16}{x^2+x-20}$ (2) $\lim_{x\to0}\frac{e^x-1}{x}$

풀이 4.3.1

모두 부정형 $\frac{0}{0}$ 꼴이다.

따라서 로피탈 정리를 이용하여 풀면 된다.

(1) 준 식$=\lim_{x\to4}\frac{(x^2-16)'}{(x^2+x-20)'}=\lim_{x\to4}\frac{2x}{2x+1}=\frac{8}{9}$

(2) 준 식$=\lim_{x\to0}\frac{(e^x-1)'}{(x)'}=\lim_{x\to0}\frac{e^x}{1}=\frac{e^0}{1}=1$

**예제 4.3.2**

다음 극한값을 구하시오.

(1) $\lim_{x\to\infty}\frac{\ln x}{x}$ (2) $\lim_{x\to\infty}\frac{e^{2x}}{x^3}$

(3) $\lim_{x\to0}\frac{x-\sin x}{x^3}$ (4) $\lim_{x\to\infty}\frac{e^x}{x^n}$

풀이 4.3.2

부정형 $\frac{0}{0}$ 꼴 과 $\frac{\infty}{\infty}$ 꼴이다.

따라서 로피탈 정리를 이용하여 풀면 된다.

(1) 준 식$=\lim_{x\to\infty}\frac{(\ln x)'}{x'}=\lim_{x\to\infty}\frac{1}{x}=0$

(2) 준 식$=\lim_{x\to\infty}\frac{2e^{2x}}{3x^2}=\lim_{x\to\infty}\frac{4e^{2x}}{6x}=\lim_{x\to\infty}\frac{8e^{2x}}{6}=\infty$

(3) $\lim_{x\to0}\frac{x-\sin x}{x^3}=\lim_{x\to0}\frac{1-\cos x}{3x^2}=\lim_{x\to0}\frac{\sin x}{6x}=\lim_{x\to0}\frac{\cos x}{6}=\frac{1}{6}$

(4) $\lim_{x\to\infty}\frac{e^x}{x^n}=\lim_{x\to\infty}\frac{e^x}{nx^{n-1}}=\cdots=\lim_{x\to\infty}\frac{e^x}{n(n-1)\cdots2\cdot1}=\infty$

**예제 4.3.3**

다음 극한값을 구하시오.

(1) $\lim_{x\to1}(1-x)\tan\frac{\pi x}{2}$ (2) $\lim_{x\to\frac{\pi}{2}}(\tan x-\sec x)$

(3) $\lim_{x\to0}x^x$

풀이 4.3.3

(1) $0 \cdot \infty$꼴의 부정형이다.

준 식$= \lim_{x\to1} \frac{1-x}{\cot\frac{\pi x}{2}} = \lim_{x\to1} \frac{-1}{-\frac{\pi}{2}\csc^2\frac{\pi x}{2}} = \frac{2}{\pi}$ (2) $\infty - \infty$꼴의 부정형이다.

준 식$= \lim_{x\to\frac{\pi}{2}} \left(\frac{\sin x}{\cos x} - \frac{1}{\cos x}\right) = \lim_{x\to\frac{\pi}{2}} \frac{\sin x - 1}{\cos x} = \lim_{x\to\frac{\pi}{2}} \frac{\cos x}{-\sin x} = 0$ (3) $0^0$꼴의 부정형이다.

$u = x^x$이라 하면 $\ln u = x\ln x$이므로

$$\lim_{x\to0}\ln u = \lim_{x\to0} x\ln x = \lim_{x\to0}\frac{\ln x}{\frac{1}{x}} = \lim_{x\to0}\frac{\frac{1}{x}}{-\frac{1}{x^2}} = \lim_{x\to0}(-x) = 0$$

따라서 $\lim_{x\to0} x^x = \lim_{x\to0} u = \lim_{x\to0} e^0 = 1$이다.

## 연습문제 4.3

**1.** Cauchy의 평균값 정리를 이용하여 부등식 $\tan x > x$임을 보이시오 $(0 < x < \frac{\pi}{2})$.

**[증명]**

구간 $[0, x]$에서 $f(x) = \tan x$, $g(x) = x$라 하면, $f(0) = 0$, $g(0) = 0$이므로

$\dfrac{\tan x}{x} = \dfrac{\tan x - \tan 0}{x - 0} = \dfrac{\sec^2 c}{1} = \dfrac{1}{\cos^2 c}$인 $c$가 반드시 구간 $(0, x)$에 있다.

$0 < c < x < \dfrac{\pi}{2}$이므로 $\cos c < 1$이다.

$\therefore \dfrac{\tan x}{x} > 1$, 즉 $\tan x > x$ □

**2.** $\displaystyle\lim_{x \to 0} \frac{e^x - 1}{\sin 2x}$을 구하시오.

---

풀이

부정형 $\dfrac{0}{0}$꼴이므로 로피탈 정리를 사용하면

$$\lim_{x \to 0} \frac{e^x - 1}{\sin 2x} = \lim_{x \to 0} \frac{e^x}{2\cos 2x} = \frac{1}{2}$$

---

**3.** $\displaystyle\lim_{x \to \infty} \frac{x}{e^x}$을 구하시오.

---

풀이

부정형 $\dfrac{\infty}{\infty}$꼴이므로 로피탈 정리를 사용하면

$$\lim_{x \to \infty} \frac{x}{e^x} = \lim_{x \to \infty} \frac{1}{e^x} = 0$$

---

**4.** $\displaystyle\lim_{x \to \infty} x \ln \frac{x-1}{x+1}$을 구하시오.

---

풀이

부정형 $\infty \cdot 0$꼴이므로 로피탈 정리를 사용하면

$$\begin{aligned}
\lim_{x \to \infty} x \ln \frac{x-1}{x+1} &= \lim_{x \to \infty} \frac{\ln(x-1) - \ln(x+1)}{1/x} \\
&= \lim_{x \to \infty} \frac{\dfrac{1}{x-1} - \dfrac{1}{x+1}}{-1/x^2} \\
&= \lim_{x \to \infty} \frac{-2}{1 - \frac{1}{x^2}} = -2
\end{aligned}$$

---

**5.** $\lim_{x\to 0}(\frac{1}{x} - \frac{1}{\sin x})$을 구하시오.

---

풀이

부정형 $\infty - \infty$꼴이므로 로피탈 정리를 사용하면

$$\begin{aligned}\lim_{x\to 0}(\frac{1}{x} - \frac{1}{\sin x}) &= \lim_{x\to 0} \frac{\sin x - x}{x\sin x} \\ &= \lim_{x\to 0} \frac{\cos x - 1}{\sin x + x\cos x} \\ &= \lim_{x\to 0} \frac{-\sin x}{2\cos x - x\sin x} \\ &= 0\end{aligned}$$

---

**6.** $\lim_{x\to 0}(1+kx)^{1/x}$을 구하시오 ($k$는 상수).

---

풀이

이 문제는 연습문제 2.1에서 풀었던 문제이지만 로피탈 정리를 사용하면 보다 편리하게 문제를 풀 수 있다. 먼저 부정형 $1^\infty$꼴이다.

$y = (1+kx)^{1/x}$이라 두고 양변에 로그를 취하면

$$\begin{aligned}\ln y &= \frac{1}{x}\ln(1+kx) \\ \lim_{x\to 0}\ln y &= \lim_{x\to 0}\frac{\ln(1+kx)}{x} \quad (\frac{0}{0}) \\ &= \lim_{x\to 0}\frac{\frac{k}{1+kx}}{1} = k\end{aligned}$$

따라서 $\lim_{x\to 0}(1+kx)^{1/x} = e^k$이다.

일반적으로 $\infty^0$, $0^0$, $1^\infty$ 꼴의 부정형도 마찬가지 방법으로 자연로그를 취한 후 로피탈 정리를 적용하면 된다.

---

**7.** 두 함수를 $f(x) = \begin{cases} x+2, & x \neq 0 \\ 0, & x = 0 \end{cases}$ 와 $g(x) = \begin{cases} x+1, & x \neq 0 \\ 0, & x = 0 \end{cases}$ 에 대하여 $\lim_{x \to 0} \frac{f'(x)}{g'(x)} = 1$ 이지만 $\lim_{x \to 0} \frac{f(x)}{g(x)} = 2$ 임을 보이고, 이것은 로피탈 정리에 모순됨을 설명하시오.

---

풀이

(1) $x = 0$인 경우

$f(0) = 0 = g(0)$이므로 $\lim_{x \to 0} f(x) = 0 = \lim_{x \to 0} g(x)$이다.

(2) $x \neq 0$인 경우

$f(x) = x+2$, $g(x) = x+1$이므로 $\lim_{x \to 0} f(x) = 2 \neq \lim_{x \to 0} g(x) = 1$이다.

$f'(a) = \lim_{x \to a} \frac{f(x) - f(a)}{x - a} = \lim_{x \to a} \frac{x+2-a-2}{x-a} = 1 \ (a \neq 0)$

$g'(a) = \lim_{x \to a} \frac{g(x) - g(a)}{x - a} = \lim_{x \to a} \frac{x+1-a-1}{x-a} = 1 \ (a \neq 0)$ 으로부터 다음을 얻는다.

$\lim_{x \to 0} \frac{f(x)}{g(x)} = \lim_{x \to 0} \frac{x+2}{x+1} = 2$, $\lim_{x \to 0} \frac{f'(x)}{g'(x)} = \lim_{x \to 0} \frac{1}{1} = \frac{1}{1} = 1$

로피탈 정리의 조건에서 $x$를 포함하는 모든 개구간에서 $\lim_{x \to 0} f(x) = \lim_{x \to 0} g(x)$이 성립해야 하는데 이 경우는 성립하지 않는다.

따라서 $\lim_{x \to 0} \frac{f(x)}{g(x)} = \lim_{x \to 0} \frac{x+2}{x+1} = 2$와 $\lim_{x \to 0} \frac{f'(x)}{g'(x)} = \lim_{x \to 0} \frac{1}{1} = \frac{1}{1} = 1$이 각각 존재하지만 같지 않다. 이것은 로피탈 정리에 모순이다.

---

# 제 5 장
# 부정적분과 정적분

이 장에서는 주어진 함수를 부정적분하는 방법과 정적분하는 방법에 대하여 공부한다. 나중에 정적분은 미적분학의 기본정리를 사용하면 부정적분으로부터 쉽게 얻어진다. 따라서 정적분을 잘 알기 위해서는 부정적분을 잘 알아야 한다.

## 5.1 부정적분의 기본공식

이 절에서는 단일함수와 단일함수의 합차로 이루어진 함수의 **미분법의 역(역도함수)**을 구하는 적분법에 대해 공부한다.

**정의 5.1.1**

**부정적분(원시함수)**
함수 $f(x)$를 도함수로 가지는 함수들의 모임을 $f(x)$의 **부정적분**(indefinite integral) 또는 **원시함수**(primitive function)라 한다. 기호로는

$$\int f(x)dx$$

로 나타낸다.
이때 $f(x)$를 **피적분함수**(integrand)라 하며 $x$를 **적분변수**(integral variable) 라 한다.
만약에 원시함수 $F(x)$의 도함수가 $f(x)$라고 하면, $f(x)$의 부정적분은 임의의 적분상수 $C$에 대하여

$$\int f(x)dx = F(x) + C$$

로 나타낸다.

**참고 5.1** 부정적분은 역도함수이므로 부정적분의 증명은 부정적분을 미분하면 피적분함수가 됨을 보이면 된다. 따라서 [정리 3.2.1]로부터 기본적분공식을 얻을 수 있다.

**정리 5.1.1　기본적분공식**
다음에서 $k$는 상수이고 $n$은 $n \neq -1$을 만족하는 실수라 하면

(1) $\int kdx = kx + C$　　(2) $\int x^n dx = \frac{1}{n+1}x^{n+1} + C$

(3) $\int kf(x)dx = k\int f(x)dx$　　(4) $\int \{f(x) \pm g(x)\}dx = \int f(x)dx \pm \int g(x)dx$

**[증명]**

정리의 증명은 [정리 3.2.1]의 미분법을 사용하여 우변을 미분하여 피적분함수가 나옴을 밝히면 된다. □

**참고 5.2**　$n = -1$일 때 [정리 5.1.1]의 (2)는 다음과 같이 정의한다.

$$\int \frac{1}{x} = \ln|x| + C$$

**예제 5.1.1**

$\int (3x^2 + 2x)dx$를 구하시오.

풀이 5.1.1

$\int (3x^2 + 2x)dx = 3\int x^2 dx + 2\int xdx = x^3 + x^2 + \text{C}$

**정리 5.1.2　삼각함수의 적분법**
다음과 같이 삼각함수의 적분공식이 성립한다.

(1) $\int \sin(x)dx = -\cos(x) + C$　　(2) $\int \cos(x)dx = \sin(x) + C$

(3) $\int \sec^2(x)dx = \tan(x) + C$　　(4) $\int \text{cosec}^2(x)dx = -\cot(x) + C$

(5) $\int \sec(x)\tan(x)dx = \sec(x) + C$　　(6) $\int \text{cosec}(x)\cot(x)dx = -\text{cosec}(x) + C$

**[증명]**

정리의 증명은 [정리 3.3.1]의 미분법을 사용하여 우변을 미분하여 피적분함수가 나옴을 밝히면 된다. □

**예제 5.1.2**

다음 부정적분을 구하시오.

(1) $\int 3x\sqrt[3]{x}dx$ (2) $\int x(x+1)(x+2)dx$

(3) $\int \frac{x^4+x^2+1}{x^2+x+1}dx$ (4) $\int \left(\frac{1}{1+\tan^2\theta}+\frac{1}{1+\cot^2\theta}\right)d\theta$

풀이 5.1.2

(1) $\int 3x\sqrt[3]{x}\,dx = 3\int x^{\frac{4}{3}}dx = 3\cdot\frac{3}{7}x^{\frac{7}{3}}+C = \frac{9}{7}x^2\sqrt[3]{x}+C$

(2)
$$\begin{aligned}\int x(x+1)(x+2)dx &= \int(x^3+3x^2+2x)dx \\ &= \int x^3dx + 3\int x^2dx + 2\int xdx \\ &= \frac{1}{4}x^4+x^3+x^2+C\end{aligned}$$

(3) $\int \frac{x^4+x^2+1}{x^2+x+1}dx = \int(x^2-x+1)dx = \frac{1}{3}x^3-\frac{1}{2}x^2+x+C$

(4) $\int \left(\frac{1}{1+\tan^2\theta}+\frac{1}{1+\cot^2\theta}\right)d\theta = \int(\cos^2\theta+\sin^2\theta)d\theta = \theta+C$

**예제 5.1.3**

$\int \frac{(x-1)^2}{x^2}dx$를 구하시오.

풀이 5.1.3

피적분함수는 다음과 같다.

$$\frac{(x-1)^2}{x^2} = \frac{x^2-2x+1}{x^2} = 1-\frac{2}{x}+\frac{1}{x^2}$$

따라서

$$\begin{aligned}\int \frac{(x-1)^2}{x^2}dx &= \int\left(1-\frac{2}{x}+\frac{1}{x^2}\right)dx \\ &= \int 1dx - 2\int\frac{1}{x}dx + \int\frac{1}{x^2}dx \\ &= x-2\ln|x|-\frac{1}{x}+C\end{aligned}$$

**예제 5.1.4**

$\int \cos^2 x dx$를 구하시오.

풀이 5.1.4

반각공식을 이용하면 피적분함수는 다음과 같다.

$$\cos^2 x = \frac{1}{2}(1 + \cos 2x)$$

따라서 $\int \cos^2 x dx = \frac{1}{2} \int (1 + \cos 2x) dx = \frac{1}{2}(x + \frac{1}{2}\sin 2x) + C$ 이 된다.

**예제 5.1.5**

함수 $f(x)$의 도함수 $f'(x)$의 그래프가 [그림 5.1]과 같은 포물선이고, $f(x)$의 극댓값이 4, 극솟값이 0일 때 $f(x)$를 구하시오.

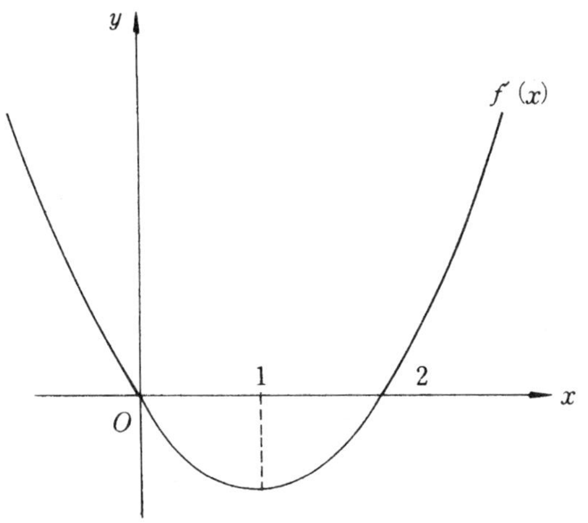


그림 5.1

풀이 5.1.5

도함수 $f'(x)$는 $(0, 0), (2, 0)$을 지나므로 다음 식이 성립한다.

$$f'(x) = ax(x - 2) = a(x^2 - 2x) \quad (\text{단}, a > 0)$$

위 식의 양변을 적분하면

$$\begin{aligned} f(x) =& \int f'(x)dx = \int a(x^2-2x)dx \\ =& a(\frac{1}{3}x^3 - x^2) + C \end{aligned} \tag{1}$$

이 성립한다. 주어진 문제의 가정으로부터 $f(x)$는 $x=0$일 때 극대, $x=2$일 때 극소를 가지므로 $f(0)=4,\ f(2)=0$를 (1)에 대입하면 $C=4,\ a=3$를 얻는다. 따라서 $f(x)$는 다음과 같다.

$$f(x) = x^3 - 3x^2 + 4$$

---

다음 정리는 [5.2절]에서 배우는 적분법에서 자주 사용될 것이다. 앞의 기본적분공식, 삼각함수의 적분공식과 함께 가능하면 꼭 암기하기를 바란다.

**정리 5.1.3 기타 유용한 적분법**
다음은 적분할 때 많이 사용되는 유용한 공식이다.

(1) $\int e^{kx}dx = \frac{1}{k}e^{kx} + C\ (k \neq 0)$

(2) $\int a^x dx = \frac{1}{\ln a}a^x + C\ (a>0,\ a \neq -1)$

(3) $\int \frac{1}{\sqrt{a^2-x^2}}dx = \sin^{-1}\frac{x}{a} + C$

(4) $\int \frac{1}{a^2+x^2}dx = \frac{1}{a}\tan^{-1}\frac{x}{a} + C$

(5) $\int \frac{1}{\sqrt{a^2-x^2}}dx = -\cos^{-1}\frac{x}{a} + C$

(6) $\int \frac{f'(x)}{f(x)}dx = \ln|f(x)| + C\ (f(x) \neq 0)$

**[증명]**

정리의 증명은 [정리 3.3.2]와 [정리 3.3.4]의 미분법을 사용하여 우변을 미분하여 피적분함수가 나옴을 밝히면 된다. 특히 (6)은 [참고 3.4]로부터 알 수 있으며, 다음 [5.2절]에서 배우는 치환적분법으로도 구할 수 있다. □

**참고 5.3** 앞에서 배운 미분법 공식의 역으로부터 다음을 알 수 있다.

1. 위의 (1)식은 다음과 같이 일반화된다. 미분가능한 임의의 함수 $f(x)$에 대하여

$$\frac{d}{dx}e^{f(x)} = f'(x)e^{f(x)} \Rightarrow \int f'(x)e^{f(x)}dx = e^{f(x)} + C$$

이 성립한다. 주의해야할 것은 $f(x)$가 <u>미분가능한 일차함수</u>이면 $f'(x)$가 상수이므로

$$\int e^{f(x)}dx = \frac{1}{f'(x)}e^{f(x)} + C$$

가 성립한다. 하지만 일차가 아닌 일반 미분가능한 함수이면

$$\int f'(x)e^{f(x)}dx = e^{f(x)} + C$$

만 성립함을 알아야 한다.

2. 위의 (4)식은 다음과 같이 표현 가능하다.

$$\int \frac{1}{a^2+x^2}dx = -\frac{1}{a}\cot^{-1}\frac{x}{a} + C$$

3. 역삼각함수의 미분 [정리 3.3.4]를 이용하면 다음 공식도 쉽게 알 수 있다.

$$\int \frac{1}{x\sqrt{x^2-a^2}}dx = \frac{1}{a}\sec^{-1}\frac{x}{a} + C$$

$$\int \frac{1}{x\sqrt{x^2-a^2}}dx = -\frac{1}{a}\mathrm{cosec}^{-1}\frac{x}{a} + C$$

4. 위의 [정리 5.1.3]-(6)식의 응용문제로 다음의 적분공식을 알 수 있으며, 이 공식은 [5.2절]에서 배우는 삼각함수들의 부분적분법에서 중요하게 사용된다. 자세한 증명은 연습문제를 보시오.

$$\int \sec(x)dx = \ln|\sec(x) + \tan(x)| + C$$

$$\int \mathrm{cosec}(x)dx = -\ln|\mathrm{cosec}(x) + \cot(x)| + C$$

5. 앞 [3.3절] 연습문제의 [정리 3.3.7] 과 [정리 3.3.8]의 미분법의 역을 이용하면 **쌍곡선함수와 역쌍곡선함수의 적분공식**도 유도할 수 있다.

**[쌍곡선함수와 역쌍곡선함수와 관련된 적분법]**

(1) $\int \sinh x dx = \cosh x + C$ (2) $\int \cosh x dx = \sinh x + C$

(3) $\int \mathrm{sech}^2 x dx = \tanh x + C$ (4) $\int \mathrm{csch}^2 x dx = -\coth x + C$

(5) $\int \mathrm{sech}\tanh x dx = -\mathrm{sech} x + C$ (6) $\int \mathrm{csch}\coth x dx = -\mathrm{csch} x + C$

(1) $\int \frac{1}{\sqrt{x^2+1}}dx = \sinh^{-1}x + C$ (2) $\int \frac{1}{\sqrt{x^2-1}}dx = \cosh^{-1}x + C \ (x>1)$

(3) $\int \frac{1}{1-x^2}dx = \tanh^{-1}x + C \ (|x|<1)$ (4) $\int \frac{1}{x^2-1}dx = -\coth^{-1}x + C \ (|x|>1)$

(5) $\displaystyle\int \frac{1}{x\sqrt{1-x^2}}dx = -\text{sech}^{-1}x + C \ (0 < x < 1)$

(6) $\displaystyle\int \frac{1}{x\sqrt{1+x^2}}dx = -\text{csch}^{-1}x + C \ (|x| > 1)$

**참고 5.4** 지금까지 배워온 미분법과 부정적분법을 다음 [그림 5.2]에서 정리한다. 다음 절은 이 공식을 바탕으로 보다 다양한 함수들에 대한 적분법을 보여준다.

| 원시 함수 | | 도 함수 |
|---|---|---|
| 삼각 함수 | Sin(x) | Cos(x) |
| | Cos(x) | -Sin(x) |
| | Tan(x) | $Sec^2(x)$ |
| | Cot(x) | $-Csc^2(x)$ |
| | Sec(x) | Sec(x)Tan(x) |
| | Csc(x) | -Csc(x)Cot(x) |
| 로그 함수 | $Log_a f(x)$ | $\frac{f(x)'}{f(x)}\frac{1}{ln(a)}$ |
| 지수 함수 | $a^{f(x)}$ | $f(x)'a^{f(x)}ln(a)$ |
| 역삼각 함수 | $Sin^{-1}(x)$ | $\frac{1}{\sqrt{1-x^2}}$ |
| | $Cos^{-1}(x)$ | $\frac{-1}{\sqrt{1-x^2}}$ |
| | $Tan^{-1}(x)$ | $\frac{1}{1+x^2}$ |
| | $Cot^{-1}(x)$ | $\frac{-1}{1+x^2}$ |
| | $Sec^{-1}(x)$ | $\frac{1}{\lvert x\rvert\sqrt{x^2-1}}$ |
| | $Csc^{-1}(x)$ | $\frac{-1}{\lvert x\rvert\sqrt{x^2-1}}$ |
| 쌍곡선 함수 | Sinh(x) | Cosh(x) |
| | Cosh(x) | Sinh(x) |
| | Tanh(x) | $Sech^2(x)$ |
| | Coth(x) | $-Csch^2(x)$ |
| | Sech(x) | -Sech(x) Tanh(x) |
| | Csch(x) | -Csch(x) Coth(x) |
| 역쌍곡선 함수 | $Sinh^{-1}(x)$ | $\frac{1}{\sqrt{x^2+1}}$ |
| | $Cosh^{-1}(x)$ | $\frac{1}{\sqrt{x^2-1}}$ |
| | $Tanh^{-1}(x)$ | $\frac{1}{1-x^2}$ |
| | $Coth^{-1}(x)$ | $\frac{1}{1-x^2}$ |
| | $Sech^{-1}(x)$ | $\frac{-1}{x\sqrt{1-x^2}}$ |
| | $Csch^{-1}(x)$ | $\frac{-1}{\lvert x\rvert\sqrt{1+x^2}}$ |

그림 5.2

## 연습문제 5.1

**1.** $f(0)=1, f'(0)=-2, f''(0)=-1$과 $\dfrac{d^3y}{dx^3}=2$를 만족하는 함수 $y=f(x)$를 구하시오.

풀이

$\dfrac{d^3y}{dx^3}=\dfrac{d}{dx}f''=2$이므로

$$f''(x)=\int f'''(x)dx=\int 2dx=2x+C_1$$

이다. 그리고 조건에 의하여 $f''(0)=C_1=-1$이므로 $f''(x)=2x-1$이다. 또한

$$f'(x)=\int f''(x)dx=\int 2x-1dx=x^2-x+C_2$$

이고 조건에 의하여 $f'(0)=C_2=-2$이므로 $f'(x)=x^2-x-2$이다. 마지막으로,

$$f(x)=\int f'(x)dx=\int x^2-x-2dx=\frac{1}{3}x^3-\frac{1}{2}x^2-2x+C_3$$

이고, $f(0)=1$이므로 $f(x)=\frac{1}{3}x^3-\frac{1}{2}x^2-2x+1$을 얻는다.

**2.** $\int \tan x dx$를 구하시오.

풀이

$$\int \tan x dx=\int \frac{\sin x}{\cos x}dx=-\int \frac{-\sin x}{\cos x}dx=-\int \frac{(\cos x)'}{\cos x}dx=-\ln|\cos x|+C$$

**3.** $\int \sec x dx$를 구하시오.

풀이

$$\int \sec x dx=\int \frac{\sec x(\tan x+\sec x)}{\sec x+\tan x}dx=\int \frac{(\sec x+\tan x)'}{\sec x+\tan x}dx=\ln|\sec x+\tan x|+C$$

**4.** $\int (\cos x)e^{\sin x}dx$를 구하시오.

풀이

$$\int (\cos x)e^{\sin x}dx=\int (\sin x)'e^{\sin x}dx=e^{\sin x}+C$$

**5.** $\displaystyle\int \frac{1}{\sqrt{9-x^2}}dx$를 구하시오.

풀이

$$\begin{aligned}\int \frac{1}{\sqrt{9-x^2}}dx &= \int \frac{1}{\sqrt{3^2-x^2}}dx \\ &= \sin^{-1}\frac{x}{3}+C \text{ or} \\ &= -\cos^{-1}\frac{x}{3}+C\end{aligned}$$

**6.** $\displaystyle\int \frac{1}{\sqrt{4x-x^2}}dx$를 구하시오.

풀이

$$\begin{aligned}\int \frac{1}{\sqrt{4x-x^2}}dx &= \int \frac{1}{\sqrt{4-(x-2)^2}}dx \\ &= \int \frac{1}{\sqrt{2^2-(x-2)^2}}dx \\ &= \sin^{-1}\frac{x-2}{2}+C\end{aligned}$$

**7.** $\displaystyle\int \frac{1}{x^2+16}dx$를 구하시오.

풀이

$$\int \frac{1}{x^2+16}dx = \int \frac{1}{x^2+4^2}dx = \frac{1}{4}\tan^{-1}\frac{x}{4}+C$$

**8.** $\displaystyle\int \frac{1}{2x^2+2x+1}dx$를 구하시오.

풀이

$$\begin{aligned}\int \frac{1}{2x^2+2x+1}dx =& \frac{1}{2}\int \frac{1}{x^2+x+1/2}dx \\ =& \frac{1}{2}\int \frac{1}{(x+1/2)^2+1/2}dx \\ =& \frac{1}{2}\times 2\ \tan^{-1}\frac{x+\frac{1}{2}}{1/2} \\ =& \tan^{-1}(2x+1)+C\end{aligned}$$

**9.** $\int \frac{1}{x\sqrt{x^2-9}}dx$를 구하시오.

풀이

$$\int \frac{1}{x\sqrt{x^2-9}}dx = \int \frac{1}{x\sqrt{x^2-3^2}}dx = \frac{1}{3}\sec^{-1}\frac{x}{3}+C$$

**10.** $\int \frac{1}{\sqrt{e^{2x}-1}}dx$를 구하시오.

풀이

문제에서 주어진 식을 변형하면

$$\int \frac{1}{\sqrt{e^{2x}-1}}dx = \int \frac{e^x}{e^x\sqrt{e^{2x}-1}}dx$$

이다. 그리고 $u=e^x$라 치환하면 $du=e^x dx$이므로 이것을 위 식에 다시 대입하면

$$\int \frac{e^x}{e^x\sqrt{e^{2x}-1}}dx = \int \frac{1}{u\sqrt{u^2-1}}du = \sec^{-1}u+C = \sec^{-1}e^x+C$$

**11.** $\int \sqrt{1+\cos 4x}dx\ (0\le x\le \pi/4)$를 구하시오.

풀이

반각공식에 의해서 $\cos^2 2x = \frac{1+\cos 4x}{2}$이므로 $1+\cos 4x = 2\cos^2 2x$이 성립한다. 따라서

$$\int \sqrt{1+\cos 4x}dx = \sqrt{2}\int |\cos 2x|dx = \sqrt{2}\int (\cos 2x)dx = \sqrt{2}\ \frac{1}{2}\sin 2x + C$$

이다. 그리고 위의 두 번째식은 $[0,\pi/4] \Rightarrow |\cos 2x| = \cos 2x$이기 때문이다.

## 5.2 부정적분하는 방법

앞의 [5.1절]에서 단일함수 또는 합차로 이루어진 함수의 적분에 대하여 공부를 하였다. 이 절에서는 곱으로 이루어진 함수와 특수한 형태의 함수(유리함수, 무리함수 등)에 대한 적분법을 공부한다.

**정리 5.2.1 치환적분법**

함수이고 $F(x)$를 $f(x)$의 원시함수라 하고 $x = g(t)$가 변수 $t$에 관하여 미분가능한 함수라 하면 다음이 성립한다.

$$F(x) = \int f(x)dx = \int f\{g(t)\}g'(t)dt$$

**[증명]**

$F(x)$가 $f(x)$의 원시함수이므로 $\int f(x)dx = F(x)$ 또는 $\dfrac{dF(x)}{dx} = f(x)$ 이 된다.

이제 $x = g(t)$를 치환하여 $F(x)$를 $t$의 함수 $F\{g(t)\}$로 생각하면

$$\frac{dF(x)}{dt} = \frac{dF(x)}{dx}\frac{dx}{dt} = f(x)\frac{dx}{dt} = f\{g(t)\}\frac{dg(t)}{dt} = f\{g(t)\}g'(t)$$

이다. 따라서 양변을 적분하면 $F(x) = \int f\{g(t)\}g'(t)dt$ 이다. □

**예제 5.2.1**

치환적분법을 이용하여 다음 부정적분의 식을 증명하시오.

(1) $\int f(x)dx = F(x) + C$ 할 때 $\int f(ax+b)dx = \dfrac{1}{a}F(ax+b) + C$

(2) $\int \{f(x)\}^n dx = \dfrac{1}{n+1}\{f(x)\}^{n+1}\dfrac{1}{f'(x)} + C \quad (n \neq -1)$

(3) $\int \dfrac{f'(x)}{f(x)}dx = \ln|f(x)| + C$

**[증명]**

(1) $t = ax + b$라 하고 양변을 미분하면 $adx = dt$이다. 따라서

$$\begin{aligned}\int f(ax+b)dx &= \int f(t)\cdot\frac{1}{a}dt = \frac{1}{a}\int f(t)dt \\ &= \frac{1}{a}F(t) + C = \frac{1}{a}F(ax+b) + C\end{aligned}$$

이 성립한다.

(2) $f(x) = t$라 하고 양변을 미분하면 $f'(x)dx = dt$이다. 따라서

$$\begin{aligned}\int \{f(x)\}^n dx &= \int t^n \frac{1}{f'(x)}dt = \frac{1}{n+1}t^{n+1} + C \\ &= \frac{1}{n+1}\{f(x)\}^{n+1}\frac{1}{f'(x)} + C\end{aligned}$$

이 성립한다.

(3) 이 증명은 [정리 5.1.3]에서 이미 다루었다. 치환적분을 이용하여 다시 보이면 다음과 같다. $f(x) = t$라 하고 양변을 미분하면 $f'(x)dx = dt$이다. 따라서

$$\int \frac{f'(x)}{f(x)}dx = \int \frac{dt}{t} = \ln|t| + C = \ln|f(x)| + C$$

이 성립한다. □

**예제 5.2.2**

다음 부정적분을 $n \neq -1$인 경우와 $n = -1$인 경우로 나누어서 구하시오.

$$\int (ax+b)^n dx \ (a \neq 0)$$

풀이 5.2.2

$ax + b = t$라 하고 양변을 미분하면 $adx = dt$이다. 따라서

$$\int (ax+b)^n dx = \int t^n \frac{1}{a} dt = \frac{1}{a}\int t^n dt$$

이 성립한다. 만약에 $n \neq -1$이면

$$\int (ax+b)^n dx = \frac{t^{n+1}}{a(n+1)} + C = \frac{(ax+b)^{n+1}}{a(n+1)} + C$$

이 성립한다. 이제 $n = -1$인 경우 [참고 5.2]의 결과를 이용하면

$$\int (ax+b)^{-1} dx = \frac{1}{a}\ln|t| + C = \frac{1}{a}\ln|ax+b| + C$$

이 성립한다.

다음 규칙을 따라 피적분함수를 치환하면 편리하다.

**참고 5.5**

(1) 피적분함수에 $\sqrt{a^2 - x^2}$식을 포함하고 있을 때는 $x = a\sin\theta$ 또는 $x = a\cos\theta$로 치환하고,

(2) $\sqrt{a^2 + x^2}$식을 포함하고 있을 때는 $x = a\tan\theta$ 또는 $x = a\cot\theta$,

(3) $\sqrt{x^2 - a^2}$식을 포함하고 있을 때는 $x = a\sec\theta$ 또는 $x = a\csc\theta$로 치환하면 적분이 용이하다.

**예제 5.2.3**

다음 부정적분을 구하시오.

(1) $\int (3x-8)^{29} dx$ (2) $\int \frac{dx}{\sqrt{4-3x}}$

(3) $\int \frac{2x}{\sqrt{2x+1}}dx$ (4) $\int \sqrt{ax+b}dx$

풀이 5.2.3

(1) $3x-8=t$라 하면 $3dx=dt$이므로

$$\begin{aligned}\int (3x-8)^{29}dx &= \int t^{29}\frac{1}{3}dx = \frac{1}{3}\cdot\frac{1}{30}t^{30}+C \\ &= \frac{1}{90}(3x-8)^{30}+C\end{aligned}$$

(2) $\sqrt{4-3x}=t$라 하면 $4-3x=t^2$이므로 $-3dx=2tdt$이다.

$$\therefore \int \frac{dx}{\sqrt{4-3x}} = \int \frac{1}{t}\left(-\frac{2}{3}tdt\right) = -\frac{2}{3}\int dt = -\frac{2}{3}\sqrt{4-3x}+C$$

(3) $\sqrt{2x+1}=t$라 하면 $2x+1=t^2, 2dx=2tdt$이므로

$$\begin{aligned}\frac{2xdx}{\sqrt{2x+1}} &= \int \frac{1}{t}(t^2-1)dt = \int (t^2-1)dt = \frac{1}{3}t^3-t+C \\ &= t\left(\frac{t^2}{3}-1\right)+C = \sqrt{2x+1}\left(\frac{2x+1}{3}-1\right)+C \\ &= \frac{2}{3}(x-1)\sqrt{2x+1}+C\end{aligned}$$

(4) $\sqrt{ax+b}=t$라 하면 $ax+b=t^2$이므로 $adx=2tdt$이다.

$$\therefore \int \sqrt{ax+b}dx = \int t\frac{2t}{a}dt = \frac{2}{a}\frac{t^3}{3}+C = \frac{2}{3a}\sqrt{(ax+b)^3}+C$$

**예제 5.2.4**

다음 부정적분을 구하시오.

(1) $\int \frac{x+1}{x^3-1}dx$ (2) $\int \frac{1}{x\ln x}dx$

(3) $\int \frac{e^x-1}{e^x+1}dx$ (4) $\int \sqrt{a^2-x^2}dx \ \ (a>0)$

풀이 5.2.4

(1) $x^3-1=(x-1)(x^2+x+1)$이므로

$$\begin{aligned}\int \frac{x+1}{x^3-1}dx &= \frac{2}{3}\int \frac{1}{x-1}dx - \frac{1}{3}\int \frac{2x+1}{x^2+x+1}dx \\ &= \frac{1}{3}\ln\frac{(x-1)^2}{x^2+x+1}+C\end{aligned}$$

(2) $\ln x = t$라 하면 $\frac{1}{x}dx = dt$이므로

$$\int \frac{1}{x\ln x}dx = \int \frac{1}{t}dt = \ln|t| + C = \ln|\ln x| + C$$

(3) $e^x = t$라면, $e^x dx = dt$ 즉, $tdx = dt$이므로

$$\begin{aligned}\int \frac{e^x-1}{e^x+1}dx &= \int \frac{t-1}{t+1}\frac{1}{t}dt = \int \left(\frac{2}{t+1} - \frac{1}{t}\right)dt \\ &= 2\ln|t+1| - \ln|t| + C \\ &= 2\ln(e^x+1) - x + C\end{aligned}$$

(4) $\sqrt{a^2-x^2}$은 실수이어야 하므로 $|x| \le a$이다.
주치범위 $(-\frac{\pi}{2} \le \theta \le \frac{\pi}{2})$에서 $x = a\sin\theta$라 치환하면 $dx = a\cos\theta d\theta$이므로

$$\begin{aligned}\int \sqrt{a^2-x^2}dx &= \int \sqrt{a^2 - a^2\sin^2\theta}a\cdot\cos\theta d\theta = a^2\int \cos^2\theta d\theta \\ &= \frac{a^2}{2}\int (1+\cos 2\theta)d\theta = \frac{a^2}{2}\left(\theta + \frac{\sin 2\theta}{2}\right) + C \\ &= \frac{a^2}{2}(\theta + \sin\theta\cdot\cos\theta) + C\end{aligned}$$

이 성립한다. 이제 원래의 변수로 돌리기 위해 $\sin\theta = \frac{x}{a}$ 이므로 $\theta = \sin^{-1}\frac{x}{a}$ 이고,
주치범위에서 $-\frac{\pi}{2} \le \theta \le \frac{\pi}{2}$ 에서 $\cos\theta \ge 0$이므로

$$\cos\theta = \sqrt{1-\sin^2\theta} = \sqrt{1-(\frac{x}{a})^2} = \frac{\sqrt{a^2-x^2}}{a}$$

이 성립한다. 따라서

$$\begin{aligned}\int \sqrt{a^2-x^2}dx &= \frac{a^2}{2}\left(\sin^{-1}\frac{x}{a} + \frac{x}{a}\cdot\frac{\sqrt{a^2-x^2}}{a}\right) + C \\ &= \frac{1}{2}\left(x\sqrt{a^2-x^2} + a^2\sin^{-1}\frac{x}{a}\right) + C\end{aligned}$$

---

**예제 5.2.5**

다음을 구하시오.

(1) $\int \sin x\, e^{\cos x}dx$

(2) $I = \int \frac{dx}{x^2\sqrt{1+x^2}}$

(3) $\int \sin^7 xdx$

(4) $\int \cos^5 xdx$

(5) $\int \cos^2 xdx$

(6) $\int \sin^4 xdx$

(7) $\int \tan^4 xdx$

(8) $\int \cot^6 xdx$

(9) $\int \tan^3 x dx$ (10) $\int \sec^4 x dx$

풀이 5.2.5

(1) $\cos x = t$라고 두면 $-\sin x dx = dt$이므로

$$\int \sin x e^{\cos x} dx = \int (-e^t) dt = -e^t + C = -e^{\cos x} + C$$

(2) $x = \tan\theta$라고 두면 $\sqrt{1+x^2} = \sec\theta,\ dx = \sec^2\theta d\theta$이므로

$$I = \int \frac{\sec^2\theta d\theta}{\tan^2\theta \cdot \sec\theta} = \int \frac{\cos\theta}{\sin^2\theta} d\theta$$

다시 $\sin\theta = t$로 치환하면 $\cos\theta d\theta = dt$이므로

$$I = \int \frac{dt}{t^2} = -\frac{1}{t} + C = -\frac{1}{\sin\theta} + C$$

$\tan\theta = x$일 때 [그림 5.3]을 참조하면 $\sin\theta = \dfrac{x}{\sqrt{1+x^2}}$이므로

$$I = -\frac{\sqrt{1+x^2}}{x} + C$$

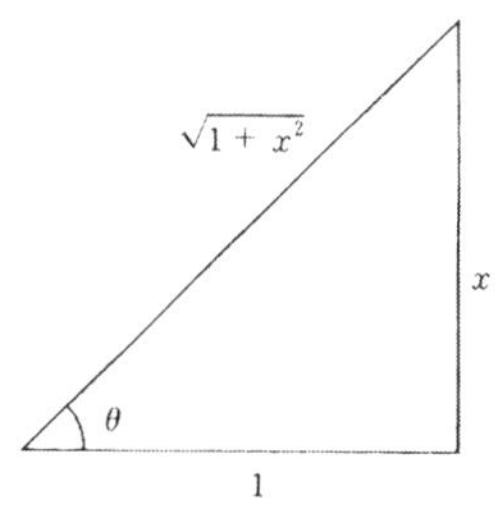


그림 5.3

(3) 피적분함수의 지수 $n = 7$이 홀수임을 알아야 한다.

$$\begin{aligned}
\int \sin^7 x dx &= \int \sin^6 x \sin x dx \\
&= \int (\sin^2 x)^3 \sin x dx \\
&= \int (1-\cos^2 x)^3 \sin x dx \\
&= -\int (1-t^2)^3 dt \ (t = \cos x) \\
&= -t + t^3 - \frac{3}{5}t^5 + \frac{1}{7}t^7 + C \\
&= -\cos x + \cos^3 x - \frac{3}{5}\cos^5 x + \frac{1}{7}\cos^7 x + C
\end{aligned}$$

(4) 피적분함수의 지수 $n=5$가 홀수임을 알아야 한다.

$$\begin{aligned}\int \cos^5 x dx =& \int \cos^4 x \cos x dx \\ =& \int (\cos^2 x)^2 \cos x dx \\ =& \int (1-\sin^2 x)^2 \cos x dx \\ =& \int (1-t^2)^2 dt \ (t=\sin x) \\ =& t - \frac{2}{3}t^3 + \frac{1}{5}t^5 + C \\ =& \sin x - \frac{2}{3}\sin^3 x + \frac{1}{5}\sin^5 x + C\end{aligned}$$

(5) 피적분함수의 지수 $n=2$가 짝수인 경우에 반각공식을 사용한다.

$$\begin{aligned}\int \cos^2 x dx =& \int \frac{1+\cos 2x}{2} dx \\ =& \frac{1}{2}(x + \frac{1}{2}\sin 2x) + C \\ =& \frac{1}{4}(2x + \sin 2x) + C\end{aligned}$$

(6) 피적분함수의 지수 $n=4$가 짝수인 경우에 반각공식을 사용한다.

$$\begin{aligned}\int \sin^4 x dx =& \int (\sin^2 x)^2 dx \\ =& \int (\frac{1-\cos 2x}{2})^2 dx \\ =& \frac{1}{4}\int (1 - 2\cos 2x + \cos^2 2x) dx \\ =& \frac{1}{4}\int (1 - 2\cos 2x + \frac{1+\cos 4x}{2}) dx \\ =& \frac{1}{4}(\frac{3}{2}x - \sin 2x + \frac{1}{8}\sin 4x) + C\end{aligned}$$

(7) 피적분함수에서 $\tan^2 x$를 뽑아낸다.

$$\begin{aligned}\int \tan^4 x dx =& \int \tan^2 x \tan^2 x dx \\ =& \int \tan^2 x (\sec^2 x - 1) dx \\ =& \int (\tan^2 x \sec^2 x - \tan^2 x) dx \\ =& \int (\tan^2 x \sec^2 x - (\sec^2 x - 1)) dx \\ =& \int (t^2 - 1) dt + \int 1 dx \ (t = \tan x, dt = \sec^2 x dx) \\ =& \frac{1}{3}t^3 - t + x + C \\ =& \frac{1}{3}\tan^3 x - \tan x + x + C\end{aligned}$$

(8) 피적분함수에서 $\cot^2 x$를 뽑아낸다.

$$\begin{aligned}
\int \cot^6 x dx &= \int \cot^4 x \cot^2 x dx \\
&= \int \cot^4 x(\text{cosec}^2 x - 1)dx \\
&= \int \cot^4 x \text{cosec}^2 x dx - \int \cot^4 x dx \\
&= \int \cot^4 x \text{cosec}^2 x dx - \int \cot^2 x(\text{cosec}^2 x - 1)dx \\
&= \int (\cot^4 x - \cot^2 x)\text{cosec}^2 x dx + \int \cot^2 x dx \\
&= \int (\cot^4 x - \cot^2 x)\text{cosec}^2 x dx + \int (\text{cosec}^2 x - 1)dx \\
&= \int (t^4 - t^2 + 1)dt - x + C \ (t = \cot x, dt = -\text{cosec}^2 x dx) \\
&= \frac{1}{5}t^5 - \frac{1}{3}t^3 + t - x + C \\
&= \frac{1}{5}\cot^5 x - \frac{1}{3}\cot^3 x + \cot x - x + C
\end{aligned}$$

(9) 피적분함수에서 $\tan^2 x$를 뽑아낸다.

$$\begin{aligned}
\int \tan^3 x dx &= \int \tan x \tan^2 x dx \\
&= \int \tan x(\sec^2 x - 1)dx \\
&= \int \tan x \sec^2 x dx - \int \tan x dx \\
&= \int \tan x \sec^2 x dx - \int \frac{\sin x}{\cos x}dx \\
&= \int t dt + \ln|\cos x| + C \ (t = \tan x, dt = -\sec^2 x dx) \\
&= \frac{1}{2}t^2 + \ln|\cos x| + C \\
&= \frac{1}{2}\tan^2 x + \ln|\cos x| + C
\end{aligned}$$

(10) 피적분함수에서 $\sec^2 x$를 뽑아낸다.

$$\begin{aligned}
\int \sec^4 x dx &= \int \sec^2 x \sec^2 x dx \\
&= \int \sec^2 x(\tan^2 x + 1)dx \\
&= \int \sec^2 x \tan^2 x dx + \int \sec^2 x dx \\
&= \int t^2 dt + \tan x + C \ (t = \tan x, dt = \sec^2 x dx) \\
&= \frac{1}{3}\tan^3 x + \tan x + C
\end{aligned}$$

다음은 치환적분의 일반화된 적분법으로 곱으로 이루어진 함수의 적분에 유용한 공식이다.

**정리 5.2.2 부분적분법**
함수 $f(x)$와 $g(x)$가 미분가능하면

$$\int f'(x)g(x)dx = f(x)g(x) - \int f(x)g'(x)dx$$

이 성립한다.

**[증명]**
$\{f(x)g(x)\}' = f'(x)g(x) + f(x)g'(x)$ 이므로

$$f(x)g(x) = \int f'(x)g(x)dx + \int f(x)g'(x)dx$$

$$\therefore \int f'(x)g(x)dx = f(x)g(x) - \int f(x)g'(x)dx$$

특히 $f(x) = x$이면 $f'(x) = 1$이므로

$$\int g(x)dx = \int 1g(x)dx = xg(x) - \int xg'(x)dx$$

이다. □

**참고 5.6** 위 정리에서 $f'(x)$는 적분을 해야할 대상으로 생각하고, $g(x)$는 미분을 해야할 대상이라고 생각하면 된다. 다음 다이어그램을 생각하면 위 정의를 적용하는 데 도움이 될 것이다.

$$\int f'(x)g(x)dx = f(x)g(x) - \int f(x)g'(x)dx$$

$$\Updownarrow$$

$$\begin{array}{llcc} \text{적분} & f'(x) & \longrightarrow & f(x) \\ & & (+)\nearrow & (-)\uparrow\int \\ \text{미분} & g(x) & \longrightarrow & g'(x) \end{array}$$

**예제 5.2.6**

다음 부정적분을 구하시오.

(1) $\int \ln|x|dx$ (2) $\int x^2e^x dx$

(3) $\int \sin^{-1} x dx$

(4) $\int \sin^3 x \cos^2 x dx$

(5) $\int \sin^2 x \cos^2 x dx$

(6) $\int \sec^4 x/\sqrt{\tan x} dx$

(7) $\int \cot^2 x \mathrm{cosec}^4 x dx$

(8) $\int \tan^3 x \sqrt{\sec x} dx$

(9) $\int \cot^3 x/\sqrt{\mathrm{cosec} x} dx$

(10) $\int \sin 4x \sin 2x dx$

(11) $\int \tan x/(1-\cos^2 x) dx$

(12) $\int 1/(\cos^2 x - 2\sin^2 x) dx$

---

풀이 5.2.6

(1) $f'(x) = 1,\ g(x) = \ln|x|$라 두면

$$\int \ln|x| dx = \ln|x| \cdot x - \int (\ln|x|)' \cdot x dx = x \ln|x| - \int \frac{1}{x} \cdot x dx$$
$$= x \ln|x| - x = x(\ln|x| - 1) + C$$

(2) $f'(x) = e^x,\ g(x) = x^2$이라 하면

$$\int x^2 e^x dx = x^2 e^x - 2 \int x e^x dx$$

$\int x e^x dx$에 한 번 더 부분적분법을 적용하면

$$\int x e^x dx = x e^x - \int e^x dx = x e^x - e^x$$

이므로

$$\int x^2 e^x dx = x^2 e^x - 2(x e^x - e^x) = (x^2 - 2x + 2)e^x + C$$

(3) $f'(x) = 1,\ g(x) = \sin^{-1}(x)$두고 부분적분을 이용하면 다음을 얻는다.

$$\int \sin^{-1} x dx = x \sin^{-1} x - \int \frac{x}{\sqrt{1-x^2}} dx = x \sin^{-1} x + \sqrt{1-x^2} + C$$

(4) 피적분함수에서 $n=3$이 홀수이므로 $\sin x$를 뽑아낸다.

$$\begin{aligned}
\int \sin^3 x \cos^2 x dx =& \int \sin^2 x \cos^2 x \sin x dx \\
=& \int (1-\cos^2 x)\cos^2 x \sin x dx \\
=& \int (1-t^2)t^2(-1)dt \ (t=\cos x, dt=-\sin x dx) \\
=& \int t^4 - t^2 dt \\
=& \frac{1}{5}t^5 - \frac{1}{3}t^3 + C \\
=& \frac{1}{5}\cos^5 x - \frac{1}{3}\cos^3 x + C
\end{aligned}$$

(5) 피적분함수에서 지수들이이 짝수이므로 반각공식을 이용한다.

$$\begin{aligned}
\int \sin^2 x \cos^2 x dx =& \int \frac{1-\cos 2x}{2}\frac{1+\cos 2x}{2}dx \\
=& \int \frac{1-\cos^2 2x}{4}dx \\
=& \frac{1}{4}\int (1-\frac{1+\cos 4x}{2})dt \\
=& \frac{1}{8}\int (1-\cos 4x)dt \\
=& \frac{1}{8}x - \frac{1}{32}\sin 4x + C
\end{aligned}$$

(6) 피적분함수에서 $n=4$이 짝수이므로 $\sec^2 x$를 뽑아낸다.

$$\begin{aligned}
\int \frac{\sec^4 x}{\sqrt{\tan x}}dx =& \int \frac{\sec^2 x}{\sqrt{\tan x}}\sec^2 x dx \\
=& \int \frac{1+\tan x}{\sqrt{\tan x}}\sec^2 x dx \\
=& \int (1+t^2)t^{-1/2}dt \ (t=\tan x, dt=\sec^2 x dx) \\
=& 2t^{1/2} + \frac{2}{5}t^{5/2} + C \\
=& \frac{2}{5}\sqrt{\tan x}(4+\sec^2 x) + C
\end{aligned}$$

(7) 피적분함수에서 $n=4$이 짝수이므로 $\mathrm{cosec}^2 x$를 뽑아낸다.

$$\begin{aligned}
\int \cot^2 x \mathrm{cosec}^4 x dx =& \int \cot^2 x \mathrm{cosec}^2 x \mathrm{cosec}^2 x dx \\
=& \int \cot^2 x(1+\cot^2 x)\mathrm{cosec}^2 x dx \\
=& -\int t^2(1+t^2)dt \ (t=\cot x, dt=-\mathrm{cosec}^2 x dx) \\
=& -(\frac{1}{3}t^3 + \frac{1}{5}t^5) + C \\
=& -(\frac{1}{3}\cot^3 x + \frac{1}{5}\cot^5 x) + C
\end{aligned}$$

(8) 피적분함수에서 $m = 3$은 홀수이고 $n = \frac{1}{2}$은 임의의 수이므로 $\sec x \tan x$를 뽑아낸다.

$$\begin{aligned}\int \tan^3 x\sqrt{\sec x}dx &= \int \tan^2 x \sec^{-1/2} x \sec x \tan x dx \\ &= \int (\sec^2 x - 1)\sec^{-1/2} x \sec x \tan x dx \\ &= \int (t^2 - 1)t^{-1/2}dt \ (t = \sec x, dt = \sec x \tan x dx) \\ &= \frac{2}{5}t^{5/2} - 2t^{1/2} + C \\ &= \frac{2}{5}\sec^{5/2} - 2\sec^{1/2} x + C\end{aligned}$$

(9) 피적분함수에서 $m = 3$은 홀수이고 $n = -\frac{1}{2}$은 임의의 수이므로 $\mathrm{cosec}x \cot x$를 뽑아낸다.

$$\begin{aligned}\int \frac{\cot^3 x}{\sqrt{\mathrm{cosec}x}}dx &= \int \cot^2 x\mathrm{cosec}^{-3/2}x\mathrm{cosec}x \cot x dx \\ &= \int (\mathrm{cosec}^2 x - 1)\mathrm{cosec}^{-3/2}x\mathrm{cosec}x \cot x dx \\ &= -\int (t^2 - 1)t^{-3/2}dt \ (t = \mathrm{cosec}x, dt = -\mathrm{cosec}x \cot x dx) \\ &= -2t^{-1/2} - \frac{2}{3}t^{3/2} + C \\ &= -\frac{2}{\sqrt{\mathrm{cosec}x}} - \frac{2}{3}\mathrm{cosec}x\sqrt{\mathrm{cosec}x} + C\end{aligned}$$

(10) 곱을 합차로 바꾸는 공식을 사용한다.

$$\begin{aligned}\int \sin 4x \sin 2x dx &= -\frac{1}{2}\int (\cos 6x - \sin 2x)dx \\ &= -\frac{1}{2}(\frac{1}{6}\sin 6x - \frac{1}{2}\sin 2x) + C \\ &= -\frac{1}{12}\sin 6x + \frac{1}{4}\sin 2x + C\end{aligned}$$

(11) 피적분함수의 분모에 $\sin^2(x)$, $\cos^2(x)$를 포함하는 경우에 $\tan(x) = t$로 치환하여 다음 식을 이용한다.

$$\sin(x) = t/\sqrt{1+t^2},\ \cos(x) = 1/\sqrt{1+t^2},$$

$$dt = \sec^2(x)dx = (1 + \tan^2(x))dx = (1 + t^2)dx,$$

$$\sin^2(x) = \frac{t^2}{1+t^2},\ \cos^2(x) = \frac{1}{1+t^2},\ dx = \frac{1}{1+t^2}dt.$$

따라서

$$\begin{aligned}\int \frac{\tan x}{1 - \cos^2 x}dx &= \int \frac{t}{1 - \frac{1}{1+t^2}}\frac{1}{1+t^2}dt \\ &= \int \frac{1}{t}dt \\ &= \ln|\tan x| + C\end{aligned}$$

(12) 위 (11)과 같은 방법으로 계산한다.

$$\begin{aligned}\int \frac{1}{\cos^2 x - 2\sin^2 x} dx &= \int \frac{1}{\frac{1}{1+t^2} - \frac{2t^2}{1+t^2}} \frac{1}{1+t^2} dt \\ &= \int \frac{1}{1-2t^2} dt = \int \frac{1}{(1-\sqrt{2}t)(1+\sqrt{2}t)} dt \\ &= \frac{1}{2\sqrt{2}}(-\ln|1-\sqrt{2}t| + \ln|1+\sqrt{2}t|) + C \\ &= \frac{1}{2\sqrt{2}} \ln\left|\frac{1+\sqrt{2}t}{1-\sqrt{2}t}\right| + C \\ &= \frac{1}{2\sqrt{2}} \ln\left|\frac{1+\sqrt{2}\tan x}{1-\sqrt{2}\tan x}\right| + C\end{aligned}$$

---

**참고 5.7** 위 (3)과 같은 방법에 의해 다른 역삼각함수의 부정적분도 구할 수 있다.

$$\int \cos^{-1} x dx = x\cos^{-1} x - \sqrt{1-x^2} + C$$

$$\int \tan^{-1} x dx = x\tan^{-1} x - \frac{1}{2}\ln(1+x^2) + C$$

다음에서 유리함수와 무리함수에 대하여 부정적분하는 방법에 대하여 공부한다. 어렵고 복잡한 내용이 많으므로 조심스럽게 살펴야 할 것이다.

**정의 5.2.1**

**진유리함수**

두 다항함수 $f(x)$와 $g(x)$에 의하여 잘 정의된 $\dfrac{f(x)}{g(x)}$를 유리함수라 하자. $f(x)$의 차수가 $g(x)$의 차수보다 크거나 같을 때 $f(x)$를 $g(x)$로 나누어 그 몫을 $q(x)$, 나머지를 $r(x)$라 하면

$$\frac{f(x)}{g(x)} = q(x) + \frac{r(x)}{g(x)}$$

로 분해가 된다. 이때 $q(x)$는 다항함수이고, $\dfrac{r(x)}{g(x)}$를 $r(x)$의 차수가 $g(x)$의 차수보다 작은 **진유리함수**라 한다.

### ✠ 유리함수를 부정적분하기 위한 변형공식

임의의 진유리함수 $\dfrac{f(x)}{g(x)}$는

$$\frac{c}{(ax+b)^m}, \quad \frac{dx+e}{(ax^2+bx+C)^m}, \quad \cdots$$

와 같은 꼴의 부분분수들의 합으로 분해된다는 것이 알려져 있다.

(1) 만약에 분모 $g(x)$의 인수 중에서 1차인수 $ax+b$의 최고차수가 $(ax+b)^m$ $(m \geq 1)$이면 이 인수에

$m$개의 부분분수의 합

$$\frac{f(x)}{g(x)} = \frac{A}{(ax+b)^m} + \frac{B}{(ax+b)^{m-1}} + \frac{C}{(ax+b)^{m-2}} + \cdots + \frac{K}{ax+b}$$

로 분해가 된다. 여기서 $A$, $B$, $C$, …, $K$는 상수이다.

(2) 분모 $g(x)$의 인수 중에서 $(ax^2+bx+c)^m$ $(m \geq 1)$이 더 이상 인수분해할 수 없는 2차인수 $ax^2+bx+c$의 최고차수(즉, $b^2-4ac<0$)이면 이 인수에 $m$개의 부분분수의 합

$$\frac{f(x)}{g(x)} = \frac{Ax+B}{(ax^2+bx+c)^m} + \frac{Cx+D}{(ax^2+bx+c)^{m-1}} + \cdots + \frac{Kx+L}{ax^2+bx+c}$$

로 분해가 된다. 여기서 $A$, $B$, $C$, $D$, …, $K$, $L$은 상수이다.

유리함수의 적분은 위의 방법으로 피적분함수를 분해하여 적분한다. 특히, 유리함수 분모의 인자가 1차인 경우는 아래의 공식을 사용하면 편리하다.

**정리 5.2.3 1차인자 유리함수의 부정적분법**

유리함수의 적분법에서 분모의 인자가 1차이고 중복되는 경우의 적분은 다음과 같다.

$$\int \frac{A}{(ax+b)^m}dx = \begin{cases} \frac{A}{a(1-m)} \cdot \frac{1}{(ax+b)^{m-1}} + C & (m \neq 1) \\ \frac{A}{a}\ln|ax+b| + C & (m=1) \end{cases}$$

**[증명]**

$m \neq 1$인 경우 $ax+b=t$로 치환하면 $adx = dt$이므로

$$\begin{aligned}\int \frac{A}{(ax+b)^m}dx &= \int \frac{A}{t^m} \cdot \frac{1}{a}dt = \frac{A}{a(1-m)} \cdot \frac{1}{t^{m-1}} + C \\ &= \frac{A}{a(1-m)} \cdot \frac{1}{(ax+b)^{m-1}} + C\end{aligned}$$

이다.

특히 $m=1$이라 하면 같은 방법으로 $ax+t=t$라 두면 $adx = dt$이므로

$$\int \frac{A}{ax+b}dx = \int \frac{A}{t}\frac{1}{a}dt = \frac{A}{a}\ln|t| + C = \frac{A}{a}\ln|ax+b| + C$$

□

**예제 5.2.7**

다음 부정적분을 구하시오.

(1) $\int \frac{x^3+2}{x-1}dx$

(2) $\int \frac{x+1}{x(x-1)^2(x+2)}dx$

풀이 5.2.7

(1) $\dfrac{x^3+2}{x-1} = x^2+x+1+\dfrac{3}{x-1}$ 이므로

$$\begin{aligned}\int \frac{x^3+2}{x-1}dx &= \int (x^2+x+1)dx + \int \frac{3}{x-1}dx \\ &= \frac{x^3}{3}+\frac{x^2}{2}+x+3\ln|x-1|+C\end{aligned}$$

(2) 분모의 인수가 모두 일차이므로

$$\frac{x+1}{x(x-1)^2(x+2)} = \frac{A}{x}+\frac{B}{x-1}+\frac{C}{(x-1)^2}+\frac{D}{x+2}$$

와 같이 부분분수로 분해하여 상수 $A, B, C, D$를 정한다. 위 식에서 분모를 제거하면

$$x+1 = A(x-1)^2(x+2)+Bx(x-1)(x+2)+Cx(x+2)+Dx(x-1)^2$$

이고, 이 방정식이 항등식으로 성립해야 하므로 $x$ 대신 $0, 1, -2$를 대입하면
각각 $A=\frac{1}{2}$, $C=\frac{2}{3}$, $D=\frac{1}{18}$를 얻는다.
또한 양변의 $x^3$의 계수를 비교하면 $0=A+B+D$이므로 $B=-\frac{5}{9}$이다. 따라서

$$\begin{aligned}&\int \frac{x+1}{x(x-1)^2(x+2)}dx \\ =&\int \left\{\frac{1}{2x}-\frac{5}{9(x-1)}+\frac{2}{3(x-1)^2}+\frac{1}{18(x+2)}\right\}dx \\ =&\frac{1}{2}\ln|x|-\frac{5}{9}\ln|x-1|-\frac{2}{3(x-1)}+\frac{1}{18}\ln|x+2|+C\end{aligned}$$

유리함수의 적분에서 분모의 인자가 2차인 경우는 1차인 경우보다 다소 복잡하지만 적분하는 방법은 같다. 적분 계산의 편리성을 위하여 아래에서 정리하여 둔다.

**정리 5.2.4　2차인자 유리함수의 부정적분법**
유리함수의 적분법에서 분모가 기약인 2차인자를 중복으로 가지는 경우의 적분은 다음과 같다.

$$(1)\quad \int \frac{Ax+B}{(ax^2+bx+c)^m}dx = \frac{A}{2a(1-m)(ax^2+bx+c)^{m-1}} + \frac{(2Ba-Ab)(2ax+b)}{2a(4ac-b^2)(m-1)(ax^2+bx+c)^{m-1}} + \frac{(2Ba-Ab)(2m-3)}{(4ac-b^2)(m-1)}\int \frac{dx}{(ax^2+bx+c)^{m-1}}\quad (m\neq 1)$$

$$(2)\quad \int \frac{Ax+B}{ax^2+bx+c}dx = \frac{A}{2a}\ln|ax^2+bx+c| + \frac{2Ba-Ab}{|a|\sqrt{4ac-b^2}}\tan^{-1}\frac{|a|(2x+b)}{a\sqrt{4ac-b^2}} + C\quad (b^2-4ac<0)$$

**[증명]**

증명은 [정리 5.2.3]과 유사한 방법으로 하면된다. □

아래의 두 예제들은 유리함수의 분모가 인수분해 가능한 경우와 기약인 경우에 대한 적분법을 보여준다.

**예제 5.2.8**

$\displaystyle\int \frac{e^t dt}{e^{2t}+3e^t+2}$ 를 구하시오.

풀이 5.2.8

$e^t = x$라 치환하면

$$\int \frac{e^t dt}{e^{2t}+3e^t+2} = \int \frac{dx}{x^2+3x+2}$$

가 된다. 피적분함수를 부분분수로 분해하여 적분하면

$$\int \frac{dx}{x^2+3x+2} = \int \frac{dx}{x+1} - \int \frac{dx}{x+2} = \ln|x+1| - \ln|x+2| + C = \ln\left|\frac{x+1}{x+2}\right| + C$$

위 식에 $x=e^t$을 다시 대입하면 다음과 같다.

$$\int \frac{e^t dt}{e^{2t}+3e^t+2} = \ln\frac{e^t+1}{e^t+2} + C$$

**예제 5.2.9**

$I=\int \frac{2x+3}{(x^2-2x+10)^3}dx$를 구하시오.

---

풀이 5.2.9

$I=\int \frac{2x+3}{\{(x-1)^2+9\}^3}dx$이므로 $x-1=t$라 하면, $dx=dt$이고

$$\begin{aligned} I &= \int \frac{2tdt}{(t^2+9)^3}+5\int \frac{dt}{(t^2+9)^3} \\ &= \int (t^2+9)^{-3}d(t^2+9)+5\int \frac{dt}{(t^2+9)^3} \\ &= -\frac{1}{2(t^2+9)^2}+5\int \frac{dt}{(t^2+9)^3} \end{aligned}$$

$\int \frac{dt}{(t^2+9)^2}$ 구하기 위해서 주의해야 할 것은

$$\int \frac{dt}{(t^2+9)^2}$$

에 대하여 부분적분을 해야 한다. 따라서 적분을 1로 두고 미분을 $(t^2+9)^{-2}$로 두고 부분적분을 하면 다음을 얻는다.

$$\begin{aligned} \int \frac{dt}{(t^2+9)^3} &= \frac{t}{36(t^2+9)^2}+\frac{1}{12}\int \frac{dt}{(t^2+9)^2} \\ &= \frac{t}{36(t^2+9)^2}+\frac{1}{12}\left\{\frac{t}{18(t^2+9)}+\frac{1}{18}\int \frac{dt}{t^2+9}\right\} \\ &= \frac{t}{36(t^2+9)^2}+\frac{t}{216(t^2+9)}+\frac{1}{648}\tan^{-1}\frac{t}{3}+C' \end{aligned}$$

이 된다. 따라서 다음을 얻는다.

$$\begin{aligned} \therefore I &= \frac{5t-18}{36(t^2+9)^2}+\frac{5t}{216(t^2+9)}+\frac{5}{648}\tan^{-1}\frac{t}{3}+C'' \\ &= \frac{5x-23}{36(x^2-2x+10)^2}+\frac{5x-52}{16(x^2-2x+10)} \\ &\quad +\frac{5}{648}\tan^{-1}\frac{x-1}{3}+C \end{aligned}$$

---

## ✠ 유리함수가 $\sin x$ 또는 $\cos x$을 포함하는 부정적분

유리함수가 $\sin x$또는 $\cos x$을 포함하는 경우는

$$\tan\frac{x}{2}=t \implies \sin x=\frac{2t}{1+t^2},\ \cos x=\frac{1-t^2}{1+t^2}$$

을 각각 대입하여 다음과 같이 다항함수를 포함하는 유리함수로 변환하여 적분을 한다.

**정리 5.2.5** $\sin x$**또는** $\cos x$**을 포함하는 유리함수 부정적분법**
유리함수가 $\sin x$와 $\cos x$를 포함하는 적분은 다음과 같은 치환을 이용하면 다항식을 포함하는 유리함수의 적분으로 유도된다.
$\tan\dfrac{x}{2} = t$라 치환하면

$$\sin x = \frac{2t}{1+t^2},\ \cos x = \frac{1-t^2}{1+t^2},\ dx = \frac{2}{1+t^2}dt$$이 된다.

따라서 $f(\sin x, \cos x)$를 $\sin x$와 $\cos x$를 포함하는 유리함수라고 하면

$$\int f(\sin x, \cos x)dx = \int f\left(\frac{2t}{1+t^2}, \frac{1-t^2}{1+t^2}\right)\frac{2}{1+t^2}dt$$

을 얻는다.

**[증명]**
$\tan\dfrac{x}{2} = t$의 치환과 다음 변환식으로부터 얻어진다.

$$\begin{aligned}
\sin x &= 2\sin\frac{x}{2}\cos\frac{x}{2} = \frac{2\sin\frac{x}{2}\cos\frac{x}{2}}{\sin^2\frac{x}{2}+\cos^2\frac{x}{2}} = \frac{2\tan\frac{x}{2}}{1+\tan^2\frac{x}{2}} = \frac{2t}{1+t^2}\\
\cos x &= \cos^2\frac{x}{2} - \sin^2\frac{x}{2} = \frac{\cos^2\frac{x}{2}-\sin^2\frac{x}{2}}{\sin^2\frac{x}{2}+\cos^2\frac{x}{2}} = \frac{1-\tan^2\frac{x}{2}}{1+\tan^2\frac{x}{2}} = \frac{1-t^2}{1+t^2}\\
&\frac{1}{2}\sec^2\frac{x}{2}dx = dt \implies dx = \frac{2}{1+t^2}dt
\end{aligned}$$

□

**예제 5.2.10**

$\displaystyle\int \frac{dx}{\sin x + \cos x}$ 를 구하시오.

풀이 5.2.10

규칙에 의해 $\tan\dfrac{x}{2} = t$라고 두면

$$\sin x = \frac{2t}{1+t^2},\ \cos x = \frac{1-t^2}{1+t^2},\ dx = \frac{2}{1+t^2}dt$$

이므로

$$\begin{aligned}\int \frac{dx}{\sin x+\cos x} =& \int \frac{1}{\frac{2t}{1+t^2}+\frac{1-t^2}{1+t^2}}\cdot\frac{2}{1+t^2}dt\\ =&2\int\frac{1}{1+2t-t^2}dt = 2\int\frac{1}{2-(t-1)^2}dt\\ =&\frac{1}{\sqrt{2}}\ln\left|\frac{\sqrt{2}+(t-1)}{\sqrt{2}-(t-1)}\right|+C\\ =&\frac{1}{\sqrt{2}}\ln\left|\frac{\sqrt{2}-1+\tan\frac{x}{2}}{\sqrt{2}+1-\tan\frac{x}{2}}\right|+C\end{aligned}$$

을 최종적으로 얻는다. 다음에서 위 식의 2번째-3번째 과정을 보충설명한다.
먼저 $u=t-1$로 치환하면 $du=dt$이다. 따라서

$$\int\frac{1}{2-(t-1)^2}dt=\int\frac{1}{2-u^2}du=\int\frac{1}{(\sqrt{2}-u)(\sqrt{2}+u)}du$$

가 된다. 피적분함수에 대하여 부분분수의 합으로 표시하면

$$\frac{1}{(\sqrt{2}-u)(\sqrt{2}+u)}=\frac{A}{\sqrt{2}-u}+\frac{B}{\sqrt{2}+u}$$

이고, 이것을 풀면 $A=B=\frac{1}{2\sqrt{2}}$이다. 따라서

$$\begin{aligned}\int\frac{1}{(\sqrt{2}-u)(\sqrt{2}+u)}du =&\frac{1}{2\sqrt{2}}\left(\int\frac{1}{\sqrt{2}-u}du+\int\frac{1}{\sqrt{2}+u}du\right)\\ =&\frac{1}{2\sqrt{2}}\left(-\int\frac{-1}{\sqrt{2}-u}du+\int\frac{1}{\sqrt{2}+u}du\right)\\ =&\frac{1}{2\sqrt{2}}(-\ln|\sqrt{2}-u|+\ln|\sqrt{2}+u|)+C\\ =&\frac{1}{2\sqrt{2}}\ln\left|\frac{\sqrt{2}+u}{\sqrt{2}-u}\right|+C\\ =&\frac{1}{2\sqrt{2}}\ln\left|\frac{\sqrt{2}+(t-1)}{\sqrt{2}-(t-1)}\right|+C\end{aligned}$$

---

### ✠ 무리함수의 부정적분법

무리함수를 적분하려면 적당한 치환을 하여 구하고자 하는 적분을 유리함수의 적분으로 고치는 것이 중요 원리이다. 일반적인 무리함수의 적분은 어려우므로 특별한 꼴의 무리함수에 관한 적분법을 다루도록 한다.

**정리 5.2.6 유리함수로 변형가능한 무리함수 부정적분법**

두 함수 $f(x,\ \sqrt[n]{ax+b})$와 $f(x,\ \sqrt[n]{\frac{ax+b}{cx+d}})$를 무리함수라 하자.
이들 무리함수의 적분은 다음과 같이 치환하면 유리함수의 적분으로 변형된다.

(1) $\sqrt[n]{ax+b}=t$라 치환하면

$$I=\int f(x,\ \sqrt[n]{ax+b})dx=\frac{n}{a}\int f\left(\frac{t^n-b}{a},t\right)t^{n-1}dt\ (a\neq 0)$$

(2) $\sqrt[n]{\frac{ax+b}{cx+d}}=t$라 치환하면

$$I=\int f\left(x,\ \sqrt[n]{\frac{ax+b}{cx+d}}\right)dx=\int f\left(\frac{dt^n-b}{a-ct^n},t\right)\frac{n(ad-bc)t^{n-1}}{(a-ct^n)^2}dt\ (ad\neq bc)$$

**[증명]**

(1) $\sqrt[n]{ax+b}=t$이므로 $x=\dfrac{t^n-b}{a}$이고 $dx=\dfrac{n}{a}t^{n-1}dt$이므로

$$I=\int f\left(\frac{t^n-b}{a},t\right)\frac{n}{a}t^{n-1}dt=\frac{n}{a}\int f\left(\frac{t^n-b}{a},t\right)t^{n-1}dt$$

(2) $\sqrt[n]{\dfrac{ax+b}{cx+d}}=t$라 두면 $x=\dfrac{dt^n-b}{a-ct^n}$이고 $dx=\dfrac{n(ad-bc)t^{n-1}}{(a-ct^n)^2}dt$이므로

$$I=\int f\left(\frac{dt^n-b}{a-ct^n},t\right)\frac{n(ad-bc)t^{n-1}}{(a-ct^n)^2}dt$$

□

**참고 5.8** $\displaystyle\int f(x,\ \sqrt[n]{ax+b},\ \sqrt[m]{ax+b})dx\ (a\neq 0)$일 때는 $m$과 $n$의 최소공배수 $l$을 구하여

$$\sqrt[l]{ax+b}=t$$

라 치환하면 유리함수의 적분으로 고칠 수 있다.

**예제 5.2.11**

다음 부정적분을 구하시오.

(1) $\displaystyle\int\frac{1}{x+\sqrt{x-1}}dx$ (2) $\displaystyle\int\sqrt{\frac{x-1}{2-x}}dx$ (3) $\displaystyle\int\frac{dx}{\sqrt{x}(1+\sqrt[3]{x})}$

풀이 5.2.11

(1) $\sqrt{x-1}=t$라고 두면 $x=t^2+1, dx=2tdt$이므로

$$\begin{aligned}\int \frac{1}{x+\sqrt{x-1}}dx &= \int \frac{2t}{t^2+t+1}dt \\ &= \int \frac{2t+1}{t^2+t+1}dt - \int \frac{1}{t^2+t+1}dt \\ &= \ln(t^2+t+1) - \frac{2}{\sqrt{3}}\tan^{-1}\frac{2t+1}{\sqrt{3}} + C \\ &= \ln(x+\sqrt{x-1}) - \frac{2}{\sqrt{3}}\tan^{-1}\frac{2\sqrt{x-1}+1}{\sqrt{3}} + C\end{aligned}$$

(2) $\sqrt{\dfrac{x-1}{2-x}}=t$라 하면 $x=\dfrac{2t^2+1}{t^2+1}$이고 $dx=\dfrac{2t}{(t^2+1)^2}dt$이므로 모두 대입을 하면

$$\begin{aligned}\int \sqrt{\frac{x-1}{2-x}}dx &= \int t\frac{2t}{(t^2+1)^2}dt \\ &= \int \frac{2t^2}{(1+t^2)^2}dt \\ &=2\int \left(\frac{1}{(1+t^2)} - \frac{1}{(1+t^2)^2}\right)dt \\ &=2\tan^{-1}t - 2\int \frac{1}{(1+t^2)^2}dt \\ &=2\tan^{-1}t - 2\left(\frac{1}{2}\tan^{-1}t + \frac{t}{2(1+t^2)}\right) + C \\ &= \tan^{-1}t - \frac{t}{t^2+1} + C \\ &= -\sqrt{(x-1)(2-x)} + \tan^{-1}\sqrt{\frac{x-1}{2-x}} + C\end{aligned}$$

이 된다. 참고로 <u>위 4번째-5번째 과정</u>을 보충설명한다. 다음의 사실을 보이면 된다.

$$(*)\quad \int \frac{1}{(1+t^2)^2}dt = \frac{1}{2}\left(\tan^{-1}t + \frac{t}{1+t^2}\right) + C$$

위 식의 좌변의 피적분함수에서 $t=\tan\theta$로 치환하면 $1+t^2=\sec^2\theta$, $d\theta=\sec^2\theta d\theta$ 이다. 이것을 모두 대입하면

$$\int \frac{1}{(1+t^2)^2}dt = \int \frac{1}{\sec^2\theta}d\theta = \int \cos^2\theta d\theta = \int \frac{1+\cos 2\theta}{2}d\theta$$

이고 계속하면

$$\int \frac{1+\cos 2\theta}{2}d\theta = \frac{1}{2}\left(\theta + \frac{\sin 2\theta}{2}\right) = \frac{1}{2}(\theta+\sin\theta\cos\theta) = \frac{1}{2}\left(\tan^{-1}t + \frac{t}{1+t^2}\right) + C$$

이므로 최종적으로 식 $(*)$이 얻어진다.

(3) $\sqrt[6]{x}=t$라 하면 $x=t^6$, $\sqrt{x}=t^3$, $\sqrt[3]{x}=t^2$, $dx=6t^5dt$이므로

$$\begin{aligned}\int\frac{dx}{\sqrt{x}(1+\sqrt[3]{x})}=\int\frac{6t^5dt}{t^3(1+t^2)}=6\int\frac{t^2}{t^2+1}dt\\ =6\int\left(1-\frac{1}{t^2+1}\right)dt\\ =6(t-\tan^{-1}t)+C\\ =6(\sqrt[6]{x}-\tan^{-1}\sqrt[6]{x})+C\end{aligned}$$

---

**정리 5.2.7** $f(x,\sqrt{ax^2+bx+c})$ **형 부정적분법**

이차함수 $ax^2+bx+c=0\ (a\neq 0)$에서 $D=b^2-4ac$라 하자.

(1) $D=0$ (즉 $ax^2+bx+c=a(x-\alpha)^2$)일 때

$$I=\int f(x,\sqrt{ax^2+bx+c})dx=\int f\{x,a(x-\alpha)^2\}dx$$

(2) $D>0$ (즉 $ax^2+bx+c=a(x-\alpha)(x-\beta)$)이고 $a>0$ 일 때
$\sqrt{\frac{x-\alpha}{x-\beta}}=t$라 치환하면

$$I=\int f(x,\sqrt{ax^2+bx+c})dx=\int f\left(\frac{\alpha-\beta t^2}{1-t^2},\frac{\sqrt{a}(\alpha-\beta)t}{1-t^2}\right)\frac{2(\alpha-\beta)t}{(1-t^2)^2}dt$$

(3) $D>0$ (즉 $ax^2+bx+c=a(x-\alpha)(x-\beta)$)이고 $a<0$ 일 때
$\sqrt{\frac{x-\alpha}{\beta-x}}=t$라 치환하면

$$I=\int f(x,\sqrt{ax^2+bx+c})dx=\int f\left(\frac{\alpha+\beta t^2}{1+t^2},\frac{\sqrt{-a}(\beta-\alpha)t}{1+t^2}\right)\frac{2(\beta-\alpha)t}{(1+t^2)^2}dt$$

(4) $D<0$일 때
$\sqrt{ax^2+bx+c}+\sqrt{a}x=t$라 치환하면

$$\begin{aligned}I=&\int f(x,\sqrt{ax^2+bx+c})dx\\ =&\int f\left(\frac{t^2-c}{2\sqrt{a}t+b},\frac{\sqrt{a}t^2+bt+c\sqrt{a}}{2\sqrt{a}t+b}\right)\cdot\frac{2(\sqrt{a}t^2+bt+c\sqrt{a})}{(2\sqrt{a}t+b)^2}dt\end{aligned}$$

**[증명]** 증명은 생략하며 아래 예제를 통하여 공식을 이해하기 바란다. □

**참고 5.9**

(1) $\int f(x,\sqrt{x^2+a^2})dx$에서는 $x=a\tan t\ (-\frac{\pi}{2}<t<\frac{\pi}{2})$로 치환하고,

$\int f(x, \sqrt{x^2 - a^2})dx$ 에서는 $x = a\sec t$ $(0 \le t \le \pi, t \ne \frac{\pi}{2})$ 로 치환하고,

$\int f(x, \sqrt{a^2 - x^2})dx$ 에서는 $x = a\sin t$ $(-\frac{\pi}{2} \le t \le \frac{\pi}{2})$ 치환하면 유리화된다.

(2) $\int f(x, \sqrt{ax^2 + bx + c})dx$ 는 $t = x + \frac{b}{2a}$ 라 치환하면 (1)의 한 형태로 변형된다.

**예제 5.2.12**

다음 부정적분을 구하시오.

(1) $\int \frac{dx}{\sqrt{x^2 + a}}$ (2) $\int \frac{dx}{x\sqrt{3x - 2 - x^2}}$ (3) $\int \frac{dx}{(1 - x^2)^{\frac{3}{2}}}$

풀이 5.2.12

(1) $x^2$ 의 계수가 양이므로 $\sqrt{x^2 + a} = t - x$ 라고 두면

$$x = \frac{t^2 - a}{2t} = \frac{1}{2}(t - \frac{a}{t}), dx = \frac{1}{2}(1 + \frac{a}{t^2})dt.$$

$$\begin{aligned} \therefore \int \frac{dx}{\sqrt{x^2 + a}} &= \int \frac{1}{\frac{1}{2}(t - \frac{a}{t})} \cdot \frac{1}{2}(1 + \frac{a}{t^2})dt = \int \frac{1}{t}dt \\ &= \ln|t| + C = \ln|x + \sqrt{x^2 + a}| + C \end{aligned}$$

(2) $x^2$ 의 계수가 음이고 $3x - 2 - x^2 = (x - 1)(2 - x)$ 이므로, $x - 1 = t^2(2 - x)$ 라고 두면

$$x = \frac{2t^2 + 1}{t^2 + 1}, \ dx = \frac{2t}{(t^2 + 1)^2}dt, \ \sqrt{3x - 2 - x^2} = \frac{t}{t^2 + 1}$$

이 되고

$$\begin{aligned} \int \frac{dx}{x\sqrt{3x - 2 - x^2}} &= \int \frac{1}{\frac{2t^2+1}{t^2+1} \cdot \frac{t}{t^2+1}} \cdot \frac{2t}{(t^2 + 1)^2}dt \\ &= \int \frac{1}{t^2 + \frac{1}{2}}dt = \sqrt{2}\tan^{-1}(\sqrt{2}t) + C \\ &= \sqrt{2}\tan^{-1}\sqrt{\frac{2(x - 1)}{2 - x}} + C \end{aligned}$$

이다.

(3) $x = \sin t$, $(-\frac{\pi}{2} \le t \le \frac{\pi}{2})$ 라 두면 $dx = \cos t dt$ 이므로

$$\begin{aligned} \int \frac{dx}{(1 - x^2)^{\frac{3}{2}}} &= \int \frac{1}{(\cos^2 t)^{\frac{3}{2}}} \cos t dt = \int \frac{dt}{\cos^2 t} = \tan t + C \\ &= \frac{\sin t}{\cos t} + C = \frac{\sin t}{\sqrt{1 - \sin^2 t}} + C = \frac{x}{\sqrt{1 - x^2}} + C \end{aligned}$$

**정리 5.2.8** $\int x^m(ax^n+b)^{\frac{p}{q}}dx$ **형 부정적분법**

다음에서 $m, n, p, q$는 정수이고 $q>0$라 하자.

(1) $\frac{m+1}{n}$이 정수일 때 $\sqrt[q]{ax^n+b}=t$라 치환하면

$$I=\int x^m(ax^n+b)^{\frac{p}{q}}dx=\frac{q}{na}\int\left(\frac{t^q-b}{a}\right)^{\frac{m+1}{n}-1}\cdot t^{p+q-1}dt$$

(2) $\frac{m+1}{n}+\frac{p}{q}$가 정수일 때 $\sqrt[q]{a+bx^{-n}}=t$라 치환하면

$$\begin{aligned}I&=\int x^m(ax^n+b)^{\frac{p}{q}}dx\\&=-\frac{q}{nb^{-\frac{m+1}{n}+\frac{p}{q}}}\int t^{p+q-1}(t^q-a)^{-(\frac{m+1}{n}+\frac{p}{q}+1)}dt\end{aligned}$$

**[증명]** 증명은 생략하며 아래 예제를 통하여 공식을 이해하기 바란다. □

**예제 5.2.13**

다음 부정적분을 구하시오.

(1) $\int\frac{(a+bx^3)^{\frac{3}{2}}}{x}dx\ (a>0)$ (2) $\int\frac{dx}{\sqrt[3]{(1+x^3)^4}}$

풀이 5.2.13

(1) $m=-1,\ n=3,\ p=3,\ q=2$이므로 $\frac{m+1}{n}=0$인 정수가 되어 [정리 5.2.8]의 (1)에 해당된다. 따라서 $\sqrt{a+bx^3}=t$라고 치환하면

$$x=\left(\frac{t^2-a}{b}\right)^{\frac{1}{3}},\quad dx=\frac{2}{3}\cdot\frac{t}{b^{\frac{1}{3}}(t^2-a)^{\frac{2}{3}}}dt$$

이므로 다음을 따른다.

$$\begin{aligned}
&\int \frac{(a+bx^3)^{\frac{3}{2}}}{x}dx \\
=&\int \frac{t^3}{\left(\frac{t^2-a}{b}\right)^{\frac{1}{3}}}\cdot\frac{2}{3}\cdot\frac{t}{b^{\frac{1}{3}}(t^2-a)^{\frac{2}{3}}}dt \\
=&\frac{2}{3}\int \frac{t^4}{t^2-a}dt=\frac{2}{3}\int\left(t^2+a+\frac{a^2}{t^2-a}\right)dt \\
=&\frac{2}{3}\int\left\{t^2+a+\frac{a^2}{2\sqrt{a}}\left(\frac{1}{t-\sqrt{a}}-\frac{1}{t+\sqrt{a}}\right)\right\}dt \\
=&\frac{2}{3}\left(\frac{1}{3}t^3+at+\frac{a^2}{2\sqrt{a}}\ln\left|\frac{t-\sqrt{a}}{t+\sqrt{a}}\right|\right)+C \\
=&\frac{2}{3}\left\{\frac{\sqrt{(a+bx^3)^3}}{3}+a\cdot\sqrt{a+bx^3}+\frac{a^2}{2\sqrt{a}}\ln\left|\frac{\sqrt{a+bx^3}-\sqrt{a}}{\sqrt{a+bx^3}+\sqrt{a}}\right|\right\}+C
\end{aligned}$$

(2) $m=0, n=3, p=-4, q=3$이고 $\frac{m+1}{n}+\frac{p}{q}=\frac{1}{3}-\frac{4}{3}=-1$이 정수가 되어 [정리 5.2.8]의 공식 (2)에 해당된다.

$\sqrt[3]{1+x^{-3}}=t$라 치환하면 $x=\frac{1}{\sqrt[3]{t^3-1}},\quad dx=-\frac{t^2}{\sqrt[3]{(t^3-1)^4}}dt$이고

$$\sqrt[3]{(1+x^3)^4}=\sqrt[3]{x^{12}(x^{-3}+1)^4}=x^4t^4=\frac{t^4}{\sqrt[3]{(t^3-1)^4}}$$

이므로

$$\begin{aligned}
\int\frac{dx}{\sqrt[3]{(1+x^3)^4}}&=\int\frac{1}{\frac{t^4}{\sqrt[3]{(t^3-1)^4}}}\cdot\frac{-t^2}{\sqrt[3]{(t^3-1)^4}}dt \\
&=-\int\frac{1}{t^2}dt+C=\frac{1}{t}+C \\
&=\frac{1}{\sqrt[3]{1+x^{-3}}}+C=\frac{x}{\sqrt[3]{x^3+1}}+C
\end{aligned}$$

---

**♣ [유리함수, 무리함수, 삼각함수 부정적분법 총정리]**

앞에서 배운 피적분함수가 유리함수, 무리함수, 삼각함수들의 부정적분법들은 특별한 형태를 통하여 부정적분이 이루어 진다는 사실을 알았다. 다음에서 다시 한번 더 유형별로 정리한다. 여기서 배운 부정적분법은 다음 절 이후에 배우게 되는 정적분과 정적분의 응용에서도 반드시 필요한 내용이므로 꼭 익혀두기 바란다.

1. 피적분함수가 진유리함수인 경우에 [정리 5.2.3]과 [정리 5.2.4]의 방법을 따르며 응용 예제로는 [예제 5.2.7]과 [예제 5.2.8], [예제 5.2.9]이다.

2. 피적분함수가 유리함수로서 분모에 $\sin(x)$와 $\cos(x)$를 포함하는 경우는 [정리 5.2.5]를 따르며 응용 예제로는 [예제 5.2.10]이다.

3. 피적분함수가 $\sqrt[n]{ax+b}(a\neq 0)$ 와 $\sqrt[n]{\frac{ax+b}{cx+d}}(ab\neq bc)$ 인 경우에는 [정리 5.2.6]을 따르며 예제로는 [예제 5.2.11]의 (1)과 (2)이다.

4. 피적분함수가 $f(x,\ \sqrt[n]{ax+b},\ \sqrt[m]{ax+b})\ (a\neq 0)$일 때는 $m,n$의 최소공배수 $l$을 구하여 $\sqrt[l]{ax+b}=t$라 치환하면 다음과 같이 유리함수의 적분으로 고칠 수 있다. [참고 5.7]을 따르며 예제로는 [예제 5.2.11]의 (3)이다.

$$\int f(x,\ \sqrt[n]{ax+b},\ \sqrt[m]{ax+b})dx=\int f(\frac{t^l-b}{a},t^{l/n},t^{l/m})\frac{lt^{l-1}}{a}dt\ (a\neq 0).$$

5. 피적분함수의 분모가 $\sqrt{ax^2+bx+c}\ (a\neq 0)$ 인 경우의 적분은 [정리 5.2.7]을 따르며 예제로는 [예제 5.2.12]의 (1)과 (2)이다.

6. 피적분함수가 [정리 5.2.8]의 무리함수 형태는 참고로 알아두면 좋겠다. 예제는 [예제 5.2.13]이다.

7. 피적분함수에 $\sqrt{a^2-x^2}$식을 포함하고 있을 때는 $x=a\sin\theta$ 또는 $x=a\cos\theta$로 치환하고, $\sqrt{a^2+x^2}$식을 포함하고 있을 때는 $x=a\tan\theta$ 또는 $x=a\cot\theta$, $\sqrt{x^2-a^2}$식을 포함하고 있을 때는 $x=a\sec\theta$ 또는 $x=a\csc\theta$ 로 치환하면 적분이 용이하며 [참고 5.5]를 따른다. 예제로는 [예제 5.2.4]의 (4), [예제 5.2.5]의 (2) 이다.

앞 3.3절에서 배운 다음 공식을 다시 언급한다.

**삼각함수의 공식 및 연산법칙**

(i) **[삼각비의 기본공식]**

$$\text{cosec}\theta=\frac{1}{\sin\theta}\quad \sec\theta=\frac{1}{\cos\theta}\quad \cot\theta=\frac{1}{\tan\theta}\quad \tan\theta=\frac{\sin\theta}{\cos\theta}\quad \cot\theta=\frac{\cos\theta}{\sin\theta}$$

(삼각항등식)

$$\sin^2\theta+\cos^2\theta=1\qquad \tan^2\theta=\sec^2\theta-1\qquad \cot^2\theta=\text{cosec}^2\theta-1$$

(ii) **[덧셈공식]**

$$\sin(\alpha\pm\beta)=\sin\alpha\cos\beta\pm\cos\alpha\sin\beta\qquad \cos(\alpha\pm\beta)=\cos\alpha\cos\beta\mp\sin\alpha\sin\beta$$

$$\tan(\alpha\pm\beta)=\frac{\tan\alpha\pm\tan\beta}{1\mp\tan\alpha\tan\beta}$$

(iii) **[배각공식]**

$$\sin 2\alpha=2\sin\alpha\cos\alpha\qquad \cos 2\alpha=\cos^2\alpha-\sin^2\alpha\qquad \tan 2\alpha=\frac{2\tan\alpha}{1-\tan^2\alpha}$$

(iv) **[반각공식]**

$$\sin^2\frac{\alpha}{2}=\frac{1-\cos\alpha}{2}\qquad \cos^2\frac{\alpha}{2}=\frac{1+\cos\alpha}{2}\qquad \tan^2\frac{\alpha}{2}=\frac{1-\cos\alpha}{1+\cos\alpha}$$

(v) **[곱을 합차로 또는 합차를 곱으로 바꾸는 공식]**

$$2\sin\alpha\cos\beta = \sin(\alpha+\beta)+\sin(\alpha-\beta) \quad 2\cos\alpha\sin\beta = \sin(\alpha+\beta)-\sin(\alpha-\beta)$$

$$2\cos\alpha\cos\beta = \cos(\alpha+\beta)+\cos(\alpha-\beta) \quad -2\sin\alpha\sin\beta = \cos(\alpha+\beta)-\cos(\alpha-\beta)$$

.........................................................................................

다음 삼각함수의 적분유형에는 위의 삼각함수의 공식이 필요하다.

8. 피적분함수가 $\sin^n(x)$ 또는 $\cos^n(x)$ 인 경우는 다음을 따르고, 예제는 [예제 5.2.5]이다. (i) $n$이 홀수이면 $\sin(x)$ 또는 $\cos(x)$를 하나씩 빼내고 나머지를 삼각항등식을 이용하여 치환한다. (ii) $n$이 짝수이면 반각공식을 이용하여 푼다.

9. 피적분함수가 $\tan^n(x)$ 또는 $\cot^n(x)$ $(n \geq 2)$ 인 경우는 $\tan^2(x)+1 = sec^2(x)$ 또는 $\cot^2(x)+1 = \mathrm{cosec}^2(x)$ 의 치환법을 이용한다. 예제는 [예제 5.2.5]이다. 유사하게, 피적분함수가 $\sec^n(x)$ 또는 $\mathrm{cosec}^n(x)$ $(n \geq 2)$ 인 경우는 $\tan^2(x)+1 = \sec^2(x)$ 또는 $\cot^2(x)+1 = \mathrm{cosec}^2(x)$ 의 치환법을 이용하거나 부분적분법을 이용할 수 있다. 예제는 [예제 5.2.5]이다.

10. 피적분함수가 $\sin^m(x)\cos^n(x)$ 인 경우: 지수 $n$ 또는 $m$이 홀수이면 $\sin(x)$ 또는 $\cos(x)$ 를 하나씩 빼내어 삼각항등식을 이용하고, 지수 $n$ 또는 $m$ 이 짝수이면 반각공식을 이용한다. 예제는 [예제 5.2.6]이다.

11. 피적분함수가 $\tan^m(x)\sec^n(x)$ 또는 $\cot^m \mathrm{cosec}^n(x)$ 인 경우: $(i)$ 지수 $n$이 짝수이면 $\sec^2(x)$ 또는 $\mathrm{cosec}^2(x)$를 빼내고 공식 $\tan^2(x)+1 = \sec^2(x)$ 또는 $\cot^2(x)+1 = \mathrm{cosec}^2(x)$ 의 치환법을 이용한다. $(ii)$ 지수 $m$이 홀수이고 $n$이 임의의 수이면 $\sec(x)\tan(x)$ 또는 $\mathrm{cosec}(x)\cot(x)$를 빼내어 $\sec(x)$ 또는 $\mathrm{cosec}(x)$를 치환한다. 예제는 [예제 5.2.6]이다.

12. 피적분함수가 $\sin(mx)\cos(nx)$ 또는 $\sin(mx)\sin(nx)$, $\cos(mx)\cos(nx)$ 인 경우 삼각함수의 곱을 합으로 바꾸는 공식을 이용하여 푼다. 예제는 [예제 5.2.6]이다.

13. 피적분함수의 분모에 $\sin^2(x)$, $\cos^2(x)$를 포함하는 경우에 $\tan(x) = t$로 치환하여 다음 식을 이용한다. 예제는 [예제 5.2.6]이다.

$$\sin(x) = t/\sqrt{1+t^2}, \cos(x) = 1/\sqrt{1+t^2}, dt = \sec^2(x)dx = (1+\tan^2(x))dx = (1+t^2)dx$$

$$\sin^2(x) = \frac{t^2}{1+t^2}, \cos^2(x) = \frac{1}{1+t^2}, dx = \frac{1}{1+t^2}dt.$$

## 연습문제 5.2

**1.** $I=\int e^{ax}\sin bx dx$ 와 $J=\int e^{ax}\cos bx dx$ 를 각각 구하시오 $(b\neq 0)$.

---

풀이

부분적분법의 공식을 이용하면

$$I=e^{ax}\left(-\frac{1}{b}\cos bx\right)-\int ae^{ax}\left(-\frac{1}{b}\cos bx\right)dx$$
$$J=e^{ax}\left(\frac{1}{b}\sin bx\right)-\int ae^{ax}\left(\frac{1}{b}\sin bx\right)dx \text{ 이고}$$

이들 관계식에 주어진 식을 각각 대입하면

$$I=-\frac{1}{b}e^{ax}\cos bx+\frac{a}{b}J,\quad J=\frac{1}{b}e^{ax}\sin bx-\frac{a}{b}I$$

를 얻는다.

이들을 $I$와 $J$에 관한 연립방정식으로 보고 $I$와 $J$를 구하면

$$I=\int e^{ax}\sin bx\ dx=\frac{1}{a^2+b^2}e^{ax}(a\sin bx-b\cdot\cos bx)+C$$
$$J=\int e^{ax}\cos bx\ dx=\frac{1}{a^2+b^2}e^{ax}(b\sin bx+a\cos bx)+C$$

이다.

---

**2.** (1) $I_n=\int\frac{dx}{(x^2+a^2)^n}$ 라 두면 다음이 성립함을 증명하시오.

$$I_n=\frac{1}{2(n-1)a^2}\left\{\frac{x}{(x^2+a^2)^{n-1}}+(2n-3)I_{n-1}\right\}\quad(a\neq 0, n\neq 1)$$

(2) $I_2,\ I_3$를 구하시오.

**[증명]**

(1) 부분적분법을 이용하면

$$\begin{aligned}I_{n-1}&=\int\frac{dx}{(x^2+a^2)^{n-1}}=\frac{x}{(x^2+a^2)^{n-1}}-\int\left\{-\frac{2(n-1)x}{(x^2+a^2)^n}\right\}\cdot x\ dx\\&=\frac{x}{(x^2+a^2)^{n-1}}+2(n-1)\int\frac{x^2}{(x^2+a^2)^n}dx\\&=\frac{x}{(x^2+a^2)^{n-1}}+2(n-1)\int\frac{x^2+a^2-a^2}{(x^2+a^2)^n}dx\\&=\frac{x}{(x^2+a^2)^{n-1}}+2(n-1)I_{n-1}-2(n-1)a^2I_n \text{ 이다.}\end{aligned}$$

위 식의 좌변과 우변을 정리하면 $2(n-1)a^2 I_n = \dfrac{x}{(x^2+a^2)^{n-1}} + (2n-3)I_{n-1}$ 이므로 다음의 결과를 얻는다.

$$I_n = \frac{1}{2(n-1)a^2}\left\{\frac{x}{(x^2+a^2)^{n-1}} + (2n-3)I_{n-1}\right\}$$

(2) $I_2 = \dfrac{1}{2a^2}\left(\dfrac{x}{x^2+a^2} + I_1\right)$, $I_1 = \displaystyle\int \frac{dx}{x^2+a^2} = \frac{1}{a}\tan^{-1}\frac{x}{a}$ 이므로

$$I_2 = \frac{1}{2a^2}\left\{\frac{x}{x^2+a^2} + \frac{1}{a}\tan^{-1}\frac{x}{a}\right\} + C$$

$$\begin{aligned} I_3 &= \frac{1}{4a^2}\left\{\frac{x}{(x^2+a^2)^2} + 3I_2\right\} \\ &= \frac{1}{4a^2}\left\{\frac{x}{(x^2+a^2)^2} + \frac{3}{2a^2}\frac{x}{x^2+a^2} + \frac{3}{2a^3}\tan^{-1}\frac{x}{a}\right\} + C \end{aligned}$$

□

**참고 5.10** 위와 같이 순차적으로 대입하면 $I_2, I_3, \cdots$ 등을 모두 구할 수 있으며, 일반적인 식 $I_n$ 을 $I_{n-1}, I_{n-2}, \cdots$ 로 나타낸 식을 **점화식**이라 한다.

다음은 삼각함수의 점화식 적분이다. $n$ 의 값이 크지 않은 경우는 부분적분을 사용하면 쉽게 구해지므로, 큰 $n$ 의 값에 대하여 아래 공식을 이용하면 편리할 것이다. 아래에서 부모가 $0$ 이 되는 $n$ 의 값은 제외한다.

**정리 5.2.9 (점화식, reduction formula)** 다음과 같은 점화식이 성립한다.

(1) $I_n = \displaystyle\int \sin^n x dx$ 이면 $I_n = -\dfrac{1}{n}\sin^{n-1}x\cos x + \dfrac{n-1}{n}I_{n-2}$

(2) $I_n = \displaystyle\int \cos^n x dx$ 이면 $I_n = \dfrac{1}{n}\cos^{n-1}x\sin x + \dfrac{n-1}{n}I_{n-2}$

(3) $I_n = \displaystyle\int \tan^n x dx$ 이면 $I_n = \dfrac{1}{n-1}\tan^{n-1}x - I_{n-2}$

(4) $I_n = \displaystyle\int \cot^n x dx$ 이면 $I_n = -\dfrac{1}{n-1}\cot^{n-1}x - I_{n-2}$

(5) $I_n = \displaystyle\int \sec^n x dx$ 이면 $I_n = \dfrac{1}{n-1}\sec^{n-2}x\tan x + \dfrac{n-2}{n-1}I_{n-2}$

(6) $I_n = \displaystyle\int \csc^n x dx$ 이면 $I_n = -\dfrac{1}{n-1}\csc^{n-2}x\cot x + \dfrac{n-2}{n-1}I_{n-2}$

**[증명]**

증명은 부분적분법을 이용하면 된다.

(1) $$I_n = \int \sin^{n-1} x \sin x dx = \sin^{n-1} x(-\cos x) - \int (-\cos x)(n-1)\sin^{n-2} x \cos x dx$$

$$= -\sin^{n-1} x \cos x + (n-1)\int \sin^{n-2} x \cos^2 x dx$$

$$= -\sin^{n-1} x \cos x + (n-1)\int \sin^{n-2} x dx - (n-1)\int \sin^n x dx$$

$$= -\sin^{n-1} x \cos x + (n-1)I_{n-2} - (n-1)I_n$$

$$\therefore I_n = -\frac{1}{n}\sin^{n-1} x \cos x + \frac{n-1}{n}I_{n-2}$$

(2) $\cos x$와 $\sin x$의 관계식을 이용하여 (1)의 점화식에서 $x = \frac{\pi}{2} - y$를 대입하면 $dx = -dy$이므로 다음을 얻는다.

$$\int \cos^n x dx = -\int \sin^n \left(\frac{\pi}{2} - y\right) dy$$

$$= -\frac{1}{n}\sin^{n-1}\left(\frac{\pi}{2} - y\right)\cos\left(\frac{\pi}{2} - y\right) - \frac{n-1}{n}\int \sin^{n-2}\left(\frac{\pi}{2} - y\right) dy$$

$$\therefore \int \cos^n y dy = \frac{1}{n}\cos^{n-1} y \sin y + \frac{n-1}{n}\int \cos^{n-2} y dy$$

이것을 $x$에 대한 식으로 표현하기 위하여 $y = x$라 하면

$$I_n = \frac{1}{n}\cos^{n-1} x \sin x + \frac{n-1}{n}I_{n-2}$$

을 얻는다.

(3) $$I_n = \int \tan^{n-2} x \tan^2 x dx = \int \tan^{n-2} x(\sec^2 x - 1)dx$$

$$= \int \tan^{n-2} x \sec^2 x dx - \int \tan^{n-2} x dx$$

$$= \int \tan^{n-2} x d(\tan x) - \int \tan^{n-2} x dx$$

$$= \frac{1}{n-1}\tan^{n-1} x - I_{n-2}$$

(4) (3)과 같은 방법으로 전개하면 유도된다.

(5) (2)에서

$$\int \cos^n x dx = \frac{1}{n}\cos^{n-1} x \sin x + \frac{n-1}{n}\int \cos^{n-2} x dx$$

이므로 $n-2 = -m$이라 두면

$$\int \cos^{-(m-2)} x dx = -\frac{\sec^{m-1} x \sin x}{m-2} + \frac{n-1}{n}\int \cos^{-m} x dx$$

즉,

$$\int \sec^{m-2} x dx = -\frac{\sec^{m-1} x \sin x}{m-2} + \frac{m-1}{m-2}\int \sec^m x dx$$

여기서 $\int \sec^m x dx = I_m$ 이라 두면

$$I_{m-2} = -\frac{\sec^{m-2} x \tan x}{m-2} + \frac{m-1}{m-2} I_m$$

이므로

$$I_m = \frac{\sec^{m-2} x \tan x}{m-1} + \frac{m-2}{m-1} I_{m-2}$$

이고, $m$을 $n$으로 바꾸면

$$I_n = \int \sec^n x dx = \frac{wsec^{n-2} x \tan x}{n-1} + \frac{n-2}{n-1} I_{n-2}$$

이다.

(6) (5)와 마찬가지로 (1)의 점화식에서 $n-2=-m$이라 두면 유도된다. □

**3.** $I = \int \frac{x^3 - 3x^2 + 2x - 3}{(x^2+1)^2} dx$를 구하시오.

---

풀이

분모가 2차인수를 갖고 있으므로 피적분함수를

$$\frac{x^3 - 3x^2 + 2x - 3}{(x^2+1)^2} = \frac{Ax+B}{x^2+1} + \frac{Cx+D}{(x^2+1)^2} \tag{1}$$

와 같이 부분분수로 분해하여 상수 $A, B, C, D$를 정한다. 이들 상수는 다음 방법을 이용하면 쉽게 구할 수 있다.

$$\frac{x^3 - 3x^2 + 2x - 3}{x^2+1} = (x-3) + \frac{x}{x^2+1}$$

이므로 양변에 $\frac{1}{x^2+1}$ 을 곱하면

$$\frac{x^3 - 3x^2 + 2x - 3}{(x^2+1)^2} = \frac{x-3}{x^2+1} + \frac{x}{(x^2+1)^2}$$

(1)과 계수를 비교하면 $A=1,\ B=-3,\ C=1,\ D=0$이다.

$$\begin{aligned} \therefore I &= \int \left\{ \frac{x}{x^2+1} - \frac{3}{x^2+1} + \frac{x}{(x^2+1)^2} \right\} dx \\ &= \frac{1}{2} \ln(x^2+1) - 3\tan^{-1} x - \frac{1}{2(x^2+1)} + C \end{aligned}$$

---

**4.** $\int \frac{dx}{a + b\cos x}$ $(a, b > 0,\ a \neq b)$를 구하시오.

풀이

주요 풀이는 [정리 5.2.5]의 방법을 이용한다. 따라서 $\tan\dfrac{x}{2}=t$라고 두면

$\cos x=\dfrac{1-t^2}{1+t^2}$, $dx=\dfrac{2}{1+t^2}dt$ 이므로 주어진 식에 대입하면

$$\begin{aligned}\int\frac{dx}{a+b\cos x}&=\int\frac{1}{a+b\left(\frac{1-t^2}{1+t^2}\right)}\cdot\frac{2}{1+t^2}dt\\&=\int\frac{2}{a+b+(a-b)t^2}dt\end{aligned}$$

이다.

$a>b$일 때

$$\begin{aligned}\int\frac{dx}{a+b\cos x}&=\frac{2}{a-b}\int\frac{1}{t^2+\frac{a+b}{a-b}}dt\\&=\frac{2}{a-b}\sqrt{\frac{a-b}{a+b}}\tan^{-1}\left(\sqrt{\frac{a-b}{a+b}}t\right)+C\\&=\frac{2}{\sqrt{a^2-b^2}}\tan^{-1}\left(\sqrt{\frac{a-b}{a+b}}\tan\frac{x}{2}\right)+C\end{aligned}$$

$a<b$일 때

$$\begin{aligned}\int\frac{dx}{a+b\cos x}&=\frac{2}{b-a}\int\frac{1}{\frac{b+a}{b-a}-t^2}dt\\&=\frac{1}{b-a}\sqrt{\frac{b-a}{b+a}}\ln\left|\frac{\sqrt{\frac{b+a}{b-a}}+t}{\sqrt{\frac{b+a}{b-a}}-t}\right|+C\\&=\frac{1}{\sqrt{b^2-a^2}}\ln\left|\frac{\sqrt{b+a}+\sqrt{b-a}\tan\frac{x}{2}}{\sqrt{b+a}-\sqrt{b-a}\tan\frac{x}{2}}\right|+C\end{aligned}$$

---

**5.** 다음 부정적분을 구하시오.

(1) $\displaystyle\int x^4e^xdx$  (2) $\displaystyle\int(x^2+1)\sin xdx$

(3) $\displaystyle\int x\sin^{-1}xdx$  (4) $\displaystyle\int\ln(x+1)dx$

(5) $\displaystyle\int(\sin^{-1}x)^2dx$  (6) $\displaystyle\int\tan^{-1}xdx$

---

풀이

(1) $\displaystyle\int x^4e^xdx=e^x(x^4-4x^3+12x^2-24x+24)+C$

(2) $\displaystyle\int(x^2+1)\sin xdx=-(x^2+1)\cos x+2x\sin x+2\cos x+C$

(3) $\int x\sin^{-1}xdx = \frac{x^2}{2}\sin^{-1}x - \frac{1}{2}\int \frac{x^2}{\sqrt{1-x^2}}dx.$

$$\begin{aligned}\int \frac{x^2}{\sqrt{1-x^2}}dx &= \int \frac{dx}{\sqrt{1-x^2}} - \int \sqrt{1-x^2}dx \\ &= \sin^{-1}x - \frac{1}{2}(x\sqrt{1-x^2} + \sin^{-1}x) + C\end{aligned}$$

이므로

$$\int x\sin^{-1}xdx = \frac{1}{4}\{(2x^2-1)\sin^{-1}x + x\sqrt{1-x^2}\} + C$$

(4) $u = \ln(x+1), v' = 1$이라 하면 $u' = \frac{1}{x+1}, v = x$ 이므로

$$\begin{aligned}\int \ln(x+1)dx &= x\ln(x+1) - \int \frac{x}{x+1}dx \\ &= x\ln(x+1) - \int \left(1 - \frac{1}{x+1}\right)dx \\ &= x\ln(x+1) - x + \ln(x+1) + C \\ &= (x+1)\ln(x+1) - x + C\end{aligned}$$

(5) $u = (\sin^{-1})^2,\ v' = 1$이라 하면 $u' = \frac{2\sin^{-1}x}{\sqrt{1-x^2}},\ v = x$이므로

$$\int (\sin^{-1}x)^2 = x(\sin^{-1}x)^2 - 2\int \frac{x}{\sqrt{1-x^2}}\sin^{-1}xdx$$

다시 $u = \sin^{-1}x,\ v' = \frac{x}{\sqrt{1-x^2}}$라 하면 $u' = \frac{1}{\sqrt{1-x^2}},\ v = -\sqrt{1-x^2}$이므로

$$\begin{aligned}\int \frac{x}{\sqrt{1-x^2}}\sin^{-1}xdx &= -\sqrt{1-x^2}\sin^{-1}x + \int dx \\ &= -\sqrt{1-x^2}\sin^{-1}x + x + C_1\end{aligned}$$

$$\therefore \int (\sin^{-1}x)^2dx = x(\sin^{-1}x)^2 + 2\sqrt{1-x^2}\sin^{-1}x - 2x + C$$

(6) $u = \tan^{-1}x,\ v' = 1$이라 하면 $u' = \frac{1}{1+x^2}, v = x$이므로

$$\begin{aligned}\int \tan^{-1}xdx &= x\cdot\tan^{-1}x - \int \frac{x}{1+x^2}dx \\ &= x\tan^{-1}x - \frac{1}{2}\int \frac{2xdx}{1+x^2} \\ &= x\tan^{-1}x - \frac{1}{2}\int \frac{d(1+x^2)}{1+x^2} \\ &= x\tan^{-1}x - \frac{1}{2}\ln(1+x^2) + C\end{aligned}$$

**6.** 다음 부정적분을 구하시오.

(1) $\displaystyle\int \frac{e^x - 1}{e^x + 1} dx$

(2) $\displaystyle\int \tan^3 x dx$

(3) $\displaystyle\int (\cos^{-1} x)^3 dx$

(4) $\displaystyle\int \frac{\ln x}{x} dx$

(5) $\displaystyle\int \frac{1}{\sin x} dx$

(6) $\displaystyle\int \frac{(\sin^{-1} x)^2}{\sqrt{1 - x^2}} dx$

풀이

(1) 주어진 식을 $t = e^x$ 로 치환을 한다.

$$\begin{aligned}\int \frac{e^x - 1}{e^x + 1} dx &= \int \frac{t-1}{t+1}\frac{dt}{t} \\ &= \int \left(\frac{2}{t+1} - \frac{1}{t}\right) dt \\ &= 2\ln|t+1| - \ln|t| + C = 2\ln(e^x + 1) - x + C.\end{aligned}$$

(2) 같은 문제에 대한 [예제 5.2.5]의 풀이와 다른 방법으로 유형(13)으로 풀기 위해 주어진 식을 $t = \tan x$로 치환하면 다음을 따른다.

$$\begin{aligned}\int \tan^3 x dx &= \int \frac{t^3}{1+t^2} dt \\ &= \int \left(t - \frac{t}{1+t^2}\right) dt = \frac{t^2}{2} - \frac{1}{2}\ln(t^2+1) + C \\ &= \frac{\tan^2 x}{2} - \frac{1}{2}\ln\sec^2 x + C \\ &= \frac{1}{2}\tan^2 x + \ln|\cos x| + C.\end{aligned}$$

(3) $\cos^{-1} x = t$라 하면, $x = \cos t,\ dx = -\sin t dt$이므로

$$\begin{aligned}&\int (\cos^{-1} x)^3 dx \\ =& -\int t^3 \sin dt = (t^3 - 6t)\cos t - (3t^2 - 6)\sin t + C \\ =& x\cos^{-1} x\{(\cos^{-1} x)^2 - 6\} - 3\sqrt{1-x^2}\{(\cos^{-1} x)^2 - 2\} + C.\end{aligned}$$

이다.

(4) $\ln x = t$라 하면 $\frac{1}{x}dx = dt$이므로

$$\int \frac{\ln x}{x} dx = \int t dt = \frac{1}{2}t^2 + C = \frac{1}{2}(\ln x)^2 + C$$

이다.

(5) $\tan\frac{x}{2} = t$로 치환하여 [정리 5.2.5]의 방법으로 풀어도 된다. 보다 쉬운 풀이는 다음 문제7의 (3)을 보시오. 하지만 다소 어렵지만 다른 방법으로 풀어보면 다음과 같다. 이 문제에서 알 수 있듯이 같은 문제라도 치환의 선택 방법에 의해 풀이 방법은 복잡해질 수도 있고 간단해질 수도 있음을 알 수 있다. 이제 $\sin x = t$를 치환하여 풀어보면 $dx = \frac{dt}{\cos x} = \frac{dt}{\sqrt{1-t^2}}$이므로

$$I = \int \frac{1}{\sin x} dx = \int \frac{dt}{t\sqrt{1-t^2}}$$

이다.

무리함수의 적분법에 의해 $\sqrt{\frac{t+1}{1-t}} = \theta$라 하면, $t = \frac{\theta^2-1}{\theta^2+1}$ 이고 $dt = \frac{4\theta d\theta}{(\theta^2+1)^2}$,

$\sqrt{1-t^2} = \frac{2\theta}{\theta^2+1}$ 이므로

$$\begin{aligned} I &= \int \frac{\theta^2+1}{\theta^2-1} \cdot \frac{\theta^2+1}{2\theta} \cdot \frac{4\theta d\theta}{(\theta^2+1)^2} = \int \frac{2}{\theta^2-1} d\theta \\ &= \int \left( \frac{1}{\theta-1} - \frac{1}{\theta+1} \right) d\theta = \ln \left| \frac{\theta-1}{\theta+1} \right| + C \\ &= \ln \left| \frac{\sqrt{t+1} - \sqrt{1-t}}{\sqrt{t+1} + \sqrt{1-t}} \right| + C = \ln \left| \frac{1-\sqrt{1-t^2}}{t} \right| + C \\ &= \ln \left| \frac{1-\cos x}{\sin x} \right| + C = \ln \left| \frac{1 - \left(1 - 2\sin^2 \frac{x}{2}\right)}{2\sin \frac{x}{2} \cdot \cos \frac{x}{2}} \right| + C \\ &= \ln \left| \tan \frac{x}{2} \right| + C \end{aligned}$$

이다.

(6) $\sin^{-1} x = t$라 하면, $x = \sin t,\ dx = \cos t dt$이므로

$$\begin{aligned} \int \frac{(\sin^{-1} x)^2}{\sqrt{1-x^2}} dx &= \int \frac{t^2}{\sqrt{1-\sin^2 t}} \cdot \cos t dt = \int t^2 dt \\ &= \frac{t^3}{3} + C = \frac{(\sin^{-1} x)^3}{3} + C. \end{aligned}$$

참고로 부분적분법으로 계산을 해보자. $I = \int \frac{(\sin^{-1} x)^2}{\sqrt{1-x^2}} dx$를 계산하면

$$\begin{aligned} I &= \sin^{-1} x (\sin^{-1} x)^2 - 2 \int \sin^{-1} x \left( \sin^{-1} x \cdot \frac{dx}{\sqrt{1-x^2}} \right) \\ &= (\sin^{-1} x)^3 - 2I \\ \therefore I &= \frac{(\sin^{-1} x)^3}{3} + C \end{aligned}$$

---

다음은 부분적분법을 이용한 [정리 5.2.9]의 일반화된 결과이다. 알아두면 편리하지만 암기할 필요는 없다.

**정리 5.2.10** ($\sin^m x \cdot \cos^n x$의 적분법)
$I_{m,n} = \int \sin^m x \cdot \cos^n x dx$ ($m, n$은 정수)라 가정하면 다음 식이 성립한다.

(1) $I_{m,n} = \dfrac{\sin^{m+1} x \cdot \cos^{n-1} x}{m+n} + \dfrac{n-1}{m+n} I_{m,n-2}$ $(m+n \neq 0)$ 또는

$I_{m,n} = -\dfrac{\sin^{m+1} x \cdot \cos^{n+1} x}{n+1} + \dfrac{m+n+2}{n+1} I_{m,n+2}$ $(n \neq -1)$

(2) $I_{m,n} = -\dfrac{\sin^{m-1} x \cdot \cos^{n+1} x}{m+n} + \dfrac{m-1}{m+n} I_{m-2,n}$ $(m+n \neq 0)$ 또는

$I_{m,n} = \dfrac{\sin^{m+1} x \cdot \cos^{n+1} x}{m+1} + \dfrac{m+n+2}{m+1} I_{m+2,n}$ $(m \neq -1)$

**[증명]**

(1) $I_{m,n} = \int (\sin^m x \cdot \cos x) \cdot \cos^{n-1} x dx$에서
$f(x) = \cos^{n-1} x, \quad g'(x) = \sin^m x \cdot \cos x$라 두면

$$f'(x) = (n-1)\cos^{n-2} x(-\sin x)$$
$$g(x) = \int \sin^m x \cdot \cos x dx = \frac{1}{m+1} \sin^{m+1} x$$

이므로 부분적분법에 의해

$$\begin{aligned} I_{m,n} &= \frac{\sin^{m+1} x \cdot \cos^{n-1} x}{m+1} - \int (n-1)\cos^{n-2} x(-\sin x) \cdot \frac{1}{m+1} \sin^{m+1} x dx \\ &= \frac{\sin^{m+1} x \cdot \cos^{n-1} x}{m+1} + \frac{n-1}{m+1} \int \sin^{m+2} x \cdot \cos^{n-2} x dx \end{aligned}$$

여기서 마지막 식은

$$\begin{aligned} \sin^{m+2} x \cdot \cos^{n-2} x &= \sin^m x \cdot \sin^2 x \cdot \cos^{n-2} x \\ &= \sin^m x(1-\cos^2 x)\cos^{n-2} x \\ &= \sin^m x \cdot \cos^{n-2} x - \sin^m x \cdot \cos^n x \end{aligned}$$

와 같으므로, $I_{m,n}$에 대입하여 정리하면

$$\begin{aligned} I_{m,n} =& \frac{\sin^{m+1} x \cdot \cos^{n-1} x}{m+1} \\ &+ \frac{n-1}{m+1} \int (\sin^m x \cdot \cos^{n-2} x - \sin^m x \cdot \cos^n x) dx \\ =& \frac{\sin^{m+1} x \cdot \cos^{n-1} x}{m+1} + \frac{n-1}{m+1}(I_{m,n-2} - I_{m,n}) \end{aligned}$$

을 얻는다. 마지막으로 정리하면 다음과 같이 증명된다.

$$\left(1+\frac{n-1}{m+1}\right)I_{m,n}=\frac{\sin^{m+1}\cdot\cos^{n-1}x}{m+1}+\frac{n-1}{m+1}I_{m,n-2}$$
$$\therefore\ I_{m,n}=\frac{\sin^{m+1}x\cdot\cos^{n-1}x}{m+n}+\frac{n-1}{m+n}I_{m,n-2}$$

또는 위 식을 $I_{m,n-2}$로 정리한 다음

$$I_{m,n-2}=-\frac{\sin^{m+1}x\cdot\cos^{n-1}x}{n-1}+\frac{m+n}{n-1}I_{m,n}$$

에 $n$ 대신 $n+2$를 대입하면

$$I_{m,n}=-\frac{\sin^{m+1}x\cdot\cos^{n+1}x}{n+1}+\frac{m+n+2}{n+1}I_{m,n+2}$$

와 같은 다른 유형의 식을 얻을 수 있다.

(2) $I_{m,n}=\int(\cos^n x\cdot\sin x)\sin^{m-1}xdx$에서 $f(x)=\sin^{m-1}x,\ g'(x)=\cos^n x\cdot\sin x$ 라 두고 (1)과 같은 방법으로 부분적분법을 하면 원하는 식을 얻을 수 있다. □

다음 문제 7과 8에서 삼각치환적분법으로 직접 푸는 방법과 [정리 5.2.10]의 공식을 사용하여 공식에 대입하여 푸는 방법을 각각 적용한 경우이다.

**7.** 다음 부정적분을 구하시오.

(1) $\int\sin^3 x\cos^3 xdx$　　(2) $\int\sin x\cos^2 xdx$

(3) $\int\frac{dx}{\sin x}$　　(4) $\int\frac{\sin x}{1+\sin x}dx$

---

풀이

(1) $\sin x=t$라 하면, $\cos xdx=dt$.

$$\begin{aligned}\int\sin^3 x\cos^3 xdx&=\int\sin^3 x(1-\sin^2 x)\cos xdx\\&=\int t^3(1-t^2)dt=\frac{1}{4}t^4-\frac{1}{6}t^6+C\\&=\frac{1}{4}\sin^4 x-\frac{1}{6}\sin^6 x+C\end{aligned}$$

(2) $\cos x=t$라 하면, $-\sin xdx=dt$

$$\int\sin x\cos^2 xdx=-\int t^2dt=-\frac{1}{3}t^3+C=-\frac{1}{3}\cos^3 x+C$$

(3) 문제 6의 (5)의 풀이보다 쉬운 방법을 위하여 [정리 5.2.5]를 이용한 다음 풀이법을 소개한다. $\tan\frac{x}{2}=t$라 놓으면

$$\int\frac{dx}{\sin x}=\int\frac{\frac{2}{1+t^2}}{\frac{2t}{1+t^2}}dt=\int\frac{dt}{t}=\ln|t|+C$$

$$\therefore\int\frac{dx}{\sin x}=\ln\left|\tan\frac{x}{2}\right|+C.$$

(4) 이 문제를 [정리5.2.5]의 방법으로 풀기 위해서 $\tan\frac{x}{2}=t$라 놓으면

$$\begin{aligned}\int\frac{\sin x}{1+\sin x}dx&=\int\frac{\frac{2t}{1+t^2}}{1+\frac{2t}{1+t^2}}\cdot\frac{2}{1+t^2}dt\\&=\int\frac{4tdt}{(1+t^2)(1+t)^2}=2\int\left(\frac{1}{1+t^2}-\frac{1}{(1+t)^2}\right)dt\\&=2\tan^{-1}t+\frac{2}{1+t}=x+\frac{2}{1+\tan\frac{x}{2}}+C.\end{aligned}$$

---

**8.** 다음 부정적분을 [정리 5.2.10]의 공식을 이용하여 구하시오 (또한 삼각치환 방법으로도 구해보시오).

(1) $\int\sin^2x\cos^4xdx$ (2) $\int\frac{dx}{\sin^3x\cos^2x}$ (3) $\int\frac{dx}{\sin^3x\cos^3x}$

---

**풀이**

(1) $\int\sin^2x\cos^4xdx=\frac{-\sin x\cos^5x}{6}+\frac{1}{6}\int\cos^4xdx$이다. 이때,

$$\int\cos^4xdx=\frac{\sin x\cos^3x}{4}+\frac{3}{4}\int\cos^2xdx\quad(m=0,\ n=4)$$

$$\int\cos^2xdx=\int\frac{1+\cos 2x}{2}dx=\frac{1}{2}\left(x+\frac{\sin 2x}{2}\right)+C$$

$$\begin{aligned}&\therefore\int\sin^2x\cos^4xdx\\&=\frac{-\sin x\cos^5x}{6}+\frac{\sin x\cos^3x}{24}+\frac{\sin 2x}{32}+\frac{x}{16}+C.\end{aligned}$$

(2) $m=-3,\ n=-2$라 놓으면

$$I=\int\frac{dx}{\sin^2x\cos^3x}=\frac{1}{\sin^2x\cos x}+3\int\frac{dx}{\sin^3x}$$

$m=-3,\ n=0$이라 놓으면

$$\begin{aligned}\int\frac{dx}{\sin^3x}&=\frac{-\cos x}{2\sin^2x}+\frac{1}{2}\int\frac{dx}{\sin x}\\&=\frac{-\cos x}{2\sin^2x}+\frac{1}{2}\ln\left|\tan\frac{x}{2}\right|+C\end{aligned}$$

$$\therefore\ I=\frac{1}{\sin^2x\cos x}-\frac{3\cos x}{2\sin^2x}+\frac{3}{2}\ln\tan\frac{x}{2}+C.$$

(3) 피적분함수를 고쳐 쓰면

$$I_{-3,-3} = \int \sin^{-3} x \cdot \cos^{-3} x dx$$

이므로 [정리 5.2.10]의 (1)의 두 번째 식에 대입하면

$$\begin{aligned} I_{-3,-3} &= -\frac{\sin^{-2} x \cdot \cos^{-2} x}{-3+1} + \frac{-3-3+2}{-3+1} I_{-3,-1} \\ &= \frac{1}{2\sin^2 x \cdot \cos^2 x} + 2I_{-3,-1} \end{aligned}$$

여기서 $I_{-3,-1}$은 [정리 5.2.10]의 (2)의 두 번째 식에 대입하면

$$\begin{aligned} I_{-3,-1} &= \frac{\sin^{-2} x \cos^0 x}{-3+1} + \frac{-3-1+2}{-3+1} I_{-1,-1} \\ &= -\frac{1}{2\sin^2 x} + \int \frac{1}{\sin x \cdot \cos x} \\ &= -\frac{1}{2\sin^2 x} + \ln|\tan x| \end{aligned}$$

이므로 다음의 결과를 얻는다.

$$I_{-3,-3} = \frac{1}{2\sin^2 x \cdot \cos^2 x} - \frac{1}{\sin^2 x} + 2\ln|\tan x| + C$$

참고로 위의 풀이과정에서 (2)의 두 번째 식에 대입한 후 (1)의 두 번째 식에 대입해도 같은 결과를 얻을 수 있다.

---

## 5.3 정적분의 정의와 성질

**정의 5.3.1**

**폐구간의 분할**

폐구간 $[a, b]$을 $a < x_1 < x_2 < \cdots < x_{n-1} < b$가 되도록 $(n+1)$개의 점 $a = x_0,\ x_1,\ x_2,\ \cdots,\ x_{n-1},\ x_n = b$을 이용하여 $n$개의 소구간 $[x_0, x_1],\ [x_1, x_2],\ \cdots,\ [x_{n-1}, x_n]$으로 나눌 때 이 소구간의 집합

$$P = \{[x_0, x_1], [x_1, x_2], \cdots, [x_{n-1}, x_n]\}$$

을 $[a, b]$의 **분할**(partition)이라 하고, $x_1,\ x_2,\ \cdots,\ x_{n-1}$을 $P$의 **분할점**(partitioning point)이라 한다.

**정의 5.3.2**

**폐구간의 정규분할**

분할 $P$의 각 소구간 $[x_{i-1}, x_i]$의 길이를 $\Delta x_i = x_i - x_{i-1}$이라 할 때 $\Delta x_1,\ \Delta x_2,\ \cdots,\ \Delta x_n$ 중에서 가장 큰 값을 $P$의 Norm이라 하고

$$|P| = \max\{[x_0, x_1], [x_1, x_2], \cdots, [x_{n-1}, x_n]\}$$

로 나타낸다. 특히 각 소구간의 길이 $\Delta x_i$가 모두 같으면 $P$를 **정규분할**(regular partition)이라 하며 이때는 $|P| = \frac{b-a}{n}$ 가 된다.

**정의 5.3.3**

**Riemann 합**

폐구간 $[a, b]$에서 정의된 함수 $y = f(x)$가 분할 $P$의 각 소구간 $[x_{i-1}, x_i]$와 그 소구간 안에 있는 임의의 점 $\xi_i$에 의해서 만들어지는 직사각형의 합

$$\sum_{i=1}^{n} f(\xi_i)\Delta x_i$$

를 함수 $f(x)$의 분할 $P$에 대한 **Riemann 합**이라 한다.

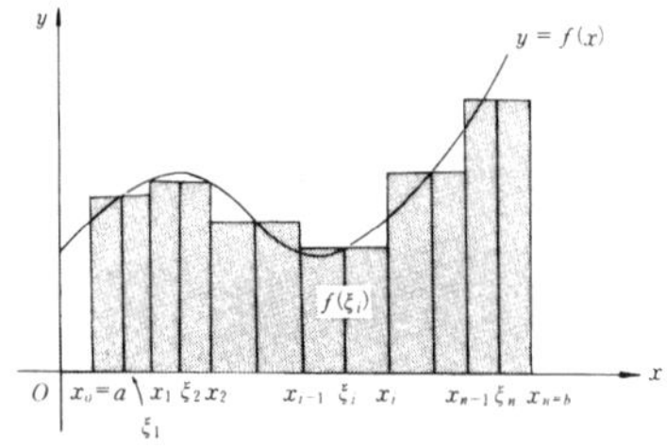


그림 5.4 Riemann 합

**정의 5.3.4**

**정적분 또는 Riemann 적분**

함수 $y = f(x)$가 $[a, b]$에서 정의되고 $|P|$가 $0$에 한없이 가까워질 때 Riemann 합 $\sum_{i=1}^{n} f(\xi_i)\Delta x_i$의 극한값 $\lim_{|P|\to 0} \sum_{i=1}^{n} f(\xi_i)\Delta x_i$ 가 존재하면, 이 값을 $f(x)$의 $x = a$에서 $x = b$까지의 **정적분**(definite integral) 또는 **Riemann 적분**이라 하고

$$\int_a^b f(x)dx = \lim_{|P|\to 0} \sum_{i=1}^{n} f(\xi_i)\Delta x_i$$

로 나타낸다. 정적분 $\int_a^b f(x)$이 존재할 때 함수 $f(x)$는 $[a, b]$에서 **적분가능**(integrable)이라 하고 $f(x)$를 **피적분함수**(integrand)라 한다.

**참고 5.11** 특히 정규분할의 경우

$$\int_a^b f(x)dx = \lim_{n\to\infty} \sum_{i=1}^{n} f(x_i)\Delta x_i \text{ or } \lim_{n\to\infty} \sum_{i=0}^{n-1} f(x_i)\Delta x_i$$

로 표시되고, 여기에서 $\Delta x_i = \dfrac{b-a}{n}$ 이고 $x_i = a + i\ \Delta x_i$이 된다.

**참고 5.12** 함수 $f(x)$가 구간 $[a, b]$에서 적분 가능할 때 다음이 성립한다. (1)의 이유는 구간 $[a, b]$의 소구간과 구간 $[b, a]$에서의 소구간의 차이는 $-$이기 때문이다. (2)는 모든 소구간이 $0$이기 때문이다.

(1) $\int_a^b f(x)dx = -\int_b^a f(x)dx$  (2) $\int_a^a f(x)dx = 0$

**예제 5.3.1**

정적분의 정의에 의하여 $\int_0^1 x^2 dx$를 구하시오.

풀이 5.3.1

구간 $[0, 1]$을 $n$등분하여

$$\Delta x = \frac{1-0}{n} = \frac{1}{n}$$

로 놓는다. 그러면 $\xi_0,\ \xi_1, \cdots,\ \xi_{n-1}$ 은 각각 $0,\ \frac{1}{n},\ \cdots,\ \frac{n-1}{n}$ 이 되므로 $f(x) = x^2$ 에서

$$\begin{aligned} S_n &= f(\xi_0)\Delta x + f(\xi_1)\Delta x + \cdots + f(\xi_{n-1})\Delta x \\ &= \frac{1}{n^3}[1^2 + 2^2 + \cdots + (n-1)^2] \\ &= \frac{1}{n^3}\ \frac{(n-1)(n)(2n-1)}{6} \\ &= \frac{1}{6}\left(1 - \frac{1}{n}\right)\left(2 - \frac{1}{n}\right) \end{aligned}$$

이 된다. 따라서

$$\int_0^1 x^2 dx = \lim_{n\to\infty} S_n = \lim_{n\to\infty} \frac{1}{6}\left(1 - \frac{1}{n}\right)\left(2 - \frac{1}{n}\right) = \frac{1}{3}$$

이다. 참고로 공식

$$\sum_{k=1}^{n} k^2 = (1^2 + 2^2 + \cdots + n^2) = \frac{n(n+1)(2n+1)}{6}$$

을 알아두면 편리하다.

---

**예제 5.3.2**

다음을 정적분으로 표시하시오.

$$\lim_{n\to\infty} \frac{1}{n}(1 + \sqrt{1 + \frac{1}{n}} + \sqrt{1 + \frac{2}{n}} + \cdots + \sqrt{1 + \frac{n-1}{n}}\ )$$

---

풀이 5.3.2

정규분할의 정적분을 생각하면

$$\Delta x_i = \frac{1}{n}$$

이다. 그리고 주어진 문제에서

$$x_0 = 0,\ \cdots,\ x_i = 0 + i\Delta x_i = 0 + \frac{i}{n},\ \cdots,\ x_{n-1} = \frac{n-1}{n}$$

인 경우에 대하여 규칙

$$f(x_i) = \sqrt{1 + \frac{i}{n}}$$

임을 알 수 있다. 따라서

$$\int_0^1 \sqrt{1+x}dx$$

---

**예제 5.3.3**

다음을 정적분으로 표시하시오.

$$\lim_{n\to\infty}\sum_{k=1}^{n}\frac{k}{n^2+k^2}$$

풀이 5.3.3

주어진 식은 다음과 같이 변형이 가능하다.

$$\lim_{n\to\infty}\sum_{k=1}^{n}\frac{k}{n^2+k^2}=\lim_{n\to\infty}\sum_{k=1}^{n}\frac{\frac{k}{n}}{1+(\frac{k}{n})^2}\ \frac{1}{n}$$

정규분할의 정적분을 생각하면

$$\Delta x_i=\frac{1}{n}$$

이다. 그리고 주어진 문제에서

$$x_0=0, x_1=0+\Delta x_1,\ \cdots,\ x_i=0+i\Delta x_i=0+\frac{i}{n},\ \cdots$$

인 경우에 대하여 규칙

$$f(x_i)=\frac{x_i}{1+x_i^2}$$

임을 알 수 있다. 따라서

$$\int_0^1\frac{x}{1+x^2}dx$$

을 얻는다.

**예제 5.3.4**

다음을 정적분으로 표시하시오.

$$\lim_{n\to\infty}\frac{1}{\sqrt{n}}\sum_{k=1}^{n}\frac{1}{\sqrt{n+k}}$$

풀이 5.3.4

주어진 식은 다음과 같이 변형이 가능하다.

$$\lim_{n\to\infty}\frac{1}{\sqrt{n}}\sum_{k=1}^{n}\frac{1}{\sqrt{n+k}}=\lim_{n\to\infty}\sum_{k=1}^{n}\frac{1}{\sqrt{1+\frac{k}{n}}}\ \frac{1}{n}$$

정규분할의 정적분을 생각하면

$$\Delta x_i=\frac{1}{n}$$

이다. 그리고 주어진 문제에서

$$x_0 = 0, x_1 = 0 + \Delta x_1, \cdots, x_i = 0 + i\Delta x_i = 0 + \frac{i}{n}, \cdots$$

인 경우에 대하여 규칙

$$f(x_i) = \frac{1}{\sqrt{1 + x_i}}$$

임을 알 수 있다. 따라서

$$\int_0^1 \frac{1}{\sqrt{1+x}} dx$$

---

지금까지 정적분의 정의와 이것을 이용한 문제를 풀어보았다. 이제부터는 정적분의 정의로 부터 얻어지는 정적분의 성질에 대하여 공부하며, 특히 정적분이 4장에서 배운 부정적분과 관련이 있음을 보여준다. 나중에 배울 [미적분학의 기본정리]는 가장 중요한 결과이다. 이 정리는 중요한 점은 정적분을 계산하는데 있어 정적분의 정의를 이용하는 것이 아니라 피적분함수의 부정적분을 구함으로써 간단하게 계산할 수 있다는 사실이다.

**정리 5.3.1** 함수 $f(x)$가 폐구간 $[a, b]$에서 연속이면 $f(x)$는 $[a, b]$에서 적분가능하다.

**[증명]**
정리의 증명은 조금 어렵기 때문에 생략한다. 이 사실로부터 기초 대학수학 과정에서 다루는 대부분의 적분은 연속인 함수를 대상으로 한다. 하지만 나중에 [5.4절]의 이상적분에서 불연속인 함수에 대한 적분방식도 소개할 것이다. □

다음 정리는 정적분을 이용하여 면적을 구할 때 자주 사용되는 공식이므로 기하적인 방법으로 기억해 두면 좋을 것이다.

**정리 5.3.2 정적분의 성질**
함수 $f(x)$와 $g(x)$가 폐구간 $[a,b]$에서 적분가능하고 $a<c<b$라 가정하면 다음과 같은 정적분의 성질이 성립한다.

(1) $\int_a^b k\cdot f(x)dx = k\int_a^b f(x)dx$ ($k$는 상수)

(2) $\int_a^b \{f(x)\pm g(x)\}dx = \int_a^b f(x)dx \pm \int_a^b g(x)dx$ (복호동순)

(3) $\int_a^b f(x)dx = \int_a^c f(x)dx + \int_c^b f(x)dx$

(4) 구간 $[a,b]$에서 $f(x)\geq 0$이면 $\int_a^b f(x)dx \geq 0$

(5) 구간 $[a,b]$에서 $f(x)\geq g(x)$이면 $\int_a^b f(x)dx \geq \int_a^b g(x)dx$

(6) $f(x)$가 $[a,b]$에서 적분가능하면 $|f(x)|$도 적분가능하고 $\left|\int_a^b f(x)dx\right| \leq \int_a^b |f(x)|dx$

**[증명]**

(1) − (5)의 성질은 이해하기 어렵지 않으므로 증명은 생략한다.

이제 (6)의 사실을 증명한다. $f(x)$가 $[a,b]$에서 연속이면 $|f(x)|$도 연속이므로 $f(x)$와 $|f(x)|$는 적분가능하므로 $-|f(x)|\leq f(x)\leq |f(x)|$이 성립한다.

그리고 (5)의 사실로부터 다음을 알 수 있다.

$$-\int_a^b |f(x)|dx \leq \int_a^b f(x)dx \leq \int_a^b |f(x)|dx$$
$$\Rightarrow \left|\int_a^b f(x)dx\right| \leq \int_a^b |f(x)|dx$$

□

**정리 5.3.3 적분의 평균값 정리**
함수 $f(x)$가 $[a,b]$에서 연속이면 다음을 만족하는 점 $c$가 $(a,b)$내에 적어도 하나 존재한다.

$$\int_a^b f(x)dx = (b-a)f(c)$$

**[증명]**

$f(x)$가 $[a,b]$에서 연속이므로 $f(x)$는 최대 · 최솟값을 가지고 [정리 5.3.1]에 의해 $[a,b]$에서 적분가능하다. 그 최대 · 최솟값은 각각 $G, L$이라 하면 $L \le f(x) \le G$이므로 [정리 5.3.2]의 (5)에 의해

$$\int_a^b L dx \le \int_a^b f(x)dx \le \int_a^b G dx$$

이다. 양끝은 사각형의 면적과 같으므로

$$L(b-a) \le \int_a^b f(x)dx \le G(b-a)$$

이고, 양변을 양수 $b-a$로 나누면 아래의 부등식이 성립한다.

$$L \le \frac{1}{b-a}\int_a^b f(x)dx \le G$$

여기서 $f(x)$는 $[a,b]$에서 연속이므로 중간값 정리에 의해

$$\frac{1}{b-a}\int_a^b f(x)dx = f(c)$$

인 점 $c$가 $(a,b)$내에 적어도 하나 존재한다.

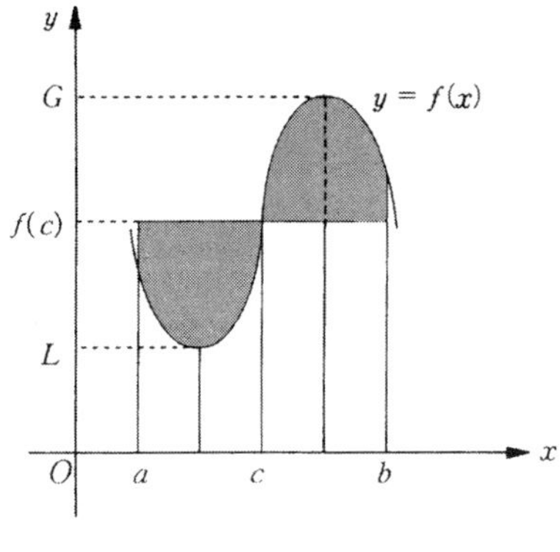


그림 5.5

□

**정리 5.3.4 Schwarz의 부등식**

$f(x), g(x)$가 $[a,b]$에서 적분가능이면, 다음 부등식이 성립한다.

$$\left\{\int_a^b f(x)g(x)dx\right\}^2 \le \int_a^b \{f(x)\}^2 dx \int_a^b \{g(x)\}^2 dx$$

**[증명]**

$f(x), g(x)$가 $[a,b]$에서 적분가능이므로 $f(x)g(x), f(x)^2, g(x)^2$도 적분가능이다. 임의의 실수 $\lambda$에 대해 $\{\lambda f(x)+g(x)\}^2 \geq 0$이므로

$$\int_a^b \{\lambda f(x)+g(x)\}^2 dx \geq 0$$

이다. 즉,

$$\lambda^2 \int_a^b \{f(x)\}^2 dx + 2\lambda \int_a^b f(x)g(x)dx + \int_a^b \{g(x)\}^2 dx \geq 0$$

$\lambda$에 관한 이차식의 값이 항상 양이므로 판별식 조건에 의해

$$\left\{\int_a^b f(x)g(x)dx\right\}^2 \leq \int_a^b \{f(x)\}^2 dx \int_a^b \{g(x)\}^2 dx$$

이다. □

함수 $f(x)$가 $[a,b]$에서 연속이면 $[a,b]$의 임의의 점 $x$에 대하여 $[a,x]$에서도 연속이고 적분가능하여 $\int_a^x f(t)dt$ 가 존재한다. 그러므로 $[a,b]$ 내의 모든 $x$에 대하여 $F(x) = \int_a^x f(t)dt$로 정의하면 $F(x)$는 $[a,b]$를 정의역으로 하는 함수가 된다.

> **정리 5.3.5** 함수 $f(x)$가 폐구간 $[a,b]$에서 연속이면 함수
>
> $$F(x) = \int_a^x f(t)dt$$
>
> 는 개구간 $(a,b)$에서 미분가능하고 $F'(x) = f(x)$이다.

**[증명]**

두 점 $x$와 $x+h \quad (h \neq 0)$가 $(a,b)$ 내에 있으면

$$\begin{aligned} F(x+h)-F(x) &= \int_a^{x+h} f(t)dt - \int_a^x f(t)dt \\ &= \int_a^{x+h} f(t)dt + \int_x^a f(t)dt = \int_x^{x+h} f(t)dt \end{aligned}$$

이고, 적분의 평균값 정리에 의하면, $x$와 $x+h$ 사이에 적당한 수 $x+\theta h \quad (0<\theta<1)$가 존재하여

$$\int_x^{x+h} f(t)dt = hf(x+\theta h)$$

이 성립한다. 즉,

$$F(x+h)-F(x) = hf(x+\theta h).$$

여기서 $f(x)$가 연속이므로

$$F'(x) = \lim_{h \to 0} \frac{F(x+h) - F(x)}{h} = \lim_{h \to 0} f(x + \theta h) = f(x)$$

이다. □

**정리 5.3.6 미적분학의 기본정리**
함수 $y = f(x)$가 폐구간 $[a, b]$에서 연속일 때 $f(x)$의 원시함수 중 하나를 $F(x)$라 하면

$$\int_a^b f(x)dx = F(b) - F(a)$$

**[증명]**
위 [정리 5.3.5]에 의하면 $\int_a^x f(t)dt$는 $f(x)$의 원시함수 중 하나이므로 하나의 상수 $c$가 존재하여

$$\int_a^x f(t)dt = F(x) + c$$

가 성립한다.
만약 $x = a$라 하면 $\displaystyle\int_a^a f(t)dt = 0$이므로 $c = -F(a)$이고

$$\int_a^x f(t)dt = F(x) - F(a)$$

또 $x = b$라 하면

$$\int_a^b f(t)dt = F(b) - F(a)\text{이다. 즉, } \int_a^b f(x)dx = F(b) - F(a)$$

□

**참고 5.13**

(1) $F(x)$를 하나의 원시함수라 할 때 $F(b) - F(a)$를 $\Big[F(x)\Big]_a^b$ 로 나타내어 [정리 5.3.6]의 결과를 다음과 같이 쓰기도 한다.

$$\int_a^b f(x)dx = \Big[F(x)\Big]_a^b$$

따라서 정적분의 계산은 부정적분하여 얻은 원시함수에 폐구간의 양끝점을 단순히 대입함으로써 쉽게 얻어진다.

(2) 정적분 $\int_{-1}^{1} \frac{1}{x^2}dx$은 [정리 5.3.6]의 방법으로 계산할 수 없다. 만약에

$$\int_{-1}^{1} \frac{1}{x^2}dx = \left[-\frac{1}{x}\right]_{-1}^{1} = -2$$

로 계산을 하면 피적분함수가 주어진 구간 $[-1, 1]$의 점 $x = 0$에서 불연속이고 적분가능이 아니기 때문에 잘못된 계산이다. 이런 종류의 계산은 다음 절의 이상적분에서 다룬다.

**예제 5.3.5**

$\int_{4}^{1} x^2 dx$를 구하시오.

---

풀이 5.3.5

정적분의 정의가 순서가 있는 구간 $[a, b]$에서 연속인 함수를 따라서 생겨나는 면적이다. 따라서

$$\int_{4}^{1} x^2 dx = -\int_{1}^{4} x^2 = -\left[\frac{1}{3}x^3\right]_{1}^{4} = -\frac{1}{3}(4^3 - 1^3) = -21$$

---

**예제 5.3.6**

$f(x) = \begin{cases} x, & 1 \le x \le 2 \\ 2, & 2 \le x \le 3 \end{cases}$ 일 때 $\int_{1}^{3} f(x)dx$를 구하시오.

---

풀이 5.3.6

정적분의 덧셈성질에 의해

$$\int_{1}^{3} f(x)dx = \int_{1}^{2} f(x)dx + \int_{2}^{3} f(x)dx = \int_{1}^{2} xdx + \int_{2}^{3} 2dx = \frac{3}{2} + 2 = \frac{7}{2}$$

---

**예제 5.3.7**

$\int_{1}^{-2} |x|dx$를 구하시오.

풀이 5.3.7

정적분의 덧셈정리를 이용한다.

$$\begin{aligned}\int_1^{-2}|x|d &= -\int_{-2}^{1}|x|dx = -\left(\int_{-2}^{0}|x|dx + \int_0^1 |x|dx\right)\\ &= -\left(\int_{-2}^{0}(-x)dx + \int_0^1 xdx\right) = \int_{-2}^{0}xdx - \int_0^1 xdx\\ &= -2 - \frac{1}{2} = -\frac{5}{2}\end{aligned}$$

**예제 5.3.8**

부등식 $\int_0^{\frac{\pi}{2}} e^{-x}dx < \int_0^{\frac{\pi}{2}} e^{-\sin x}dx$를 증명하시오.

**[증명]**

$0 < x < \frac{\pi}{2}$에서는 $0 < \sin x < x$이고 $e^{\sin x} < e^{x}$이므로 $e^{-x} < e^{-\sin x}$이다.

따라서

$$\int_0^{\frac{\pi}{2}} e^{-x}dx < \int_0^{\frac{\pi}{2}} e^{-\sin x}dx$$

□

**예제 5.3.9**

연속인 함수 $f(x) = x^2$에 대하여 면적

$$S = \int_0^2 x^2 dx$$

와 밑면이 $[0,2]$이고 높이가 $f(c)$인 직사각형의 면적이 같아지는 상수 $c$를 구하시오.

풀이 5.3.9

적분에 대한 평균값 정리를 이용하여 구한다.

$$S = \int_0^2 x^2 dx = \frac{1}{3}(2^3 - 0^3) = \frac{8}{3} = f(c)(2-0) = 2c^2$$

이므로 $c^2 = \frac{4}{3}$이다. 따라서 $c = \frac{2}{\sqrt{3}}$이다.

**예제 5.3.10**

정적분 $\int_0^2 \sqrt{1+x^2}dx$의 최솟값과 최댓값을 구하시오.

---

풀이 5.3.10

주어진 구간 $0 \le x \le 2$에 대하여 $1 \le \sqrt{1+x^2} \le \sqrt{5}$이다. 따라서

$$\int_0^2 1dx \le \int_0^2 \sqrt{1+x^2}dx \le \int_0^2 \sqrt{5}dx$$

이므로

$$2 \le \int_0^2 \sqrt{1+x^2}dx \le 2\sqrt{5}$$

이다. 다시 말해 $\int_0^2 \sqrt{1+x^2}dx$ 최솟값은 $2$이고 최댓값은 $2\sqrt{5}$이다.

---

**예제 5.3.11**

다음 정적분을 구하시오.

(1) $\int_0^{\frac{\pi}{2}} \sin^2 xdx$

(2) $\int_{-2}^{-1} \frac{1}{x}dx$

---

풀이 5.3.11

(1) $\int \sin^2 xdx = \int \frac{1-\cos 2x}{2}dx = \frac{1}{2}\left(x - \frac{1}{2}\sin 2x\right)$ 이므로

$$\int_0^{\frac{\pi}{2}} \sin^2 xdx = \left[\frac{1}{2}\left(x - \frac{1}{2}\sin 2x\right)\right]_0^{\frac{\pi}{2}} = \frac{\pi}{4}$$

(2) $\int \frac{1}{x}dx = \ln|x|$ 이므로

$$\int_{-2}^{-1} \frac{1}{x}dx = [\ \ln|x|\ ]_{-2}^{-1} = -\ln 2$$

---

**예제 5.3.12**

$f(x) = 1 - x$로 주어질 때 다음을 보이시오.

$$\left|\int_0^2 f(x)dx\right| < \int_0^2 |f(x)|dx$$

풀이 5.3.12

먼저 $\int_0^1 (1-x)dx = 0$이므로

$$\left|\int_0^2 f(x)dx\right| = 0$$

이 성립한다. 그리고

$$\int_0^2 |f(x)|dx = \int_0^1 (1-x)dx + \int_1^2 (x-1)dx = 1$$

이므로 증명된다.

## 연습문제 5.3

1. 함수 $f(x)$가 $[a,b]$에서 $f(x) = k$ ($k$는 상수 )로 정의되었을 때, $f(x)$는 $[a,b]$에서 적분가능함을 보이고 그 정적분은 $k(b-a)$임을 각각 증명하시오.

**[증명]**

$f(x)$는 상수함수이므로 $[a,b]$의 임의의 분할 $P$와 $\xi_i$의 선택방법에 관계없이 항상 $\sum_{i=1}^{n} f(\xi_i)\Delta x_i = k\sum_{i=1}^{n} \Delta x_i = k(b-a)$이므로

$$\lim_{|P|\to 0} \sum_{i=1}^{n} f(\xi)\Delta x_i = \lim_{|P|\to 0} k(b-a) = k(b-a)$$

이다. 따라서 $f(x)$는 $[a,b]$에서 적분가능하고

$$\int_a^b f(x)dx = k(b-a)$$

이다. □

2. 구간 $[a,b]$에서 $f(x), g(x)$가 연속이고 $g(x)$가 연속이고 $g(x)$가 항상 양이거나 또는 음이면

$$\int_a^b f(x)g(x)dx = f(\xi)\int_a^b g(x)dx \quad (a < \xi < b)$$

인 $\xi$가 존재하는 것을 증명하시오.

**[증명]**

$g(x) > 0$이라 하고 $[a,b]$에서 $f(x)$의 최솟값, 최댓값을 각각 $L, G$라 하면

$$Lg(x) \le f(x)g(x) \le Gg(x)$$

이므로

$$L\int_a^b g(x)dx \le \int_a^b f(x)g(x)dx \le G\int_a^b g(x)dx$$

이다. 여기서 $\int_a^b g(x)dx \ne 0$이므로 $\int_a^b g(x)dx > 0$이다.

$$L \le \frac{\int_a^b f(x)g(x)dx}{\int_a^b g(x)dx} \le G$$

$[a,b]$에서 $f(x)$에 중간값 정리를 적용하면

$$\frac{\int_a^b f(x)g(x)dx}{\int_a^b g(x)dx} = f(\xi) \quad (a < \xi < b)$$

를 만족하는 $\xi$가 존재한다. 마찬가지로 $g(x) < 0$에 대해서도 증명할 수 있다. 여기서 $g(x) = 1$인 경우가 적분에 대한 평균값 정리이다. □

**3.** 부등식 (1) $1 \le \int_0^1 \sqrt{1+x^4}dx \le \frac{4}{3}$와 (2) $1 \le \int_0^1 \sqrt{1+x^4}dx \le \sqrt{2}$을 각각 보이고, 크기를 비교하시오.

---

풀이

(1) $1 \le 1 + x^4 \le 1 + 2x^2 + x^4 = (1+x^2)^2$로부터 $1 \le \sqrt{1+x^4} \le 1 + x^2$을 얻는다.

다음 부정적분을 취하면

$$1 = \int_0^1 1dx \le \int_0^1 \sqrt{1+x^4}dx \le \int_0^1 (1+x^2)dx = \frac{4}{3}$$

(2) 구간 $0 \le x \le 1$에서 $1 \le 1 + x^4 \le 2$이므로 $1 \le \sqrt{1+x^4} \le \sqrt{2}$이다. 따라서 정적분을 취하면

$$1 \le \int_0^1 \sqrt{1+x^4}dx \le \sqrt{2}$$

(1)과 (2)로부터

$$1 \le \int_0^1 \sqrt{1+x^4}dx \le \frac{4}{3} \le \sqrt{2}$$

---

**4.** $f(x) = \begin{cases} 2x, & 4 \le x \le 5 \\ 20 - 2x, & 5 \le x \le 6 \end{cases}$ 일 때 $\int_4^6 f(x)dx$를 구하시오.

---

풀이

정적분의 덧셈정리로부터 따른다.

$$\int_4^6 f(x)dx = \int_4^5 2xdx + \int_5^6 (20-2x)dx = 9 + 9 = 18$$

미적분학의 기본정리를 이용하면 위 식은

$$\int_4^5 2xdx = x^2|_4^5 = 25 - 16 = 9$$

와

$$\int_5^6 (20-2x)dx = (20x - x^2)|_5^6 = 9$$

로부터 따른다.

---

**5**. 연속함수 $f(x)$에 대하여 (1) $\dfrac{d}{dx}\displaystyle\int_1^x f(u)du$ 와 (2) $\displaystyle\int_1^x \left(\frac{d}{du}f(u)\right)du$를 각각 구하시오.

---

풀이

$F(x) = \displaystyle\int f(x)dx$라 하자.

(1) $\dfrac{d}{dx}\displaystyle\int_1^x f(u)du = \frac{d}{dx}(F(x) - F(1)) = f(x)$이다.

(2) $\displaystyle\int_1^x (\frac{d}{du}f(u))du = \int_1^x f'(u)du = f(u)|_1^x = f(x) - f(1)$이다.

---

**참고 5.14** 같은 방법으로 증명하면 다음이 일반적으로 성립한다.

$a$와 $C$를 각각 상수라 할 때 도함수와 정적분의 관계는 다음과 같다.

(1) $\dfrac{d}{dx}\displaystyle\int_a^x f(u)du = f(x)$ (2) $\displaystyle\int_a^x (\frac{d}{du}f(u))du = f(x) + C$

**6**. $y = \displaystyle\int_1^{x^2} \cos tdt$일 때 $dy/dx$를 구하시오.

---

풀이

부정적분에서 $F(t) = \displaystyle\int \cos tdt = \sin t + C$이 성립한다.

그러면 미적분학의 기본정리로부터

$$y = \int_1^{x^2} \cos tdt = F(x^2) - F(1)$$

이 성립한다. 이제 미분하면

$$dy/dx = 2xF'(x^2) = 2x\cos x^2$$

이다. 따라서

$$\frac{dy}{dx} = \frac{d}{dx}\int_1^{x^2} \cos tdt = 2x\cos x^2$$

이 된다. 위 [참고 5.12]의 성질과 잘 비교하기 바란다.

---

**7**. 구간 $[0,3]$에서 $x$축과 곡선 $f(x)=x^2+4$으로 둘러싸인 부분의 면적을 구하시오.

풀이

정적분의 정의 [정의 5.3.4]로부터

$$\int_0^3 (x^2+4)dx = \left[\frac{1}{3}x^3+4x\right]_0^3 = 21$$

**8**. 정적분의 평균값 정리를 이용하여 $f(x)$가 $a \neq b$를 만족하는 구간 $[a,b]$에서 연속이고

$$\int_a^b f(x) = 0$$

이면, 구간 $[a,b]$안의 적어도 한 점 $c$가 존재하여 $f(c)=0$을 만족함을 보이시오.

풀이

폐구간 $[a,b]$에서 $f$의 평균값 정리를 이용하면

$$\int_a^b f(x)dx = (b-a)f(c)$$

를 만족하는 $c$가 $[a,b]$안에 존재한다.

따라서 $(b-a)f(c)=0$이므로 $f(c)=0$이다.

**9**. 구간 $[0,3]$에서 $f(x)=6-x^2$의 평균값을 구하고, 이 평균값과 같아지는 함수 $f$의 점을 구간 $[0,3]$에서 구하시오.

풀이

먼저 구간 $[0,3]$에서 $f$의 평균값은

$$\frac{1}{3-0}\int_0^3 (6-x^2)dx = \frac{1}{3}(6x-\frac{x^3}{3})\,|_0^3 = 3$$

이다. 따라서 $f(c)=6-c^2=3$을 만족하는 점은 $c=\sqrt{3}$이다.

**10.** $\displaystyle\int_0^1 \frac{1}{x^2-x+1}dx$을 구하시오.

풀이

주어진 피적분함수를 완전제곱으로 변형하면

$$\int \frac{1}{x^2-x+1}dx = \int \frac{1}{(x-1/2)^2+\frac{3}{4}}dx = \frac{2}{\sqrt{3}}\tan^{-1}\frac{2x-1}{\sqrt{3}}$$

이고, 다시 정적분하면

$$\begin{aligned}\int_0^1 \frac{1}{x^2-x+1}dx &= \left[\frac{2}{\sqrt{3}}\tan^{-1}\frac{2x-1}{\sqrt{3}}\right]_0^1 \\ &= \frac{2}{\sqrt{3}}\left\{\tan^{-1}\left(\frac{1}{\sqrt{3}}\right)-\tan^{-1}\left(\frac{-1}{\sqrt{3}}\right)\right\} \\ &= \frac{2}{\sqrt{3}}\left\{\frac{\pi}{6}-\left(-\frac{\pi}{6}\right)\right\} = \frac{2\pi}{3\sqrt{3}}\end{aligned}$$

을 얻는다.

## 5.4 정적분의 계산과 이상적분

**정리 5.4.1** **(치환적분법)** 함수 $f(x)$는 구간 $[a, b]$에서 연속이고, $\varphi(t)$ 및 $\varphi'(t)$는 구간 $[\alpha, \beta]$ 연속이며 $\varphi(\alpha) = a$ 이고 $\varphi(\beta) = b$ 을 만족한다면

$$\int_{\alpha}^{\beta} f(\varphi(t)) \cdot \varphi'(t)dt = \int_{a}^{b} f(x)dx$$

**[증명]**

$\varphi(t) = x$로 치환하면 $\varphi'(t)dt = dx$이고 적분구간이 $[t = \alpha \rightsquigarrow t = \beta]$에서 $[x = a \rightsquigarrow x = b]$ 이므로 증명된다. □

**참고 5.15** 치환하여 정적분을 계산할 경우 적분구간이 변한다는 사실에 주의해야 한다. [정리 5.4.1] 에서보면 $\varphi(t) = x$로 치환하면 적분구간이 $[t = \alpha \rightsquigarrow t = \beta]$에서 $[x = a \rightsquigarrow x = b]$로 바뀐다는 것을 알 수 있다.

**예제 5.4.1**

다음 정적분을 구하시오.

(1) $\displaystyle\int_0^1 \frac{x^2}{(1+x)^2}dx$ (2) $\displaystyle\int_0^a \sqrt{a^2 - x^2}dx \quad (a > 0)$

풀이 5.4.1

(1) $1 + x = t$라 두면 $dx = dt$이고, 구간은 $x = 0$일 때 $t = 1$, $x = 1$일 때 $t = 2$이므로

$$\int_0^1 \frac{x^2}{(1+x)^2}dx = \int_1^2 \frac{(t-1)^2}{t^2}dt = \int_1^2 \left(1 - \frac{2}{t} + \frac{1}{t^2}\right)dt$$
$$= \left[t - 2\ln|t| - \frac{1}{t}\right]_1^2 = \frac{3}{2} - 2\ln 2$$

(2) $x = a\sin\theta \ (0 \le \theta \le \frac{\pi}{2})$라고 두면 $dx = a\cos\theta d\theta$이고, 구간은 $x = 0$일 때 $\theta = 0$, $x = a$일 때 $\theta = \frac{\pi}{2}$ 이므로

$$\int_0^a \sqrt{a^2 - x^2}dx = a^2 \int_0^{\frac{\pi}{2}} \cos^2\theta d\theta = \frac{a^2}{2}\int_0^{\frac{\pi}{2}} (1 + \cos 2\theta)d\theta$$
$$= \frac{a^2}{2}\left[\theta + \frac{1}{2}\sin 2\theta\right]_0^{\frac{\pi}{2}} = \frac{1}{4}\pi a^2$$

**정의 5.4.1**

함수 $y = f(x)$가 $y$축에 대칭일 때 **우함수**라 하고, 원점에 대칭일 때 **기함수**라고 정의한다.

**정리 5.4.2** 다음을 증명하시오.

(1) $f(x)$가 우함수이면 $\int_{-a}^{a} f(x)dx = 2\int_{0}^{a} f(x)dx$이다.

(2) $f(x)$가 기함수이면 $\int_{-a}^{a} f(x)dx = 0$이다.

**[증명]**

(1) $f(x)$는 우함수이므로 $f(-x) = f(x)$이다.

$x = -t$라 두면 $dx = -dt$이고, $x = -a$일 때 $t = a, x = 0$일 때 $t = 0$이므로

$$\begin{aligned}\int_{-a}^{a} f(x)dx &= \int_{-a}^{0} f(x)dx + \int_{0}^{a} f(x)dx \\ &= \int_{a}^{0} f(-t)(-dt) + \int_{0}^{a} f(x)dx \\ &= -\int_{a}^{0} f(-x)dx + \int_{0}^{a} f(x)dx \\ &= \int_{0}^{a} f(x)dx + \int_{0}^{a} f(x)dx \\ &= 2\int_{0}^{a} f(x)dx\end{aligned}$$

(2) $f(x)$는 기함수이므로 $f(-x) = -f(x)$이다. $x = -t$라 두면 $dx = -dt$이고 $x = -a$일 때 $t = a,\ x = 0$일 때 $t = 0$이므로

$$\begin{aligned}\int_{-a}^{a} f(x)dx &= \int_{-a}^{0} f(x)dx + \int_{0}^{a} f(x)dx \\ &= \int_{a}^{0} f(-t)(-dt) + \int_{0}^{a} f(x)dx \\ &= \int_{0}^{a} f(-x)dx + \int_{0}^{a} f(x)dx \\ &= -\int_{0}^{a} f(x)dx + \int_{0}^{a} f(x)dx \\ &= 0\end{aligned}$$

□

**예제 5.4.2**

$\int_{-\pi}^{\pi} \cos\frac{x}{4}dx$ 를 기함수 또는 우함수의 성질을 이용하여 구하시오.

풀이 5.4.2

$f(x) = \cos\frac{x}{4}$ 라 두면 $f(-x/4) = f(x/4)$ 이므로 $f(x)$는 우함수이다.
따라서 치환적분법을 이용하여 구하면

$$\int_{-\pi}^{\pi} \cos\frac{x}{4}dx = 2\int_{0}^{\pi} \cos\frac{x}{4}dx = 8\int_{0}^{\pi} \cos(\frac{x}{4})\frac{1}{4}dx$$

$$= 8\int_{0}^{\pi/4} \cos u du = \left[8\sin u\right]_{0}^{\pi/4} = 4\sqrt{2}$$

이 된다. 두 번째 식은 $u = \frac{x}{4}$ 로 치환하면 $du = \frac{1}{4}dx$ 이고, 구간은 $0 \le x \le \pi$ 에서 $0 \le u \le \pi/4$ 로 변한다.

**예제 5.4.3**

$\int_{-5}^{5} \frac{x^5}{x^2+4}dx$ 을 우함수 또는 기함수 성질을 이용하여 구하시오.

풀이 5.4.3 $f(x) = \frac{x^5}{x^2+4}$ 라 두면 $f(-x) = -f(x)$ 이므로 $f(x)$는 기함수이다.

따라서 피적분함수가 기함수이므로 $\int_{-5}^{5} \frac{x^2}{x^2+4}dx = 0$ 이다.

[5.2절]의 [정리 5.2.2]의 부분적분법과 [5.3절]에서 배운 미적분학의 기본정리를 사용하면 다음을 증명할 수 있다. $f(x)$는 미분할 대상으로, $g'(x)$는 적분할 대상으로 생각하여 [5.2절]의 [참고 5.6]에 있는 다이어그램을 사용하면 쉽게 적용이 될 것이다.

**정리 5.4.3** **(부분적분법)** $[a, b]$ 에서 $f(x), g(x)$ 가 미분가능하고, $f'(x), g'(x)$ 가 적분가능하면

$$\int_{a}^{b} f(x)\cdot g'(x)dx = [f(x)\cdot g(x)]_a^b - \int_{a}^{b} f'(x)\cdot g(x)dx$$

**[증명]**

$F(x) = f(x) \cdot g(x)$라고 하면

$$F'(x) = f'(x) \cdot g(x) + f(x) \cdot g'(x)$$

이므로 $F(x)$와 $F'(x)$는 적분가능하고 $F(x)$는 연속이다.
미적분학의 기본정리에 의해

$$\begin{aligned} F(b) - F(a) &= \int_a^b \{f'(x) \cdot g(x) + f(x) \cdot g'(x)\}dx \\ &= \int_a^b f'(x) \cdot g(x)dx + \int_a^b f(x) \cdot g'(x)dx \\ \therefore \quad \int_a^b f(x) \cdot g'(x)dx &= [f(x) \cdot g(x)]_a^b - \int_a^b f'(x) \cdot g(x)dx \end{aligned}$$

□

**예제 5.4.4**

다음 정적분의 값을 구하시오.

(1) $\displaystyle\int_0^1 \ln(\sqrt{x^2+1} - x)dx$ (2) $\displaystyle\int_0^{\frac{1}{2}} \cos^{-1} x dx$

풀이 5.4.4

(1) 적분할 대상을 1로 하고 미분할 대상을 $\ln(\sqrt{x^2+1} - x)$로 하여 부분적분하면

$$\begin{aligned} \int_0^1 \ln(\sqrt{x^2+1} - x)dx &= [x\ln(\sqrt{x^2+1} - x)]_0^1 - \int_0^1 x\{\ln(\sqrt{x^2+1} - x)\}'dx \\ &= \ln(\sqrt{2} - 1) + \int_0^1 \frac{x}{\sqrt{x^2+1}}dx \\ &= \ln(\sqrt{2} - 1) + [\sqrt{x^2+1}]_0^1 \\ &= \ln(\sqrt{2} - 1) + \sqrt{2} - 1 \end{aligned}$$

(2) 적분할 대상을 1로 하고 미분할 대상을 $\cos^{-1} x$라 두고 부분적분을 하면

$$\begin{aligned} \int_0^{\frac{1}{2}} \cos^{-1} xdx = [x\cos^{-1} x]_0^{\frac{1}{2}} - \int_0^{\frac{1}{2}} x \cdot \frac{-1}{\sqrt{1-x^2}}dx &= \frac{1}{2}\cos^{-1}\frac{1}{2} + \int_0^{\frac{1}{2}} \frac{xdx}{\sqrt{1-x^2}} \\ &= \frac{1}{2} \cdot \frac{\pi}{3} + [-\sqrt{1-x^2}]_0^{\frac{1}{2}} \\ &= \frac{\pi}{6} - \frac{\sqrt{3}}{2} + 1 \end{aligned}$$

지금까지 정적분을 정의하기 위하여 유한인 적분구간 $[a, b]$에서 연속인 함수 $f(x)$를 사용하였다. 그러나 물리학을 비롯한 공학이나 경제학 그리고 확률론 등과 같은 많은 응용분야에서 적분구간이 무한인 경우 또는 유한구간에서 함수 $f(x)$가 불연속인 점을 갖는 경우를 자주 접할 수 있다. 따라서 적분구간이 무한이거나 불연속점을 갖는 경우의 적분을 다룰 필요가 있으며, 이와 같은 정적분을 **이상적분**(improper integral) 또는 **특이적분**(singular integral)이라 한다.

**정의 5.4.2**

함수 $f(x)$가 무한구간 $[a, \infty)$에서 연속이고 극한값

$$\lim_{b\to\infty}\int_a^b f(x)dx$$

가 존재하면 이 값을

$$\int_a^\infty f(x)dx$$

로 표시하고 이것을 **이상적분**이라고 정의한다.

그리고 $\lim_{b\to\infty}\int_a^b f(x)dx$의 극한값이 존재할 때 이상적분은 **수렴**한다고 하며, 극한값이 존재하지 않을 때 이상적분은 **발산**한다고 한다.

같은 방법으로 다음을 정의할 수 있다.

$$\int_{-\infty}^b f(x)dx = \lim_{a\to-\infty}\int_a^b f(x)dx, \quad \int_{-\infty}^\infty f(x)dx = \lim_{\substack{a\to-\infty\\ b\to\infty}}\int_a^b f(x)dx$$

**예제 5.4.5**

다음 이상적분을 구하시오.

(1) $\displaystyle\int_{-\infty}^\infty \frac{1}{1+x^2}dx$ (2) $\displaystyle\int_0^\infty e^{-x}dx$

---

풀이 5.4.5

(1) $\displaystyle\int_a^b \frac{dx}{1+x^2} = \Big[\tan^{-1}x\Big]_a^b = \tan^{-1}b - \tan^{-1}a$에서

$$\begin{aligned} D &= \lim_{\substack{a\to-\infty\\ b\to\infty}}\int_a^b \frac{dx}{1+x^2} = \lim_{\substack{a\to-\infty\\ b\to\infty}}(\tan^{-1}b - \tan^{-1}a) \\ &= \frac{\pi}{2} - \left(-\frac{\pi}{2}\right) = \pi \end{aligned}$$

(2) 정의에 따라

$$\begin{aligned}\int_0^{\infty} e^{-x}dx &= \lim_{b\to\infty}\int_0^b e^{-x}dx \\ &= \lim_{b\to\infty}\left[-e^{-x}\right]_0^b = \lim_{b\to\infty}\{-e^{-b}-(-1)\} \\ &= \lim_{b\to\infty}\left(-\frac{1}{e^b}+1\right) = 1\end{aligned}$$

---

**정의 5.4.3**

함수 $f(x)$가 $[a,b)$에서 연속이고 $\lim_{x\to b^-} f(x) = \pm\infty$ 을 만족하면서 다음이 극한값을 가질 때

$$\lim_{\varepsilon\to 0^+}\int_a^{b-\varepsilon} f(x)dx$$

이 값을 $\int_a^b f(x)dx$이라 표시하고 이것을 이상적분이라 정의한다.

그리고 $\lim_{\varepsilon\to 0^+}\int_a^{b-\varepsilon} f(x)dx$의 극한값이 존재할 때 이상적분은 수렴한다고 하며, 극한값이 존재하지 않을 때 이상적분은 발산한다고 한다.

같은 방법으로 $(a,b]$에서는 $f(x)$가 $\lim_{x\to a^+} f(x) = \pm\infty$을 만족한다면

$$\int_a^b f(x)dx = \lim_{\varepsilon\to 0^+}\int_{a+\varepsilon}^b f(x)dx$$

라 정의한다.

**예제 5.4.6**

다음 이상적분을 구하시오.

(1) $\int_0^1 \frac{1}{\sqrt{1-x^2}}dx$ (2) $\int_0^1 \frac{dx}{1-x^2}$

---

풀이 5.4.6

(1) 피적분함수는 $x=1$에 있어서 무한대가 되어 불연속이므로

$$\begin{aligned}\int_0^1 \frac{dx}{\sqrt{1-x^2}} &= \lim_{\varepsilon\to 0^+}\int_0^{1-\varepsilon}\frac{dx}{\sqrt{1-x^2}} = \lim_{\varepsilon\to 0^+}\left[\sin^{-1}x\right]_0^{1-\varepsilon} \\ &= \lim_{\varepsilon\to 0^+}\sin^{-1}(1-\varepsilon) = \frac{\pi}{2}\end{aligned}$$

(2) 피적분함수는 $x=1$에 있어서 무한대가 되어 불연속이므로

$$\begin{aligned}\int_0^1 \frac{dx}{1-x^2} &= \lim_{\varepsilon\to 0^+}\int_0^{1-\varepsilon}\frac{dx}{1-x^2} = \lim_{\varepsilon\to 0^+}\left[\frac{1}{2}\ln\frac{1+x}{1-x}\right]_0^{1-\varepsilon}\\ &= \lim_{\varepsilon\to 0^+}\left(\frac{1}{2}\ln\frac{2-\varepsilon}{\varepsilon}-\frac{1}{2}\ln 1\right)\\ &= \lim_{\varepsilon\to 0^+}\left\{\frac{1}{2}\ln\left(\frac{2}{\varepsilon}-1\right)\right\} = \infty\end{aligned}$$

---

**정의 5.4.4**

함수 $f(x)$가 $a<c<b$인 한 점 $c$를 제외한 구간 $[a,b]$ 내의 모든 점에서 연속이고 $\lim_{x\to c}|f(x)|=\infty$ 일 때, 이상적분 $\int_a^c f(x)dx$와 $\int_c^b f(x)dx$가 둘 다 수렴하면 이상적분 $\int_a^b f(x)dx$는 수렴한다고 하며

$$\int_a^b f(x)dx = \lim_{\varepsilon\to 0^+}\int_a^{c-\varepsilon} f(x)dx + \lim_{\varepsilon'\to 0^+}\int_{c+\varepsilon}^b f(x)dx$$

라 정의 한다. 우변의 이상적분 중에서 발산하는 것이 있으면 $\int_a^b f(x)dx$는 발산한다고 한다.

**예제 5.4.7**

$\int_{-1}^1 \frac{1}{x^2}dx$을 이상적분으로 구하시오.

---

풀이 5.4.7

피적분함수는 $x=0$에 있어서 무한대이므로

$$\begin{aligned}\int_{-1}^1 \frac{dx}{x^2} &= \lim_{\varepsilon\to 0^+}\int_{-1}^{-\varepsilon}\frac{dx}{x^2} + \lim_{\varepsilon'\to 0^+}\int_{\varepsilon'}^1\frac{dx}{x^2}\\ &= \lim_{\varepsilon\to 0^+}\left[-\frac{1}{x}\right]_{-1}^{-\varepsilon} + \lim_{\varepsilon'\to 0^+}\left[-\frac{1}{x}\right]_{\varepsilon'}^1\\ &= \lim_{\varepsilon\to 0^+}\left(\frac{1}{\varepsilon}-1\right) + \lim_{\varepsilon'\to 0^+}\left(1+\frac{1}{\varepsilon'}\right)\\ &= \infty+\infty=\infty\end{aligned}$$

---

**참고 5.16** 피적분함수 $f(x) = \dfrac{1}{x^2}$는 $x = 0$에서 불연속이므로 $\displaystyle\int_{-1}^{1} \frac{1}{x^2}dx = \left[-\frac{1}{x}\right]_1^1 = -2$ 와 같이 계산하지 않도록 주의를 해야 한다.

연습문제의 1번과 2번은 지수가 상수로(가능하면 작은 수)로 주어진다면 앞에서 배운 부정적분을 사용하면 쉽게 계산할 수 있다. 하지만 일반 지수(가능하면 큰 수)가 주어진다면 두 문제는 유용하게 사용될 것이다.

## 연습문제 5.4

**1.** $\int_0^{\frac{\pi}{2}} \sin^n xdx$와 $\int_0^{\frac{\pi}{2}} \cos^n xdx \ (n=0,1,2,\cdots)$ 를 구하시오.

---

풀이

$D_n = \int_0^{\frac{\pi}{2}} \sin^n xdx$라 하면 [정리 5.2.9]의 점화식에 의해

$$I_n = \int \sin^n xdx = -\frac{\sin^{n-1} \cdot \cos x}{n} + \frac{n-1}{n} I_{n-2}$$

이므로

$$D_n = \left[ -\frac{\sin^{n-1} x \cdot \cos x}{n} \right]_0^{\frac{\pi}{2}} + \frac{n-1}{n} \int_0^{\frac{\pi}{2}} \sin^{n-2} xdx = \frac{n-1}{n} D_{n-2}.$$

그런데

$$D_0 = \int_0^{\frac{\pi}{2}} dx = \Big[ x \Big]_0^{\frac{\pi}{2}} = \frac{\pi}{2},\ D_1 = \int_0^{\frac{\pi}{2}} \sin xdx = \Big[ -\cos x \Big]_0^{\frac{\pi}{2}} = 1$$

이므로

$$\begin{cases} D_{2m} = \frac{2m-1}{2m} \cdot \frac{2m-3}{2m-2} \cdot \frac{2m-5}{2m-4} \cdots \frac{3}{4} \cdot \frac{1}{2} \cdot \frac{\pi}{2} & (n = 2m) \\ D_{2m+1} = \frac{2m}{2m+1} \cdot \frac{2m-2}{2m-1} \cdot \frac{2m-4}{2m-3} \cdots \frac{4}{5} \cdot \frac{2}{3} \cdot 1 & (n = 2m+1). \end{cases}$$

또 $x = \frac{\pi}{2} - y$라 하면 $dx = -dy$이고, $x=0$일 때 $y = \frac{\pi}{2}$, $x = \frac{\pi}{2}$일 때 $y=0$이므로

$$\int_0^{\frac{\pi}{2}} \cos^n xdx = \int_{\frac{\pi}{2}}^0 \cos^n \left( \frac{\pi}{2} - y \right) (-dy) = \int_0^{\frac{\pi}{2}} \sin^n ydy$$

$$\therefore \int_0^{\frac{\pi}{2}} \cos^n xdx = \int_0^{\frac{\pi}{2}} \sin^n xdx$$

---

**2.** 두 정수 $m$, $n$에 대하여 다음의 점화식을 구하시오.

(1) $D_{m,n} = \int_0^{\frac{\pi}{2}} \sin^m x \cdot \cos^n xdx$ (2) $D_{4,3} = \int_0^{\frac{\pi}{2}} \sin^4 x \cdot \cos^3 xdx$

---

풀이

(1) [정리 5.2.10]에 나타난 $\sin^m x \cdot \cos^n xdx$의 적분점화식에 의하면

$$I_{m,n} = \int \sin^m x \cdot \cos^n xdx = \frac{\sin^{m+1} x \cdot \cos^{n-1} x}{m+n} + \frac{n-1}{m+n} I_{m,n-2}$$

또는

$$I_{m,n} = -\frac{\sin^{m-1} x \cdot \cos^{n+1} x}{m+n} + \frac{m-1}{m+n} I_{m-2,n}$$

이므로

$$D_{m,n} = \left[\frac{\sin^{m+n} x \cdot \cos^{n-1} x}{m+n}\right]_0^{\frac{\pi}{2}} + \frac{n-1}{m+n}\int_0^{\frac{\pi}{2}} \sin^m x \cos^{n-2} x dx$$
$$= \frac{n-1}{m+n}\int_0^{\frac{\pi}{2}} \sin^m x \cos^{n-2} x dx = \frac{n-1}{m+n} D_{m,n-2} \quad (n \geq 2)$$

(2) $D_{m,n} = \dfrac{m-1}{m+n} D_{m-2,n} \quad (m \geq 2)$이므로

$$\int_0^{\frac{\pi}{2}} \sin^4 x \cdot \cos^3 x dx = \frac{2}{7}\int_0^{\frac{\pi}{2}} \sin^4 x \cdot \cos x dx$$
$$= \frac{2}{7}\int_0^{\frac{\pi}{2}} \left[\frac{d}{dx}\left(\frac{\sin^5 x}{5}\right)\right] dx$$
$$= \frac{2}{7}\left[\frac{\sin^5 x}{5}\right]_0^{\frac{\pi}{2}} = \frac{2}{7} \cdot \frac{1}{5}(1-0)$$
$$= \frac{2}{35}$$

---

**3.** 정적분 $\int_0^3 x^2\sqrt{x^3+9}dx$를 구하시오.

---

풀이

치환적분을 위해 $u = x^3 + 9$라 두면

$$du = 3x^2 dx \iff \frac{1}{3}du = x^2 dx$$

이므로

$$\int x^2\sqrt{x^3+9}dx = \frac{1}{3}\int \sqrt{u}du$$
$$= \frac{2}{9}(x^3+9)^{3/2} + C$$

이다. 이제 미적분학의 기본정리를 이용하여 정적분을 구하면

$$\int_0^3 x^2\sqrt{x^3+9}dx = \frac{2}{9}[(x^3+9)^{3/2}]_0^3 = \frac{2}{9}(216-27) = 42$$

이다.

---

**4.** 정적분 $\int_0^1 \ln(x+1)dx$를 구하시오.

---

풀이

부분적분법을 이용하기 위해 적분할 대상을 $1$로 두고, 미분할 대상을 $\ln(x+1)$로 두고 부정적분을 구하면

$$\begin{aligned}\int \ln(x+1)dx =& x\ln(x+1) - \int \frac{x}{x+1}dx \\ =& x\ln(x+1) - (\int 1dx - \int \frac{1}{x+1}dx) \\ =& x\ln(x+1) - (x - \ln|x+1|) + C \\ =& x\ln(x+1) - x + \ln|x+1| + C\end{aligned}$$

이다. 이제 정적분을 구하면

$$\int_0^1 \ln(x+1)dx = [x\ln(x+1) - x + \ln|x+1|]_0^1 = 2\ln 2 - 1$$

---

**5.** $\int_0^\pi \frac{x\sin x}{1+\cos^2 x}dx$를 구하시오.

---

풀이

$$\int_0^\pi \frac{x\sin}{1+\cos^2 x}dx = \int_0^{\frac{\pi}{2}} \frac{x\sin x}{1+\cos^2 x}dx + \int_{\frac{\pi}{2}}^\pi \frac{x\sin x}{1+\cos^2 x}dx \qquad \text{(i)}$$

위 식에서 $x = \pi - t$라 두면 $dx = -dt$이고, $x = \frac{\pi}{2}$일 때 $t = \frac{\pi}{2}$, $x = \pi$일 때 $t = 0$이므로

$$\begin{aligned}\int_{\frac{\pi}{2}}^\pi \frac{x\sin x}{1+\cos^2 x}dx =& -\int_{\frac{\pi}{2}}^0 \frac{(\pi - t)\sin t}{1+\cos^2 x}dt \\ =& \pi\int_0^{\frac{\pi}{2}} \frac{\sin t}{1+\cos^2 t}dt - \int_0^{\frac{\pi}{2}} \frac{t\sin t}{1+\cos^2 t}dt \qquad \text{(ii)}\end{aligned}$$

다시 $\cos t = \theta$라 두면 $-\sin t dt = d\theta$이고, $t = 0$일 때 $\theta = 1$, $t = \frac{\pi}{2}$일 때 $\theta = 0$이므로

$$\int_0^{\frac{\pi}{2}} \frac{\sin t}{1+\cos^2 t}dt = -\int_1^0 \frac{d\theta}{1+\theta^2} = -[\tan^{-1}\theta]_0^1 = \frac{\pi}{4} \qquad \text{(iii)}$$

(i), (ii), (iii)에서

$$\int_0^\pi \frac{x\sin x}{1+\cos^2 x}dx = \pi\int_0^{\frac{\pi}{2}} \frac{\sin t}{1+\cos^2 t}dt = \frac{\pi^2}{4}$$

---

**6.** $\displaystyle\int_0^{\frac{\pi}{2}} \ln\sin\theta d\theta$이 적분가능할 때 그 값을 구하시오.

---

풀이

$I = \displaystyle\int_0^{\frac{\pi}{2}} \ln\sin\theta d\theta$라 두자. (i)

위 식에서 $\theta = \pi - t$라 두면 $d\theta = -dt$이고, $\theta = 0$일 때 $t = \pi$이고 $\theta = \frac{\pi}{2}$일 때 $t = \frac{\pi}{2}$이므로

$$I = \int_{\pi}^{\frac{\pi}{2}} (\ln\sin(\pi - t))(-dt) = \int_{\frac{\pi}{2}}^{\pi} \ln\sin t dt \tag{ii}$$

이 된다. 따라서

$$2I = \int_0^{\frac{\pi}{2}} \ln\sin\theta d\theta + \int_{\frac{\pi}{2}}^{\pi} \ln\sin t dt = \int_0^{\pi} \ln\sin t dt.$$

다시 $t = 2x$라 하면 $dt = 2dx$이고, $t = 0$일 때 $x = 0$, $t = \pi$일 때 $x = \frac{\pi}{2}$이므로

$$\begin{aligned} I &= \frac{1}{2}\int_0^{\pi} \ln\sin t dt = \frac{1}{2}\int_0^{\frac{\pi}{2}} (\ln\sin 2x)(2dx) \\ &= \int_0^{\frac{\pi}{2}} \ln\sin 2x dx = \int_0^{\frac{\pi}{2}} \ln(2\sin x \cdot \cos x) dx \\ &= \int_0^{\frac{\pi}{2}} (\ln 2) dx + \int_0^{\frac{\pi}{2}} \ln\sin x dx + \int_0^{\frac{\pi}{2}} \ln\cos x dx \end{aligned} \tag{iii}$$

다시 앞 (i)식 에서 $\theta = \frac{\pi}{2} - t$라 하면 $d\theta = -dt$이고, $\theta = 0$일 때 $t = \frac{\pi}{2}$, $\theta = \frac{\pi}{2}$일 때 $t = 0$이므로

$$I = \int_{\frac{\pi}{2}}^{0} \left(\ln\sin(\frac{\pi}{2} - t)\right)(-dt) = \int_0^{\frac{\pi}{2}} \ln\cos t dt \tag{iv}$$

(i), (iv)를 (iii)에 대입하면

$$I = \int_0^{\frac{\pi}{2}} (\ln 2) dx + 2I.$$
$$\therefore\ I = -\frac{\pi}{2}\ln 2.$$

---

**7.** $\displaystyle\int_0^{3a} \frac{2x}{(x^2-a^2)^{\frac{2}{3}}}dx$ 을 이상적분으로 구하시오.

풀이

피적분함수는 $x=a$ 에 있어서 불연속이므로

$$\begin{aligned} D &= \int_0^{3a} \frac{2x}{(x^2-a^2)^{\frac{2}{3}}}dx \\ &= \lim_{\varepsilon\to 0^+}\int_0^{a-\varepsilon} \frac{2x}{(x^2-a^2)^{\frac{2}{3}}}dx + \lim_{\varepsilon'\to 0^+}\int_{a+\varepsilon'}^{3a} \frac{2x}{(x^2-a^2)^{\frac{2}{3}}}dx \end{aligned}$$

으로 생각을 해야 한다.

이제 $t=x^2-a^2$ 으로 치환하면 $dt=2xdx$ 가 되므로 대입하면

$$\int \frac{2x}{(x^2-a^2)^{\frac{2}{3}}}dx = \int \frac{1}{t^{2/3}}dt = 3t^{1/3}+C = 3(x^2-a^2)^{1/3}+C$$

이 성립한다. 따라서 미적분학의 기본정리로부터

$$\begin{aligned} D &= \lim_{\varepsilon\to 0^+}\left[3(x^2-a^2)^{\frac{1}{3}}\right]_0^{a-\varepsilon} + \lim_{\varepsilon'\to 0^+}\left[3(x^2-a^2)^{\frac{1}{3}}\right]_{a+\varepsilon'}^{3a} \\ &= \lim_{\varepsilon\to 0^+}[3\{(a-\varepsilon)^2-a^2\}^{\frac{1}{3}} - 3(-a^2)^{\frac{1}{3}}] \\ &\quad + \lim_{\varepsilon'\to 0^+}[3(9a^2-a^2)^{\frac{1}{3}} - 3\{(a+\varepsilon')^2-a^2\}^{\frac{1}{3}}] \\ &= -3\sqrt[3]{-a^2}+6\sqrt[3]{a^2} = 9\sqrt[3]{a^2} \end{aligned}$$

이 성립한다.

## 5.5 정적분의 근사계산(사다리꼴 공식과 심프슨 공식)

정적분 $\int_a^b f(x)dx$의 값은 부정적분 $F(x)$를 구하여 $F(b)-F(a)$를 계산함으로써 얻을 수 있었다. 그러나 $F(x)$를 구하기가 곤란하거나 부정적분을 초등함수로 표시할 수 없는 경우 근삿값을 이용하여 정적분 값을 얻는 방법이 있다. 다음에서 근사방법으로 정적분을 구하는 2가지 방법을 소개한다.

**정리 5.5.1** **(사다리꼴 공식, trapezoidal formula)**

$$\int_a^b f(x)dx \fallingdotseq h\left(\frac{1}{2}y_0 + y_1 + y_2 + \cdots + y_{n-1} + \frac{1}{2}y_n\right) \quad \left(\text{단, } h = \frac{b-a}{n}\right)$$

**[증명]**

$[a,b]$를 $(n-1)$개의 분할점 $a = x_0 < x_1 < x_2 < \cdots < x_{n-1} < x_n = b$에 의하여 $n$개의 소구간으로 등분하여 $x = x_i$ $(i = 0, 1, 2, \cdots, n)$에 대응하는 곡선 $y = f(x)$상의 점을 $P_i$라 하고, $P_{i-1}$, $P_i$를 [그림 5.6]과 같이 차례로 연결하여 $n$개의 사다리꼴을 만들어 그 넓이의 합을 $S_n$이라 하면, 사다리꼴의 넓이가 각각

$$\frac{h}{2}(y_0+y_1), \quad \frac{h}{2}(y_1+y_2), \cdots, \frac{h}{2}(y_{n-1}+y_n)$$

이므로

$$S_n = \frac{h}{2}(y_0+y_1) + \frac{h}{2}(y_1+y_2) + \cdots + \frac{h}{2}(y_{n-1}+y_n)$$

$$\therefore \int_a^b f(x)dx \fallingdotseq S_n = h\left(\frac{1}{2}y_0 + y_1 + y_2 + \cdots + y_{n-1} + \frac{1}{2}y_n\right)$$

이때 소구간의 수가 많을수록 더욱 정밀한 근삿값을 얻을 수 있다. □

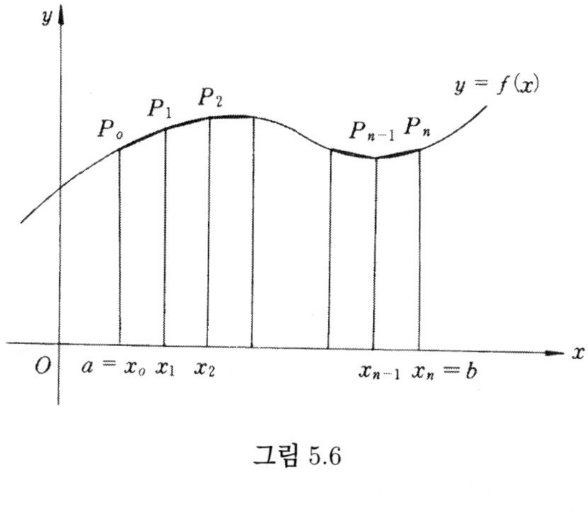


그림 5.6

**예제 5.5.1**

사다리꼴 공식을 써서 $\int_0^2 \sqrt{1+x^3}dx$의 근삿값을 구하시오.

풀이 5.5.1

구간 $[0,2]$를 4등분하면 $h=\frac{2-0}{4}=\frac{1}{2}$이고, $x=0, \frac{1}{2}, 1, \frac{3}{2}, 2$에 대응하는 $y$의 값은 1, 1.061, 1.414, 2.092, 3이다.

$$\therefore \int_0^2 \sqrt{1+x^3}dx \fallingdotseq \frac{1}{2}(0.5+1.061+1.414+2.092+1.5)$$
$$\fallingdotseq 3.284$$

**정리 5.5.2** **(심프슨 공식, Simpson formula)**

$$\int_a^b f(x)dx \fallingdotseq \frac{h}{3}\{y_0+y_{2n}+4(y_1+y_3+\cdots+y_{2n-1})$$
$$+2(y_2+y_4+\cdots y_{2n-2})\} \left(\text{단, } h=\frac{b-a}{2n}\right)$$

**[증명]**

우선 세 점 $(-h, y_0), (0, y_1), (h, y_2)$를 지나고 $y$축과 평행한 대칭축을 갖는 포물선과 직선 $x=-h$, $x=h$ 및 $x$축으로 둘러싸인 도형의 넓이 $A$를 구해보자.

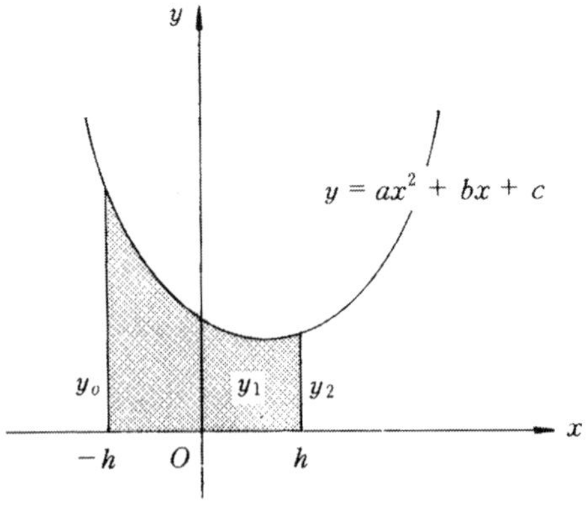


그림 5.7

$$A=\int_{-h}^{h}(ax^2+bx+c)dx=\frac{2}{3}ah^2+2ch=\frac{h}{3}(2ah+6c) \tag{1}$$

$y=ax^2+bx+c$가 세 점 $(-h,y_0)$, $(0,y_1)$, $(h,y_2)$를 지나므로

$$y_0=ah^2-bh+c \tag{2}$$

$$y_1=c \tag{3}$$

$$y_2=ah^2+bh+c \tag{4}$$

(2) +(4)에 (3)을 대입하면 $y_0+y_2=2ah^2+2y_1$ 이므로

$$2ah^2=y_0-2y_1+y_2 \tag{5}$$

이고, (3), (5)를 (1)에 대입하면

$$A=\frac{h}{3}(y_0+4y_1+y_2) \tag{6}$$

이다. 다음으로 $[a,b]$를 $a=x_0<x_1<x_2<\cdots<x_{2n-1}<x_{2n}=b$ 에 의해서 $2n$개의 소구간으로 등분하고 $x=x_i$에 대응하는 곡선 $y=f(x)$ 상의 점을 $P_i(i=0,1,2,\cdots,2n)$라 하고 점 $P_0$, $P_1$, $P_3$, $P_4$, $\cdots$, $P_{2n-2}$, $P_{2n-1}$, $P_{2n}$ 을 각각 지나고 $y$축에 평행한 대칭축을 가지는 포물선으로 곡선 $y=f(x)$를 근사화하고 $y_i=f(x_i)\quad(i=0,1,2,\cdots,2n)$, $\dfrac{b-a}{2n}=h$ 라 두면 (6)에 의해

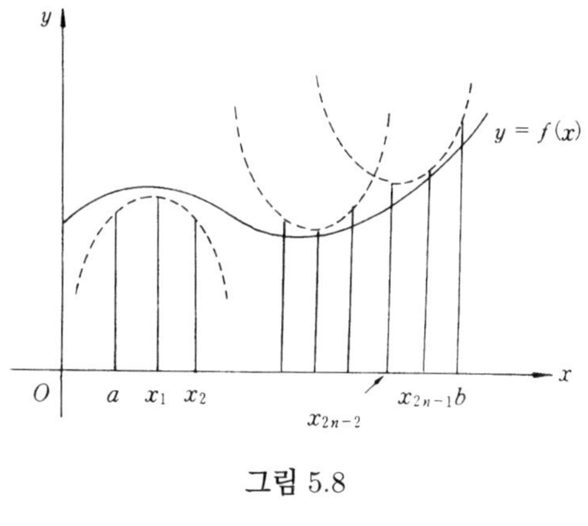


그림 5.8

$$\begin{aligned}\int_a^b f(x)dx &\fallingdotseq \frac{h}{3}\{(y_0+4y_1+y_2)+(y_2+4y_3+y_4)+\cdots \\ &\quad +(y_{2n-2}+4y_{2n-1}+y_{2n})\} \\ &=\frac{h}{3}\{y_0+y_{2n}+4(y_1+y_3+\cdots+y_{2n-1}) \\ &\quad +2(y_2+y_4+\cdots+y_{2n-2})\}\end{aligned}$$

□

**예제 5.5.2**

구간 $[0,1]$을 10등분하여 사다리꼴의 공식과 심프슨의 공식을 이용해서 다음의 근삿값을 각각 구하시오.

$$\int_0^1 \frac{1}{1+x^2}dx$$

풀이 5.5.2

사다리꼴의 공식에서는 $n=10$, 심프슨의 공식에서는 $n=5$일 때 $h=0.1$이다.

$$\begin{aligned} y_0 &= 1 & y_1 &= 0.99009900 \\ y_2 &= 0.96153846 & y_3 &= 0.91743119 \\ y_4 &= 0.86206896 & y_5 &= 0.8 \\ y_6 &= 0.73529411 & y_7 &= 0.67114093 \\ y_8 &= 0.60975609 & y_9 &= 0.55248618 \\ y_{10} &= 0.5 \end{aligned}$$

사다리꼴 공식에 의하면

$$\begin{aligned} \int_0^1 \frac{dx}{1+x^2} &\fallingdotseq 0.1 \times \left\{\frac{1}{2}y_0 + y_1 + y_2 + \cdots + y_9 + \frac{1}{2}y_{10}\right\} \\ &\fallingdotseq 0.7849 \quad (\text{소수 다섯 번째자리 이하는 버림}) \end{aligned}$$

심프슨 공식에 의하면

$$\begin{aligned} \int_0^1 \frac{dx}{1+x^2} &\fallingdotseq \frac{0.1}{3} \times \{(y_0 + y_{10}) + 2(y_2 + y_4 + y_6 + y_8) \\ &\quad + 4(y_1 + y_3 + y_5 + y_7 + y_9)\} \\ &\fallingdotseq 0.78539814 \quad (\text{소수 아홉 번째자리 이하는 버림}) \end{aligned}$$

**참고 5.17** 실제 계산값이 $\int_0^1 \frac{dx}{1+x^2} = \left[\tan^{-1} x\right]_0^1 = \frac{\pi}{4} = 0.78539814$이므로 두 근사공식 중 Simpson 공식의 계산값이 비교적 간단하면서 정밀함을 위 예제로부터 알 수 있다.

## 연습문제 5.5

**1.** $\int_1^3 x^4 dx$의 근삿값을 $n = 8$까지만 사용하여 구하시오 (사다리꼴 공식 이용).

---

풀이

$n = 8$이므로 $h = \frac{3-1}{8} = 0.25$이고, 공식을 이용하기 위한 데이터를 조사하면(소수 네 번째자리까지) 다음과 같다.

$$
\begin{aligned}
x_0 &= 1.00 & y_0 &= f(x_0) = 1.0000 \\
x_1 &= 1.25 & y_1 &= f(x_0) = 2.4414 \\
x_2 &= 1.50 & y_2 &= f(x_0) = 5.0625 \\
x_3 &= 1.75 & y_3 &= f(x_0) = 9.3789 \\
x_4 &= 2.00 & y_4 &= f(x_0) = 16.0000 \\
x_5 &= 2.25 & y_5 &= f(x_0) = 25.6289 \\
x_6 &= 2.50 & y_6 &= f(x_0) = 39.0625 \\
x_7 &= 2.75 & y_7 &= f(x_0) = 57.1914 \\
x_8 &= 3.00 & y_8 &= f(x_0) = 81.0000
\end{aligned}
$$

따라서

$$\int_1^3 x^4 dx \fallingdotseq \frac{0.25}{2}[1.0000 + 2(2.4414) \cdots + 2(57.1914) + 81.0000] = 48.9414$$

이다. 이제 정확한 값을 계산해 보면

$$\int_1^3 x^4 dx = [\frac{x^5}{5}]_1^3 = \frac{242}{5} = 48.4000$$

이다. $n$의 값을 크게하면 할수록 위의 두 값들은 아주 가까워진다.

---

**2.** $\int_1^3 x^4 dx$의 근삿값을 $2n = 8$까지만 사용하여 구하시오 (심프슨 공식 이용).

---

풀이

문제 1의 자료를 사용하여 심프슨 공식에 대입하면

$$\int_1^3 x^4 dx \fallingdotseq \frac{0.25}{3}[1.0000 + 4(2.4414) + 2(5.0625) + \cdots + 4(25.6289) + 2(39.0625)$$

$$+4(57.1914) + 81.0000] = 48.4010$$

을 얻는다. 이 값도 주어진 짝수 $2n$을 크게하면 할수록 위에서 구한 실제값 48.4000에 가까워진다.

---

**3.** 사다리꼴 공식을 사용하여 $n = 6$일 때

$$\int_0^1 e^{-x^2} dx$$

의 근삿값을 구하시오.

---

풀이

$h = \dfrac{1}{6}$이고 $y = f(x) = e^{-x^2}$이므로

$$\begin{aligned}
x_0 &= 0.0000 & y_0 &= f(x_0) = 1.0000 \\
x_1 &\fallingdotseq 0.1667 & y_1 &= f(x_0) \fallingdotseq 0.9726 \\
x_2 &\fallingdotseq 0.3333 & y_2 &= f(x_0) \fallingdotseq 0.8948 \\
x_3 &\fallingdotseq 0.5000 & y_3 &= f(x_0) \fallingdotseq 0.7788 \\
x_4 &\fallingdotseq 0.6667 & y_4 &= f(x_0) \fallingdotseq 0.6412 \\
x_5 &\fallingdotseq 0.8333 & y_5 &= f(x_0) \fallingdotseq 0.4994 \\
x_6 &= 1.0000 & y_6 &= f(x_0) \fallingdotseq 0.3679
\end{aligned}$$

이다. 따라서 사다리꼴 공식에 대입하면

$$\int_0^1 e^{-x^2} dx \fallingdotseq \frac{1}{12}[1.0000 + 2(0.9726) + \cdots + 2(0.4994) + 0.3679] = 0.7451$$

을 얻는다.

이 적분은 통계학에서 중요하게 사용되는 문제이다. 하지만 이 적분은 지금까지 배워온 미분적분학의 방법으로는 계산되지 않는다.

---

정적분의 근사계산은 구간을 등분하는 $n$값에 따라서 실제값에 접근한다. 이제 정적분의 근사계산 값이 원하는 실제값에 가까이 있게 하기 위해 $n$을 얼마로 주어야 하는지에 대하여 알아보자.

**정리 5.5.3 사다리꼴 공식의 오차**
양의 실수 $M$에 대하여 폐구간 $[a, b]$에서 2계도함수 $f''$가 연속이고 $|f''(x)| < M$ 일 때 사다리꼴 공식의 오차는

$$\frac{M(b-a)^3}{12n^2}$$

보다 작거나 같다.

**4.** 폐구간 $[0,1]$을 6등분한 사다리꼴 공식을 사용하여

$$\int_0^1 \frac{1}{1+x}dx$$

의 근삿값과 오차 범위를 구하시오.

---

풀이

$h=\frac{1}{6}$이고 $f(x)=\frac{1}{1+x}$이므로 자료를 구하면 다음과 같다.

$$\begin{array}{ll} x_0=0 & y_0=f(x_0)=1.0000 \\ x_1=1/6 & y_1=f(x_0)=0.85714 \\ x_2=2/6 & y_2=f(x_0)=0.75000 \\ x_3=3/6 & y_3=f(x_0)=0.66667 \\ x_4=4/6 & y_4=f(x_0)=0.60000 \\ x_5=5/6 & y_5=f(x_0)=0.54545 \\ x_6=6/6 & y_6=f(x_0)=0.50000 \end{array}$$

따라서 위 자료를 사다리꼴 공식에 대입하면

$$\begin{aligned}\int_0^1 \frac{1}{1+x}dx &\fallingdotseq \tfrac{1}{12}[1.0000+2(0.85714)\cdots+2(0.54545)+0.50000] \\ &=0.69488\end{aligned}$$

이다. 이제 오차 범위를 구하자.

$f(x)=\frac{1}{1+x}$이므로

$f'(x)=\frac{-1}{(1+x)^2}$이고 $f^{(2)}(x)=\frac{2}{(1+x)^3}$이다.

주어진 구간 $0\le x\le 1$에서 $|f^{(2)}(x)|\le 2=M$이다.

따라서 오차 범위는

$$\frac{M(b-a)^3}{12n^2}=\frac{2(1-0)^3}{12\cdot 36}=\frac{2}{432}\fallingdotseq 0.00463$$

보다 작거나 같다.

정리하면 소수 다섯 번째 자리까지 실제값은 $\int_0^1 \frac{1}{1+x}dx=0.69315$이고, 여기서 구한 근삿값은 $0.69488$이다. 실제 오차는 $0.00173$이므로 이것은 구한 오차 $0.00463$보다 작다.

---

**정리 5.5.4 심프슨 공식의 오차**
양의 실수 $M$에 대하여 폐구간 $[a,b]$에서 4계도함수 $f^{(4)}$가 연속이고 $|f^(4)(x)| < M$ 일 때 심프슨 공식의 오차는

$$\frac{M(b-a)^5}{180n^4}$$

보다 작거나 같다.

5. 폐구간 $[0,1]$을 6등분한 심프슨 공식을 사용하여

$$\int_0^1 \frac{1}{1+x}dx$$

의 근삿값과 오차 범위를 구하시오.

---

풀이

$h = \frac{1}{6}$이고 $f(x) = \frac{1}{1+x}$이므로 자료를 구하면 다음과 같다.

$$\begin{array}{ll}
x_0 = 0 & y_0 = f(x_0) = 1.0000 \\
x_1 = 1/6 & y_1 = f(x_0) = 0.85714 \\
x_2 = 2/6 & y_2 = f(x_0) = 0.75000 \\
x_3 = 3/6 & y_3 = f(x_0) = 0.66667 \\
x_4 = 4/6 & y_4 = f(x_0) = 0.60000 \\
x_5 = 5/6 & y_5 = f(x_0) = 0.54545 \\
x_6 = 6/6 & y_6 = f(x_0) = 0.50000
\end{array}$$

위의 자료를 사용하여 심프슨 공식에 대입하면

$$\int_0^1 \frac{1}{1+x}dx \fallingdotseq \frac{1}{18}[1.0000 + 4(0.85714) + 2(0.75000) + 4(0.66667) + 2(0.60000)$$
$$+4(0.54545) + 0.50000] = 0.69317$$

을 얻는다. 오차 범위를 구하자.
$f(x) = \frac{1}{1+x}$이므로 다음을 얻는다.

$$f'(x) = \frac{-1}{(1+x)^2} \qquad f^{(2)}(x) = \frac{2}{(1+x)^3}$$
$$f^{(3)}(x) = \frac{-6}{(1+x)^4} \qquad f^{(4)}(x) = \frac{24}{(1+x)^5}$$

주어진 폐구간 $0 \le x \le 3$에서 $|f^{(4)}(x)| = |\frac{24}{(1+x)^5}| \le 24 = M$이 성립한다.

따라서 오차 범위는

$$\frac{M(b-a)^5}{180n^4} = \frac{24(1-0)^5}{180 \cdot 6^4} \fallingdotseq 0.00010$$

보다 작거나 같다.

정리하면 소수 5자리까지 실제값은 $\int_0^1 \frac{1}{1+x}dx = 0.69315$이고, 여기서 구한 근삿값은 0.69317이다. 실제 오차는 0.00002이므로 이것은 구한 오차 0.00010보다 작다.

# 제 6 장
# 정적분의 응용

정적분을 이용하여 도형의 면적, 체적, 곡선의 길이 와 곡면의 면적등을 구하는 방법에 대하여 공부를 한다. 특별히 체적이나 곡면의 면적은 평면상의 도형을 회전한 회전체를 대상으로 다루며, 부분으로부터 전체를 구하는 방법으로 공부한다.

## 6.1 평면도형의 넓이

평면상에 주어진 여러 가지 도형들로 둘러싸인 면적이나 $x$축 또는 $y$축으로 둘러싸인 면적들을 구하는데 정적분이 사용되며 이들을 구하는 여러 가지 방법등을 공부한다.

**정리 6.1.1** 폐구간 $[a,b]$에서 $f(x)$가 연속이고 $f(x) \geq 0$일 때 곡선 $y = f(x)$와 구간 $[a,b]$로 둘러싸인 부분의 평면적 $S$는 다음과 같다.

$$S = \int_a^b f(x)dx$$

**[증명]**

임의의 $t \in [a,b]$에 대하여 곡선 $y = f(x)$, 직선 $x = a, x = t$ 및 $x$축으로 둘러싸인 부분의 면적을 $F(t)$라 하면 $F(a) = 0$, $F(b) = S$ 이다.

이제 $[t,\ t+h]$상에서 $f(x)$의 상한, 하한을 각각 $G, L$이라 하면

$$L \leq \frac{F(t+h) - F(t)}{h} \leq G \text{ 이다.}$$

함수 $f(x)$가 $[a,b]$에서 연속이므로

$$\lim_{h\to 0} L \leq \lim_{h\to 0} \frac{F(t+h) - F(t)}{h} \leq \lim_{h\to 0} G$$

즉 $f(t) \le F'(t) \le f(t)$이므로 $F'(t) = f(t)$이다. 그러므로

$$F(t) = \int f(t)dt$$

이다. $f(t)$의 원시함수 중 하나를 $G(t)$라 하면

$$F(t) = G(t) + C \qquad (C: \text{상수})$$

이고 $F(a) = 0, F(b) = S$이므로 $C = -G(a)$ 가 되고 미적분학의 기본정리에 의해

$$S = F(b) = G(b) - G(a) = \int_a^b f(x)dx$$

이다([그림 6.1] 참조).

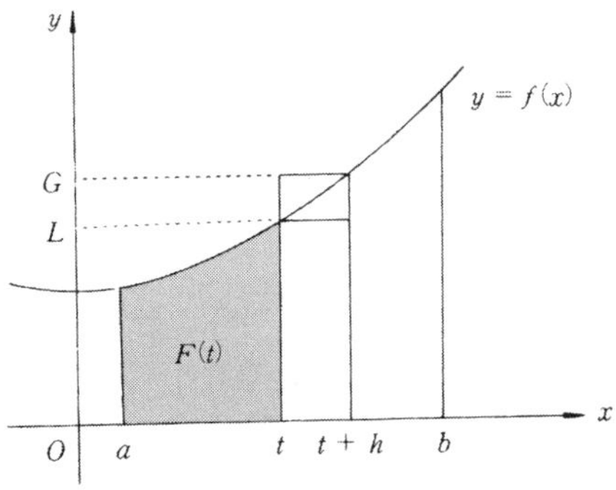


그림 6.1

□

**예제 6.1.1**

$y = 1 + \sqrt{x}$ 와 구간 $[0, 4]$로 둘러싸인 면적 $S$를 구하시오.

---

풀이 6.1.1

[정리 6.1.1]의 결과를 사용하여 구하면

$$S = \int_0^4 (1 + \sqrt{x}\ )dx = \left[x + \frac{2}{3}x^{3/2}\right]_0^4$$
$$= 4 + \frac{16}{3}$$
$$= \frac{28}{3}$$

을 얻는다.

---

**정리 6.1.2** 함수 $f(x)$와 $g(x)$는 $[a,b]$에서 연속이고 $f(x) \geq g(x)$일 때 곡선 $y=f(x)$, $y=g(x)$와 구간 $[a,b]$로 둘러싸인 도형의 넓이 $S$는 다음과 같다.

$$S=\int_a^b \{f(x)-g(x)\}dx$$

**[증명]**

실제로 $[a,b]$에서 $g(x)+k \geq 0$이 되게 상수 $k$를 잡으면

$$\begin{aligned} S &= \int_a^b \{f(x)+k\}dx - \int_a^b \{g(x)+k\}dx \\ &= \int_a^b \{f(x)-g(x)\}dx \end{aligned}$$

이다([그림 6.2] 참조).

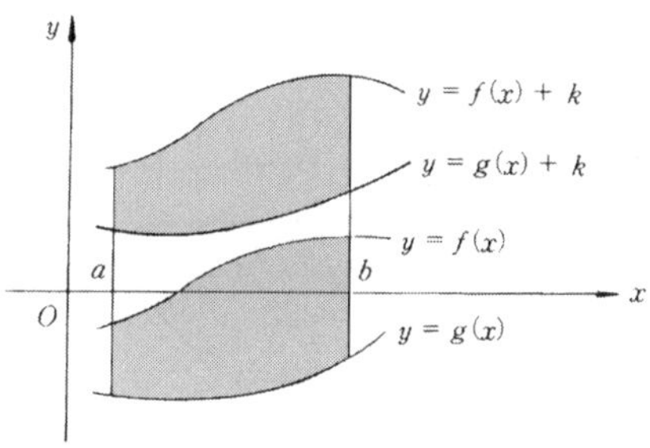


그림 6.2

□

**참고 6.1**

(1) 함수 $f(x)$가 $[a,b]$에서 연속일 때 곡선 $y=f(x)$와 직선 $x=a$, $x=b$ 및 $x$축으로 둘러싸인 도형의 넓이 $S$는

$$S=\int_a^b |f(x)|dx$$

이다([그림 6.3] 참조).

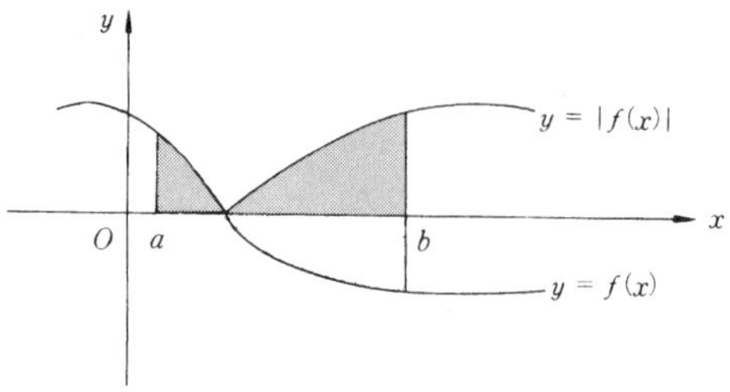


그림 6.3

(2) 함수 $x = g(y)$가 $[c, d]$에서 연속일 때 곡선 $x = g(y)$, 직선 $y = c, y = d$ 및 $y$축으로 둘러싸인 도형의

넓이 $S$는

$$S = \int_c^d |g(y)| dy$$

이다([그림 6.4] 참조).

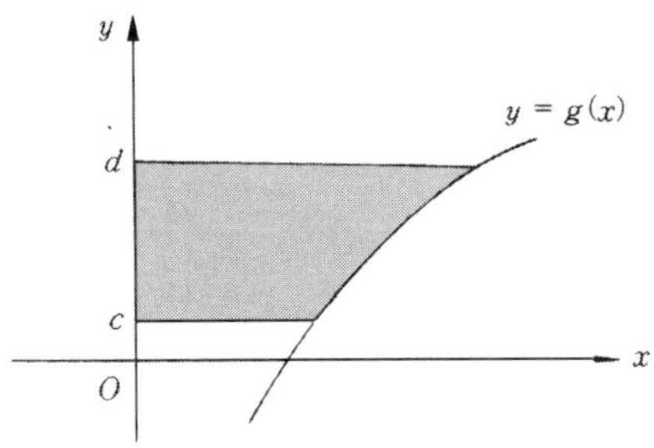


그림 6.4

**예제 6.1.2**

포물선 $y^2 = x$와 직선 $x - y = 1$로 둘러싸인 넓이를 구하시오.

풀이 6.1.2

두 곡선의 교점을 구하기 위하여 위의 방정식을 연립으로 풀어서 $y$값을 구하면

$$y = \frac{1 \pm \sqrt{5}}{2}$$

이다. 그리고 $y$를 적분변수로 하면 구하는 넓이 $S$는 $y$의 폐구간 $\left[\frac{1-\sqrt{5}}{2}, \frac{1+\sqrt{5}}{2}\right]$ 에서 $x = y+1$이고 $x = y^2$ 사이의 넓이이므로

$$S = \int_{\frac{1-\sqrt{5}}{2}}^{\frac{1+\sqrt{5}}{2}} \{(y+1) - y^2\}dy$$
$$= \left[\frac{1}{2}y^2 + y - \frac{1}{3}y^3\right]_{\frac{1-\sqrt{5}}{2}}^{\frac{1+\sqrt{5}}{2}} = \frac{5\sqrt{5}}{6}$$

이다([그림 6.5] 참조).

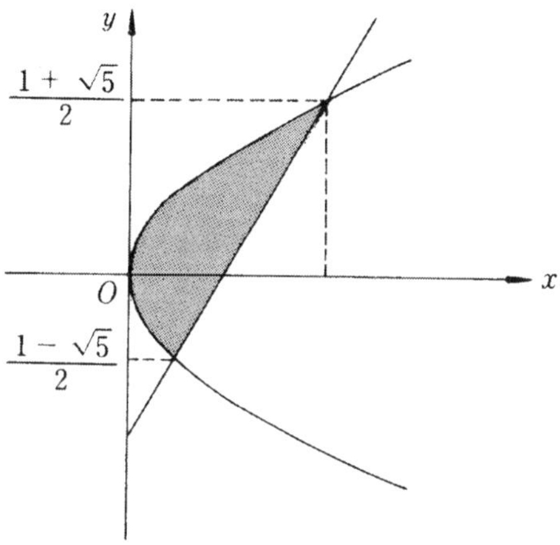


그림 6.5

---

**예제 6.1.3**

두 곡선 $y = x^4$와 $y = 2x - x^2$로 둘러싸인 영역의 면적을 구하시오.

---

풀이 6.1.3

두 곡선의 그래프를 그려보면 두 곡선을 이루는 영역은 두 곡선의 교점인 $(0,0)$과 $(1,1)$에 의해서 결정된다. 그리고 구간 $[0,1]$에서 $2x - x^2 \geq x^4$이므로

$$S = \int_0^1 2x - x^2 - x^4 dx = [x^2 - \frac{1}{3}x^3 - \frac{1}{5}x^5]_0^1 = \frac{7}{15}$$

---

**예제 6.1.4**

곡선 $y^2 = 4x$와 직선 $4x - 3y = 4$로 둘러싸인 영역의 넓이를 구하시오.

풀이 6.1.4

곡선 $y^2 = 4x$은 원점을 지나는 양의 $x$축에 평행한 포물선이다.
이 두 곡선을 이루는 영역은 교점 $(1/4, -1)$와 $(4, 4)$에 의해서 결정된다.
분할구간은 $x$축 또는 $y$축 두 가지 관점으로 생각할 수 있다. 그래프의 모양을 살펴보면 분할구간을 $y$축으로 생각하는 것이 구하기 편리하다.
이제 구간 $-1 \le y \le 4$을 두면, 이 구간에서 $x = \frac{3y+4}{4}$가 $x = \frac{1}{4}y^2$보다 크거나 같기 때문에

$$S = \int_{-1}^{4} (\frac{3y+4}{4} - \frac{y^2}{4})dy = [\frac{3}{8}y^2 + y - \frac{1}{12}y^3]_{-1}^{4} = \frac{125}{24}$$

이 성립한다.

---

평면상의 모든 곡선 $y = f(x)$은 $x$축과 $y$축을 좌표함수로 하는 두 개의 매개변수 $x(t)$와 $y(t)$로 항상 나타낼 수가있다. 그래서 매개변수로 표시된 평면상의 곡선에 대한 적분은 다음을 따른다.

**정리 6.1.3** 구간 $[a, b]$에서 정의된 함수 $y = f(x)$가 $a = g(t_1)$ 와 $b = g(t_2)$를 만족하는 구간 $[t_1, t_2]$에서 매개변수방정식 $x = g(t)$ 와 $y = h(t)$로 주어진다고 하면 다음이 성립한다.

$$\int_a^b f(x)dx = \int_{t_1}^{t_2} h(t)g'(t)dt$$

**[증명]**

$x = g(t)$이므로 $dx = g'(t)dt$이다. 또 $a = g(t_1)$, $b = g(t_2)$이므로 $x = a$일 때 $t = t_1$이고 $x = b$일 때 $t = t_2$가 되어 치환적분법에 의해

$$\int_a^b f(x)dx = \int_{t_1}^{t_2} y \cdot g'(t)dt = \int_{t_1}^{t_2} h(t) \cdot g'(t)dt$$

이다. □

**예제 6.1.5**

사이클로이드(Cycloid) $x = a(t - \sin t), y = a(1 - \cos t)$ $(0 \le t \le 2\pi)$와 $x$축 사이에 있는 부분의 면적을 구하시오.

---

풀이 6.1.5

$dx = a(1 - \cos t)dt$이고 $x = 0$일 때 $t = 0, x = 2\pi a$일 때 $t = 2\pi$이므로

$$
\begin{aligned}
S &= \int_0^{2\pi a} y dx = \int_0^{2\pi} a(1-\cos t)\cdot a(1-\cos t)dt \\
&= a^2 \int_0^{2\pi} (1-\cos t)^2 dt = a^2 \int_0^{2\pi} (1 - 2\cos t + \cos^2 t)dt \\
&= a^2 \left[ t - 2\sin t + \frac{t}{2} + \frac{\sin 2t}{4} \right]_0^{2\pi} = 3\pi a^2
\end{aligned}
$$

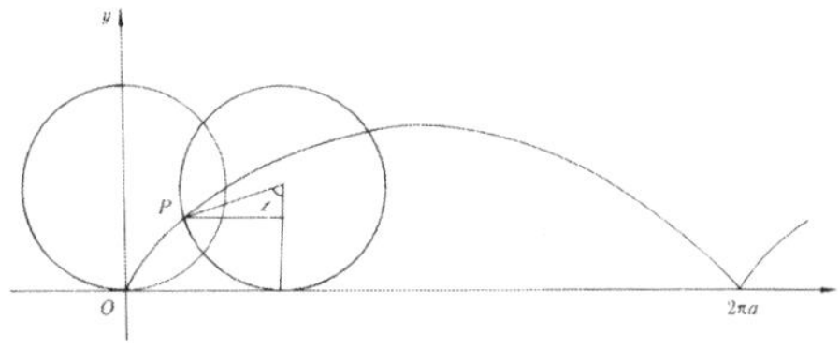


그림 6.6

---

**정리 6.1.4** 평면상의 연속곡선의 방정식이 **극형식(polar form)**

$$r = f(\theta) \quad (0 \le \alpha \le \theta \le \beta \le 2\pi)$$

로 주어질 때 곡선 $r = f(\theta)$ 및 직선 $\theta = \alpha$ 와 $\theta = \beta$ 로 둘러싸인 영역의 면적$S$는 다음과 같다.

$$S = \frac{1}{2}\int_\alpha^\beta r^2 \, d\theta = \frac{1}{2}\int_\alpha^\beta \{f^2(\theta)\} \, d\theta$$

**[증명]**

곡선 $r = f(\theta)$ 및 직선 $\theta = \alpha,\ \theta = t$ 로 둘러싸인 도형의 면적을 $F(t)$라 하면 $F(\alpha) = 0$ 와 $F(\beta) = S$ 가 되고, 또, $t \le \theta \le t + h$에서 $r$의 상한과 하한을 각각 $C,\ L$이라 하면 아래 식이 성립한다.

$$\frac{1}{2}L^2 h \le F(t+h) - F(t) \le \frac{1}{2}G^2 h$$

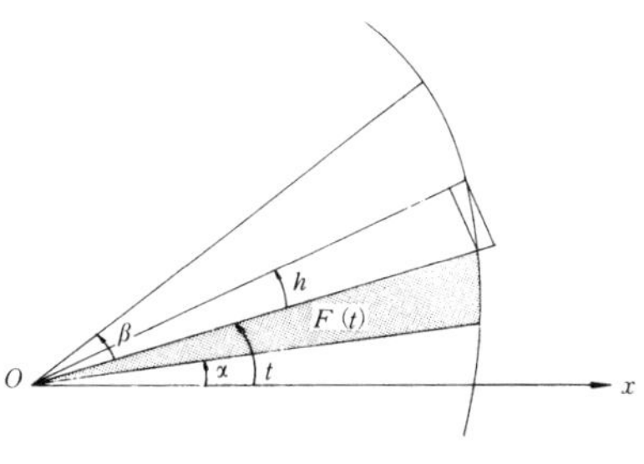


그림 6.7

그리고

$$\frac{1}{2}L^2 \le \frac{F(t+h)-F(t)}{h} \le \frac{1}{2}G^2$$

이고

$$\lim_{h\to 0}\frac{1}{2}L^2 \le \lim_{h\to 0}\frac{F(t+h)-F(t)}{h} \le \lim_{h\to 0}\frac{1}{2}G^2$$

이므로

$$\frac{1}{2}\{f(t)\}^2 \le F'(t) \le \frac{1}{2}\{f(t)\}^2$$

이다. 다시 말해

$$F'(t) = \frac{1}{2}\{f(t)\}^2$$

이다. 그러므로 부정적분을 취하면

$$F(t) = \int \frac{1}{2}\{f(t)\}^2 dt$$

가 되고

$$\frac{1}{2}\{f(t)\}^2$$

의 원시함수 중 하나를 $G(t)$라 하면 $F(t) = G(t) + C$이다. 미적분학의 기본정리에 의해

$$S = F(\beta) = G(\beta) - G(\alpha) = \int_\alpha^\beta \frac{1}{2}\{f(t)\}^2 dt$$

□

**따름정리 6.1.5** 두 곡선(극형식) $r = f(\theta)$와 $r = g(\theta)$는 구간 $\alpha \le \theta \le \beta$에서 $f(\theta) \ge g(\theta)$라고 하자. 두 곡선 $f(\theta)$와 $g(\theta)$ 그리고 두 각 $\theta = \alpha$와 $\theta = \beta$이 이루는 면적 $S$은 다음과 같다.

$$S = \frac{1}{2}\int_\alpha^\beta \{f^2(\theta) - g^2(\theta)\}\, d\theta$$

**예제 6.1.6**

심장형(cardioid) 곡선 $r = a(1+\cos\theta)$ $(a>0)$로 둘러싸인 도형의 면적 $S$를 구하시오.

풀이 6.1.6

곡선은 $\theta = 0$ 및 $\theta = \pi$에 관해서 대칭이므로 $0 \le \theta \le \pi$에서 $r$의 변화를 조사해서 그래프는 [그림 6.8]과 같다.

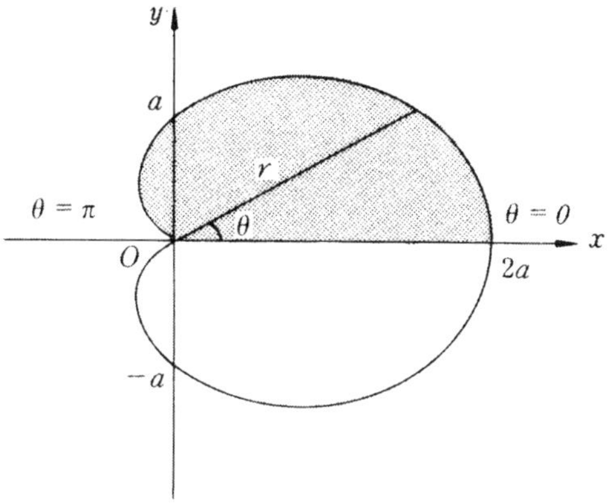


그림 6.8

$$S = 2 \times \frac{1}{2}\int_0^{\pi} r^2 d\theta = \int_0^{\pi} a^2(1+\cos\theta)^2 d\theta$$
$$= a^2 \int_0^{\pi} (1 + 2\cos\theta + \cos^2\theta) d\theta$$
$$= a^2 \int_0^{\pi} \left(1 + 2\cos\theta + \frac{1+\cos 2\theta}{2}\right) d\theta$$
$$= a^2 \left[\theta + 2\sin\theta + \frac{\theta}{2} + \frac{\sin 2\theta}{4}\right]_0^{\pi} = \frac{3}{2}\pi a^2$$

**예제 6.1.7**

두 곡선 $r = 1 + \cos\theta$와 $r = \cos\theta$로 둘러싸인 면적 $S$을 구하시오.

풀이 6.1.7

[방법 1]

[예제 6.1.6]의 결과와 원의 면적 구하는 공식을 이용하여 면적을 구한다.
곡선 $r = 1 + \cos\theta$의 그래프는 [그림 6.8]과 같고, $r = \cos\theta$는 중심이 $(0, \frac{1}{2})$이고 반경이 $\frac{1}{2}$인 원이다.
이제 $r = 1 + \cos\theta$의 부피는 [예제 6.1.6]으로부터 $S_1 = \frac{3\pi}{2}$이다.
그리고 $r = \cos\theta$의 부피는 원이므로 $S_2 = \pi\left(\frac{1}{2}\right)^2 = \frac{\pi}{4}$이다.

따라서 구하는 답은 두 곡선으로 둘러싸인 면적이므로

$$S = S_1 - S_2 = \frac{3\pi}{2} - \frac{\pi}{4} = \frac{5\pi}{4}$$

[방법 2]
[따름정리 6.1.5]를 이용하여 면적을 구한다.
주의해야 할 것은 $r$의 회전주기가 $r = 1 + \cos\theta$은 $2\pi$이지만 $r = \cos\theta$은 $\pi$이다.

$$\begin{aligned} S &= \frac{1}{2}\int_0^{2\pi} (1+\cos\theta)^2 \ d\theta - \frac{1}{2}\int_0^{\pi} (\cos\theta)^2 \ d\theta \\ &= \int_0^{\pi} (1+\cos\theta)^2 \ d\theta - \int_0^{\pi/2} (\cos\theta)^2 \ d\theta \\ &= \frac{5\pi}{4} \end{aligned}$$

---

## 연습문제 6.1

**1.** 타원 $\dfrac{x^2}{a^2}+\dfrac{y^2}{b^2}=1$의 넓이를 구하시오.

---

풀이

타원은 $x$축, $y$축에 관하여 대칭이므로 제1상한 부분의 넓이를 구하고 그것을 4배하면 된다([그림 6.9]).

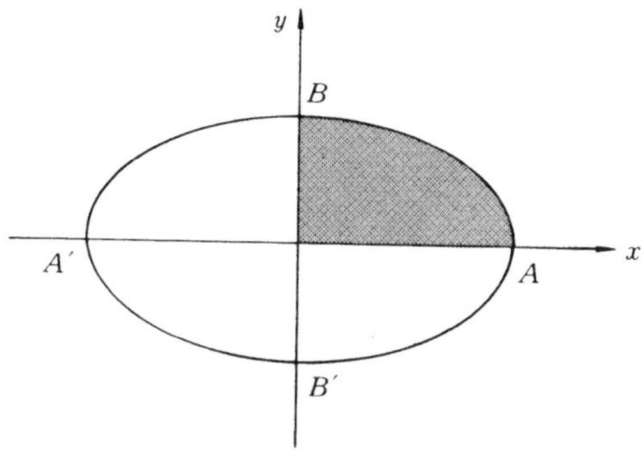


그림 6.9

먼저 타원의 방정식을 $y$에 대하여 풀면

$$y=\pm\frac{b}{a}\sqrt{a^2-x^2}$$

이므로 제1상한에 있는 부분의 넓이를 $S$라 하면

$$\begin{aligned}S&=\int_0^a ydx=\frac{b}{a}\int_0^a\sqrt{a^2-x^2}dx\\&=\frac{b}{a}\left[\frac{a^2}{2}\sin^{-1}\frac{x}{a}+\frac{1}{2}x\sqrt{a^2-x^2}\right]_0^a=\frac{1}{4}ab\pi\end{aligned}$$

가 된다. 따라서 타원의 전체 넓이는 $ab\pi$가 된다.

---

**2.** 다음 곡선과 포물선에 의해서 둘러싸인 부분의 넓이를 구하시오.

$$y=\frac{8a^3}{x^2+4a^2},\ 4ay=x^2$$

---

풀이

두 곡선의 교점을 구하기 위하여 위의 방정식을 연립으로 풀면

$$x=\pm 2a$$

이다. 이 두 곡선은 $y$축에 관하여 대칭이므로 제1상한에 있는 부분의 넓이를 구하여 그것을 2배하면 된다. 따라서 구하는 넓이를 $S$라 하면

$$\begin{aligned} S &= 2\left\{\int_0^{2a} \frac{8a^3}{x^2+4a^2}dx - \int_0^{2a} \frac{x^2}{4a}dx\right\} \\ &= 16a^3\left[\frac{1}{2a}\tan^{-1}\frac{x}{2a}\right]_0^{2a} - \frac{1}{2a}\left[\frac{1}{3}x^3\right]_0^{2a} \\ &= 2\pi a^2 - \frac{4}{3}a^2 = 2a^2\left(\pi - \frac{2}{3}\right) \end{aligned}$$

이다([그림 6.10] 참조).

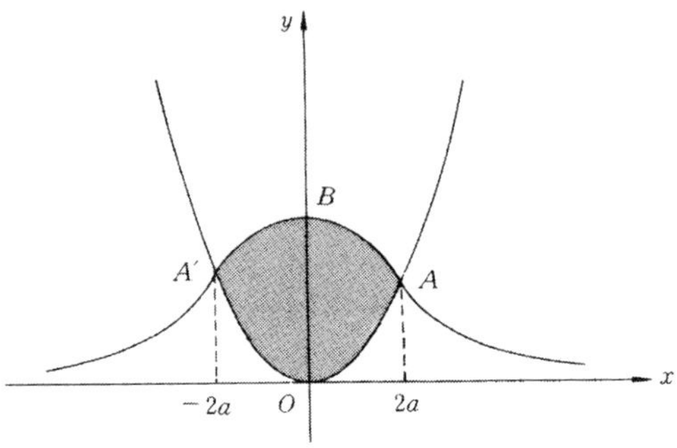


그림 6.10

---

**3.** 방정식 $(x^2+y^2)^2 = 2a^2(x^2-y^2)$ ( $a>0$ )으로 나타나는 곡선으로 둘러싸인 부분의 면적을 다음 순서대로 구하시오.

1. 원점 $O$를 극이라 하고 $x$축의 양의 방향을 시작선으로 하는 극방정식을 구하시오.
2. 곡선의 개형을 구하고 그들로 이루어진 면적 $S$을 구하시오.

---

풀이

(1) 평면곡선의 주어진 방정식은

$$(x^2+y^2)^2 = 2a^2(x^2-y^2) \tag{i}$$

이다. 위 식 $(i)$에 $x = r\cos\theta$ 와 $y = r\sin\theta$를 대입하면

$$\begin{aligned} r^4 &= 2a^2r^2(\cos^2\theta - \sin^2\theta) \\ r^2 &= 2a^2(\cos^2\theta - \sin^2\theta) \end{aligned}$$

이므로, 삼각공식으로부터

$$r^2 = 2a^2\cos 2\theta \tag{ii}$$

을 얻는다.

(2) 위의 식 $(ii)$는 $\theta = 0$ 및 $\theta = \frac{\pi}{2}$에 관해서 대칭이므로 $0 \le \theta \le \frac{\pi}{2}$에 대응하는 부분을 그리면 곡선의 개형이 [그림 6.11]과 같음을 알 수 있다.

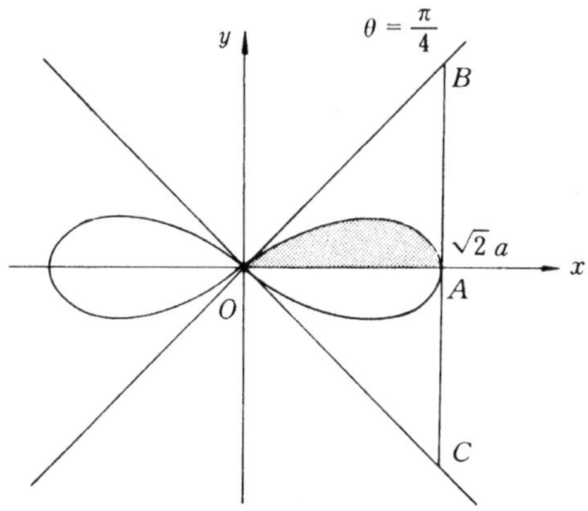


그림 6.11

이 곡선의 두 개의 윤형으로 싸인 면적의 합 $S$는 각의 범위 $0 \le \theta \le \frac{\pi}{4}$으로 나타나는 제1상한의 면적(그림의 빗금친 부분)의 4배이다. 따라서 구하는 면적 $S$는

$$S = 4 \times \frac{1}{2}\int_0^{\frac{\pi}{4}} r^2 d\theta = 2\int_0^{\frac{\pi}{4}} 2a^2 \cos 2\theta d\theta = 2a^2[\sin 2\theta]_0^{\frac{\pi}{4}} = 2a^2$$

이다.

---

**4.** 위의 [그림 6.11]과 같은 곡선을 연주형(lemniscate)이라 하며, 이것은 두 정점 $F_1(a,0)$ 와 $F_2(-a,0)$ 에서의 거리의 곱이 $\overline{PF_1} \cdot \overline{PF_2} = a^2$을 만족하는 점 $P$의 자취임을 보이시오.

**[증명]**

평면좌표에서의 점 $P$의 좌표를 $P(x,y)$라 하면

$$\overline{PF_1} = \sqrt{(x-a)^2 + y^2} = \sqrt{x^2 + y^2 + a^2 - 2ax}$$
$$\overline{PF_2} = \sqrt{(x+a)^2 + y^2} = \sqrt{x^2 + y^2 + a^2 + 2ax}$$

이므로 다음이 성립한다.

$$(x^2 + y^2 + a^2 - 2ax)(x^2 + y^2 + a^2 + 2ax) = a^4$$
$$\Rightarrow (x^2 + y^2)^2 + 2a^2(x^2 + y^2) - 4a^2x^2 = 0$$
$$\therefore \quad (x^2 + y^2)^2 = 2a^2(x^2 - y^2)$$

참고로 [문제 3]에서 구한 면적 $S$는 [그림 6.11]안의 $\triangle OBC$의 면적과 같음을 알 수 있다. □

**5.** 곡선 $(x^2+y^2)^3 = 4a^2x^2y^2$ 으로 둘러싸인 부분의 면적을 구하시오.

---

풀이

$x = r\cos\theta, y = r\sin\theta$ 에서 $x^2+y^2 = r^2$ 이므로

$r^6 = 4a^2r^4\cos^2\theta\sin^2\theta$ 이고 $r^2 = a^2\sin^2 2\theta$ 가 된다.

따라서 곡선의 극방정식은 $r = \pm a\sin 2\theta$ 이다.

그런데 $\theta$ 가 0에서 $\frac{\pi}{4}$ 까지 증가하면 $r$ 은 0에서 a,$\theta$ 가 $\frac{\pi}{4}$ 에서 $\frac{\pi}{2}$ 까지 감소하면 $r$ 은 $a$ 에서 0으로 감소한다([그림 6.12] 참조). 따라서 구하는 면적 $S$ 는

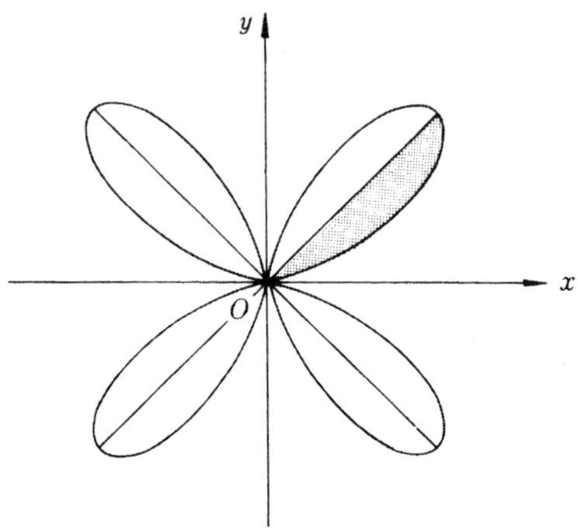


그림 6.12

$$
\begin{aligned}
S &= 8\times\frac{1}{2}\int_0^{\frac{\pi}{4}} r^2 d\theta = 4a^2\int_0^{\frac{\pi}{4}}\sin^2 2\theta d\theta \\
&= 4a^2\int_0^{\frac{\pi}{4}}\frac{1}{2}(1-\cos 4\theta)d\theta = 2a^2\left[\theta - \frac{1}{4}\sin 4\theta\right]_0^{\frac{\pi}{4}} \\
&= \frac{1}{2}a^2\pi
\end{aligned}
$$

---

**6.** 평면좌표축에서 길이 $2a$인 선분 $\overline{OA}$를 지름으로 하는 원의 임의의 점에서 그은 접선 $T$와 $O$에서 $T$ 내린 수선의 발을 $P$라 하자. $O$를 극이라 하고 $\overline{OA}$를 기선(시작선)으로 할 때 점 $P(r,\theta)$의 자취의 방정식을 극방정식으로 구해보자.

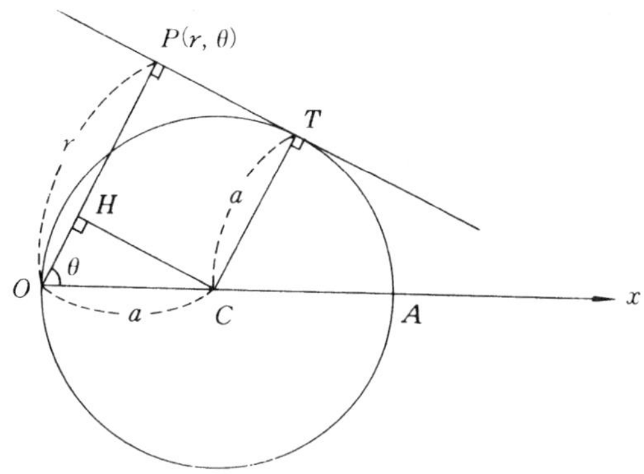


그림 6.13

---

풀이

먼저 $C$를 원의 중심이라 하고 $T$를 접선 그리고 $C$에서 $\overline{OP}$에 내린 수선의 발을 $H$라 하면 $\overline{CT} = \overline{HP}$이므로

$$\overline{OP} = \overline{OH} + \overline{HP} = \overline{OH} + \overline{CT} = a\cos\theta + a$$

이 성립한다. 따라서 점 $P$의 자취의 방정식은

$$r = a(1 + \cos\theta)$$

이다. 이것은 [예제 6.1.6]에서 배운 심장형 극좌표임을 알 수 있다.

---

**7.** 곡선 $r = 1 + \cos\theta$의 외부와 곡선 $r = 1$의 내부로 둘러싸인 면적을 구하시오.

---

풀이

두 극형식의 $r$의 주기는 모두 $2\pi$이므로 교점을 구하면 다음과 같다.

$$1 + \cos\theta = 1 \;\Rightarrow\; \cos\theta = 0 \therefore \theta = \{\frac{\pi}{2}, \frac{3\pi}{2}\}$$

이제 [따름정리 6.1.5]를 이용하여 면적을 구하면

$$\begin{aligned}
S =& \frac{1}{2}\int_{\pi/2}^{3\pi/2} \{1^2 - (1 + \cos\theta)^2\} d\theta \\
=& \frac{1}{2}\int_{\pi/2}^{3\pi/2} \{1 - (1 + 2\cos\theta + \cos^2\theta)\} d\theta \\
=& -\frac{1}{2}\int_{\pi/2}^{3\pi/2} \{2\cos\theta + \cos^2\theta\} d\theta \\
=& -\int_{\pi/2}^{3\pi/2} \cos\theta d\theta - \frac{1}{2}\int_{\pi/2}^{3\pi/2} \cos^2\theta d\theta \\
=& -\left[\sin\theta\right]_{\pi/2}^{3\pi/2} - \frac{1}{4}\int_{\pi/2}^{3\pi/2} 1 + \cos 2\theta d\theta \\
=& -[-1 - 1] - \frac{1}{4}\left[\theta + \frac{1}{2}\sin 2\theta\right]_{\pi/2}^{3\pi/2} \\
=& 2 - \frac{1}{4}\left[\frac{3\pi}{2} - \frac{\pi}{2}\right] \\
=& 2 - \frac{\pi}{4}
\end{aligned}$$

---

## 6.2 입체의 부피(체적)

주어진 입체의 단면적을 알고 있을 때, 그 단면적으로부터 전체 입체의 부피를 구하는 방법에 대하여 공부한다.

**정리 6.2.1** 구간 $a \le x \le b$에 따르는 어떤 입체를 단면 $x = x_i$로 잘랐을 때 단면적을 연속함수 $S(x_i)$라 하면 주어진 구간 $[a, b]$로 둘러싸인 입체의 체적 $V$는 다음과 같다.

$$V = \int_a^b S(x)dx$$

**[증명]**

주어진 $x$축의 구간 $[a, b]$을

$$a = x_0 \le \cdots \le x_{i-1} \le x_i \le \cdots \le b$$

로 분할하면, 두 단면곡선 $x_0 = a$와 $x_i = t$ 사이에 있는 입체의 체적을 $V(t)$라 하면

$$V(a) = 0, \quad V(b) = V$$

이고 $S(t)$의 $t \le x \le t + h$에서의 상한, 하한을 각각 $G$, $L$이라 하면

$$L \cdot h \le V(t+h) - V(t) \le G \cdot h \implies L \le \frac{V(t+h) - V(t)}{h} \le G \text{ 이다.}$$

$S(t)$가 연속이므로

$$\lim_{h \to 0} L \le \lim_{h \to 0} \frac{V(t+h) - V(t)}{h} \le \lim_{h \to 0} G$$

에서 $S(t) \le V'(t) \le S(t)$이므로 $V'(t) = S(t)$이다. 따라서 $V(t) = \int S(t)dt$ 이다.

$S(t)$의 원시함수 중 하나를 $G(t)$라 하면

$$\int S(t)dt = G(t) + C \quad (C : \text{상수})$$

이 성립하므로 $V(t) = G(t) + C$이다. $C = -G(a)$이므로

$$V = V(b) = G(b) - G(a) = \int_a^b S(t)dt$$

이다.

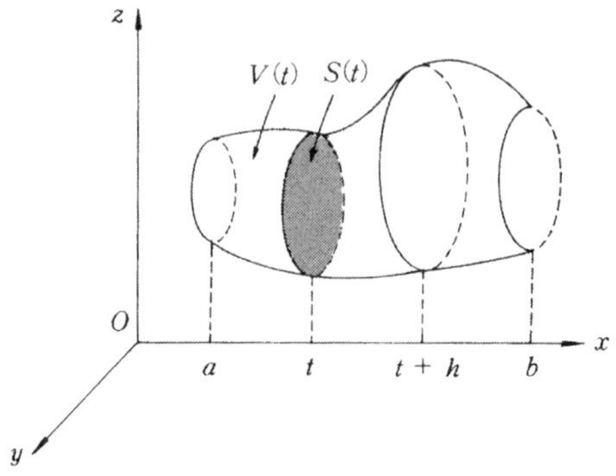


그림 6.14

□

**예제 6.2.1**

평면곡선 $y = 1 - \frac{x^2}{4}$ 을 $x$축과 $y$축으로 둘러싸인 1사분면의 영역을 밑면으로 하는 입체가 있다. $x$축과 수직인 단면은 항상 정사각형이라고 할 때 이 입체의 부피를 구하시오.

풀이 6.2.1

이 평면곡선은 꼭짓점 $(2, 0)$을 지나고 음의 $x$축에 평행한 포물선이다. 따라서 1사분면의 영역은 세 점 $(0, 0)$, $(2, 0)$, $(0, 1)$을 포함한다.
그리고 $x$축과 수직인 단면의 면적은 정사각형이므로

$$S(x_i) = (1 - \frac{1}{4}x_i)(1 - \frac{1}{4}x_i) = (1 - \frac{1}{4}x_i)^2$$

이다.
따라서 입체의 부피는

$$V = \int_0^2 (1 - \frac{1}{4}x)^2 dx = \frac{16}{15}$$

이다.

**예제 6.2.2**

어떤 입체의 밑면은 $y = \sin x \ (0 \le x \le \pi)$와 $x$축으로 둘러싸인 영역이고, $x$축에 수직인 단면은 정삼각형이라 할 때 이 입체의 부피를 구하시오.

---

풀이 6.2.2

이 1사분면의 영역은 두 점 $(0,0)$과 $(0,\pi)$를 지나는 $y = \sin x$로 이루어져 있다.
그리고 $x$축과 수직인 단면의 면적은 정삼각형이므로 공식을 사용하면

$$S(x_i) = \frac{1}{2} \cdot (\sin x_i) \cdot \frac{\sqrt{3}}{2}(\sin x_i) = \frac{\sqrt{3}}{4}\sin^2 x_i$$

이다. 여기서 정삼각형의 밑면이 $\sin x_i$이므로 높이는 $\frac{\sqrt{3}}{2}\sin x_i$이다.
따라서 입체의 부피는

$$V = \int_0^{\pi} \frac{\sqrt{3}}{4}\sin^2 x dx = \frac{\sqrt{3}}{8}\int_0^{\pi}(1-\cos 2x)dx = \frac{\sqrt{3}}{8}\pi$$

이다. 위에서 두 번째 식은 반각공식을 적용하여 얻어졌다.

---

## 연습문제 6.2

1. 밑면의 반지름이 $a$ 인 직원기둥을 밑면의 지름을 지나면서 밑면과 $45^\circ$ 를 이루는 평면으로 잘랐을 때 나타나는 입체의 체적 $V$ 를 구하시오.

---

풀이

밑면은 반경이 $a$ 인 원이므로 $x^2 + y^2 = a^2$ 이 성립한다. 따라서 좌표방정식

$$y = \pm\sqrt{a^2 - x^2}$$

을 얻는다.

절단면은 밑면이 $\sqrt{a^2 - x^2}$ 이고 경사각이 $45^\circ$ 인 직각삼각형이므로 높이는

$$\sqrt{a^2 - x^2}\tan\frac{\pi}{4}$$

가 된다. 따라서 단면적은 삼각형의 면적 공식으로부터

$$S(x) = \frac{1}{2}(\sqrt{a^2 - x^2})(\sqrt{a^2 - x^2}\ \tan\frac{\pi}{4}) = \frac{1}{2}(a^2 - x^2)$$

이 된다. 따라서

$$\begin{aligned} V &= 2\int_0^a \frac{1}{2}(a^2 - x^2)dx \\ &= \left[a^2x - \frac{1}{3}x^3\right]_0^a = \frac{2}{3}a^3 \end{aligned}$$

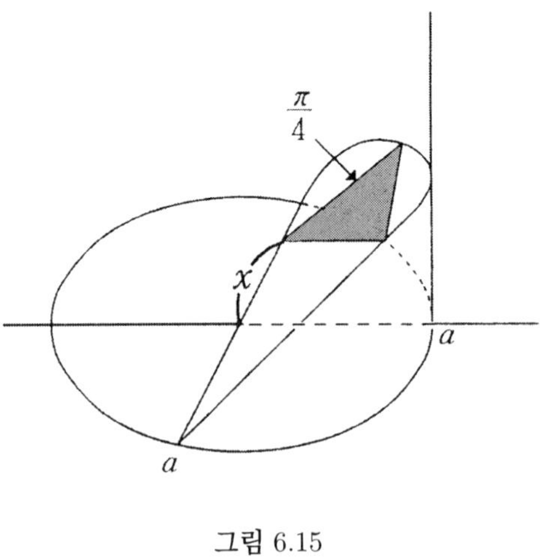


그림 6.15

---

**2.** 타원면 $\dfrac{x^2}{a^2}+\dfrac{y^2}{b^2}+\dfrac{z^2}{c^2}=1$로 둘러싸인 입체의 체적을 구하시오.

---

풀이

주어진 방정식을 고쳐 쓰면

$$\frac{y^2}{b^2}+\frac{z^2}{c^2}=1-\frac{x^2}{a^2}, \qquad \frac{y^2}{\left(b\sqrt{1-\frac{x^2}{a^2}}\right)^2}+\frac{z^2}{\left(c\sqrt{1-\frac{x^2}{a^2}}\right)^2}=1$$

이므로 $yz$-평면에 평행인 평면으로 이 입체를 잘랐을 때의 단면은 각각

$$\frac{b}{a}\sqrt{a^2-x^2}, \qquad \frac{c}{a}\sqrt{a^2-x^2}$$

을 장축 및 단축으로 하는 타원이 된다. 따라서 [6.1절] 연습문제로부터 그 단면적은

$$\pi\frac{b}{a}\sqrt{a^2-x^2}\cdot\frac{c}{a}\sqrt{a^2-x^2}=\frac{\pi bc}{a^2}(a^2-x^2)$$

이다. 그러므로 구하고자 하는 입체의 체적 V는

$$V=\int_{-a}^{a}\frac{\pi bc}{a^2}(a^2-x^2)dx=\frac{4}{3}\pi abc$$

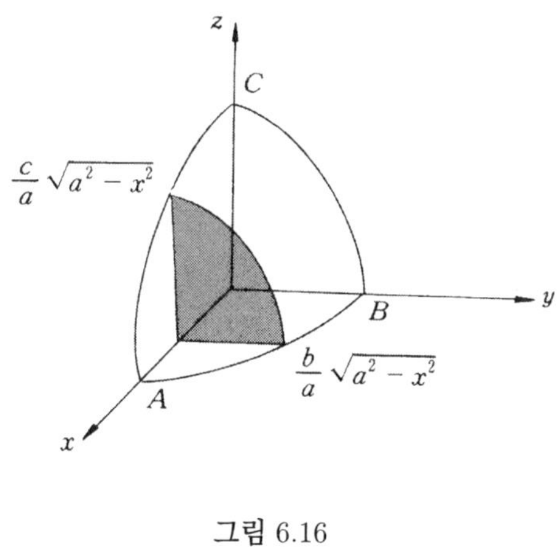


그림 6.16

---

**3.** 어떤 입체의 $x$축에 $(0 \le x \le 1)$ 수직인 단면적은 반경이 $x^2$인 반원이다. 이 입체의 부피 $V$를 구하시오.

---

풀이

주어진 구간 $0 \le x \le 1$에서 절단면(반원)의 면적은 $S(x) = \frac{1}{2}\pi(x^2)^2 = \frac{1}{2}\pi x^4$ 이다.

따라서

$$V = \frac{1}{2}\pi \int_0^1 x^4 dx = \frac{\pi}{10}$$

---

**4.** 피라미드는 높이가 $4m$이고 바닥은 한 변이 $3m$인 정사각형이라 할 때 이 피라미드의 체적을 구하시오.

---

풀이

먼저 이 피라미드를 바닥을 $x = 0$의 위치로 꼭짓점을 $x = 4$의 위치로 눕힌 입체로 생각하자. 구간 $0 \le x \le 4$에서 절단면은 한 변이 $A(x)$인 정사각형이다. 그리고 다음 비율관계가 성립한다.

$$3 : 4 = A(x) : (4 - x) \iff A(x) = \frac{3}{4}(4 - x)$$

구간 $[0, 4]$안의 $x$에서 절단면의 한 변이 $A(x)$인 정사각형이므로 절단면의 면적은

$$S(x) = (A(x))^2 = \frac{9}{16}(16 - 8x + x^2)$$

이다. 따라서

$$V = \frac{9}{16} \int_0^4 (16 - 8x + x^2) dx = 12$$

---

## 6.3 회전체의 부피(체적)

평면곡선의 축을 중심으로 회전한 회전체의 부피를 구하는 방법에 대하여 공부한다. 특별히 회전체의 절단면이 원판 모양, 구멍뚫린 원판 모양, 파이프 모양인 경우를 각각 다룬다.

**정리 6.3.1 (원판 모양)**
구간 $[a, b]$에서 함수 $y = f(x)$는 연속일 때 곡선 $y = f(x)$와 구간 $[a, b]$ 그리고 $x$축으로 둘러싸인 영역을 $x$축 둘레로 회전하여 생기는 회전체(solid revolution)의 체적 $V$는 다음과 같다.

$$V = \pi \int_a^b \{f(x)\}^2 dx = \pi \int_a^b y^2 dx$$

**[증명]**

일반 입체의 경우와는 달리 위의 조건을 만족하는 회전체의 절단면은 항상 **원판 모양**이 된다. 이제 주어진 구간 $[a, b]$의 분할인 $x_i$에서 절단한 절단면은 중심이 $x$축으로부터 반지름이 $y_i$인 원판이다. 이 원판에 두께가 $dx_i = (x_i - x_{i-1})$인 **두께있는 원판**의 부피$S(x_i)$를 함수로 나타내면

$$S(x_i) = \pi y_i^2 dx_i = \pi \{f(x_i)\}^2 dx_i$$

이므로 정적분의 [정의 5.3.4(리만합과 극한)]를 적용하면

$$V = \pi \int_a^b y^2 dx = \pi \int_a^b \{f(x)\}^2 dx$$

이다.

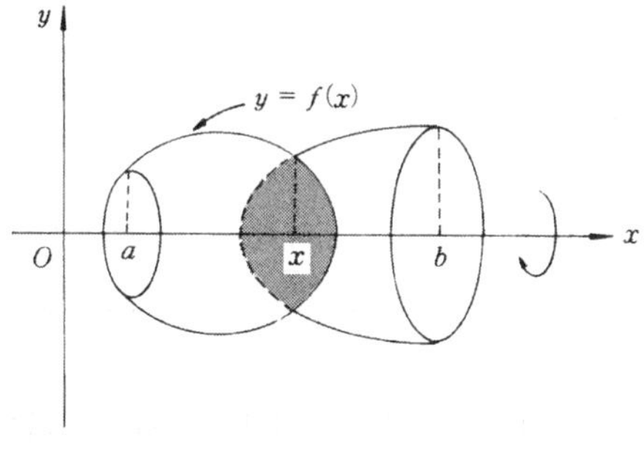


그림 6.17

□

**참고 6.2** 위 정리와 유사하게 곡선 $x = g(y)$를 $y$축 둘레로 회전시켰을 때 회전체가 두 평면 $c \le y \le d$로 잘려진 입체의 체적 $V$는

$$V = \pi \int_c^d x^2 dy = \pi \int_c^d \{g(y)\}^2 dy$$

다음 예제는 회전체의 절단면이 원판 모양인 경우이다.

**예제 6.3.1**

함수 $y = \sqrt{x}$와 $x$축 그리고 $x = 4$로 이루어진 영역을 $x$축을 중심으로 회전시킬 때 회전체의 부피를 구하시오.

풀이 6.3.1

구간 $0 \le x \le 4$에서 $x$축 회전체의 절단면은 반지름이 $\sqrt{x}$인 원판이다.
따라서 회전체의 부피는

$$\pi \int_0^4 (\sqrt{x})^2 dx = \pi \int_0^4 x dx = 8\pi$$

**예제 6.3.2**

함수 $y = x^3$과 $y$축 그리고 $y = 3$으로 둘러싸인 영역을 $y$축 둘레로 회전시킬 때 회전체의 부피를 구하시오.

풀이 6.3.2

구간 $0 \le y \le 3$에서 $y$축 회전체의 절단면은 반지름이 $x = \sqrt[3]{y}$인 원판이다.
따라서 회전체의 부피는

$$\pi \int_0^3 (\sqrt[3]{y})^2 dy = \pi \int_0^4 y^{2/3} dy = \frac{9\sqrt[3]{9}\pi}{5}$$

**예제 6.3.3**

밑면의 반지름이 $r$이고 높이가 $h$인 원기둥의 부피가 $\pi r^2 h$임을 정적분을 이용하여 보이시오.

풀이 6.3.3

회전체의 모양이 반지름이 $r$이고 높이가 $h$인 원기둥이 되기 위해서 구간 $0 \le x \le h$에서 정의된 상수함수 $y = f(x) = r$를 생각한다.
상수함수와 구간 그리고 $x$축으로 둘러싸인 영역을 $x$축으로 회전하면 이 회전체는 원하는 원기둥이다.
이제 구간 $0 \le x \le h$에서 회전체의 절단면은 반지름이 $r$인 원판이므로 이 회전체의 부피는

$$\pi \int_0^h r^2 dx = \pi [r^2 x]_0^h = \pi r^2 h$$

**정리 6.3.2 (구멍뚫린 원판 모양)**
구간 $[a,b]$에서 두 함수 $y=f(x)$와 $y=g(x)$는 연속이고 $|f(x)|>|g(x)|$일 때 두 곡선 $f(x)$와 $g(x)$ 그리고 구간 $[a,b]$로 둘러싸인 영역을 $x$축 둘레로 회전하여 생기는 회전체(solid revolution)의 체적 $V$는 다음과 같다.

$$V=\pi\int_a^b (f^2(x)-g^2(x))dx$$

**[증명]**

위의 조건을 만족하는 회전체의 절단면은 항상 **구멍뚫린 원판 모양**이 된다. 이제 주어진 구간 $[a,b]$의 분할인 $x_i$에서 절단한 절단면은 중심이 $x$축으로부터 반지름이 $f(x_i)>g(x_i)$인 구멍뚫린 원판이다. 이 원판에 두께가 $dx_i=(x_i-x_{i-1})$인 **구멍뚫린 동전모양**의 부피$S(x_i)$를 함수로 나타내면

$$S(x_i)=(\pi f^2(x_i)-\pi g^2(x_i))dx_i=\pi(f^2(x_i)-g^2(x_i))dx_i$$

이므로 정적분의 [정의 5.3.4(리만합과 극한)]를 적용하면

$$V=\pi\int_a^b (f^2(x)-g^2(x))dx$$

이다. □

**참고 6.3** 위 정리와 유사하게 $|f(y)|>|g(y)|$를 만족하는 두 곡선 $x=f(y)$와 $x=g(y)$와 구간 $c\le y\le d$로 이루어진 영역을 $y$축 둘레로 회전시켰을 때 회전체의 체적 $V$는

$$V=\pi\int_c^d (f^2(y)-g^2(y))dy$$

이다.

다음 예제는 회전체의 절단면이 구멍뚫린 원판 모양인 경우이다.

**예제 6.3.4**

**두 연속함수 $y = x^2$과 $y^2 = 8x$로 둘러싸인 영역을 $x$축 중심으로 회전시킬 때 입체의 체적을 구하시오.**

---

풀이 6.3.4

먼저 두 함수의 교점을 구하면 $(0,0)$과 $(2,4)$이고 구간 $0 \le x \le 2$에서 $\sqrt{8x} \ge x^2$이 성립한다. 따라서 두 함수와 구간 사이로 둘러싸인 영역을 $x$축으로 회전하면 회전체의 절단면은 작은 원의 반경이 $x^2$이고 큰 원의 반경이 $\sqrt{8x}$인 구멍뚫린 원판이다. 따라서 이 회전체의 부피는

$$V = \pi \int_0^2 ((\sqrt{8x})^2 - (x^2)^2)dx = \pi \int_0^2 (8x - x^4)dx = \frac{48\pi}{5}$$

---

**예제 6.3.5**

**두 함수 $y = x^2$과 $y = x^3$이 1사분면에서 이루는 영역을 $y$축으로 회전시킬 때 회전체의 부피를 구하시오.**

---

풀이 6.3.5

먼저 두 곡선의 1사분면에서의 교점은 $(0,0)$과 $(1,1)$이고
구간 $0 \le y \le 1$에서 $x = y^{1/3}$이 $x = y^{1/2}$보다 크거나 같다. 따라서 주어진 영역을 $y$축으로 회전하면 회전체의 작은 원의 반경이 $y^{1/2}$이고 큰 원의 반경이 $y^{1/3}$인 구멍뚫린 원판이다.
따라서 이 회전체의 부피는

$$V = \pi \int_0^1 (y^{2/3} - y)dy = \frac{\pi}{10}$$

---

**정리 6.3.3 (파이프 모양)**
구간 $[a,b]$에서 함수 $y = f(x)$는 연속일 때 곡선 $y = f(x)$와 구간 $[a,b]$ 및 $x$축으로 둘러싸인 도형을 $y$축 둘레로 회전하여 생기는 회전체(solid revolution)의 체적 $V$는 다음과 같다.

$$V = 2\pi \int_a^b x\, f(x)dx$$

**[증명]**

위의 조건을 만족하는 회전체의 절단면은 항상 **파이프 모양**이 된다. 이제 주어진 구간 $[a, b]$ 의 분할인 $x_i$ 에서 절단한 절단면은 중심이 $y$축으로부터 반지름이 $x_i$ 인 파이프관이다.

이 파이프에 두께가 $dx_i = (x_i - x_{i-1})$ 인 **두께있는 파이프**의 부피 $S(x_i)$ 를 함수로 나타내면

$$\begin{aligned} S(x_i) = (\text{밑면의 넓이}) \times (\text{높이}) &= (\pi\ x_i^2 - \pi\ x_{i-1}^2)\ y_i \\ &= \pi\ (x_i + x_{i-1})\ (x_i - x_{i-1})\ y_i \\ &= 2\pi\ (\frac{x_i + x_{i-1}}{2})\ (x_i - x_{i-1})\ y_i \\ &= 2\pi\ x_i^*\ y_i\ dx_i \\ &= 2\pi\ x_i^*\ f(x_i)\ dx_i \end{aligned}$$

이므로 정적분의 [정의 5.3.4(리만합과 극한)]를 적용하면

$$V = 2\pi \int_a^b x\ f(x)dx$$

이다. 위에서 $x_i^*$ 는 축을 중심으로 하는 파이프의 반지름이고, $f(x_i)$ 는 파이프의 높이이다.

□

**참고 6.4** 위 정리와 유사하게 곡선 $x = g(y)$ 를 $x$축 둘레로 회전시켰을 때 회전체가 두 평면 $c \le y \le d$ 로 잘려진 입체의 체적 $V$ 는

$$V = 2\pi \int_c^d y\ g(y)dy$$

이다.

다음의 예제는 회전체의 절단면이 파이프 모양인 경우이다.

**예제 6.3.6**

곡선 $y = f(x) = x^2 + 1$ 이 구간 $[0, 2]$ 에서 연속이고, 이 곡선과 $x$축 그리고 $[0, 2]$ 로 이루어진 영역을 $x = -2$축 둘레로 회전하여 얻어진 회전체의 부피를 구하시오.

풀이 6.3.6

구간 $[0, 2]$ 의 분할점 $x_i$ 를 생각하면 이 점은 축 $x = -2$ 로부터 거리가 $x_i + 2$ 가 되고
점 $x_{i-1}$ 은 축 $x = -2$ 로부터 거리가 $x_{i-1} + 2$ 이다.
이제 곡선 $y = f(x) = x^2 + 1$ 과 $x$축 그리고 $[0, 2]$ 로 이루어진 영역을 $x = -2$축 둘레로 회전하면 $x_i$ 가 나타내는 회전체의 절단면은 반경이 $x_i + 2$ 이고, 높이가 $f(x_i)$ 인 파이프 모양이다.
두께가 $dx_i = (x_i - x_{i-1})$ 인 파이프를 생각하면 그것의 부피는

$$S(x_i) = 2\pi\ (x_i + 2)\ f(x_i)\ dx_i$$

이다. 따라서 구하는 회전체의 전체 부피는

$$V = 2\pi \int_0 2(x+2)f(x)dx = 2\pi \int_0^2 (x+2)(x^2+1)dx = \frac{92\pi}{3}$$

---

**예제 6.3.7**

함수 $y = f(x) = \dfrac{1}{\sqrt{x}}$ 와 $x$축 그리고 구간 $[1, 4]$로 둘러싸인 영역을 $y$축으로 회전할 때 회전체의 부피를 구하시오.

---

풀이 6.3.7

구간 $[1, 4]$의 분할점 $x_i$로부터 $y$축까지의 거리가 $x_i$이므로 회전체의 절단면인 파이프의 반경은 $x_i$이고 높이는 $f(x_i)$이다. 따라서 회전체의 부피는

$$V = 2\pi \int_0^1 xf(x)dx = 2\pi \int_0^1 \frac{x}{\sqrt{x}}dx = \frac{28\pi}{3}$$

이다.

---

**예제 6.3.8**

두 함수 $f(x) = 2 - x^2$과 $g(x) = x^2$으로 둘러싸인 1사분면에 있는 영역을 $y$축 둘레로 회전시킬 때 회전체의 부피를 구하시오.

---

풀이 6.3.8

먼저 두 함수의 1사분면에서의 교점은 $(1, 1)$이다.
그리고 구간 $0 \le x \le 1$에서 $f(x) \ge g(x)$이 성립한다.
따라서 구간 $[0, 1]$의 임의의 분할점 $x_i$는 $y$축으로 회전한 회전체의 절단면의 반경이고,
높이는 $f(x_i) - g(x_i)$이다.
따라서 회전체의 부피는

$$V = 2\pi \int_0^1 x(2 - x^2 - x^2)dx = 2\pi \int_0^1 x(2 - 2x^2)dx = \pi$$

이다.

---

## 연습문제 6.3

**1.** 밑면의 반지름이 $r$, 높이가 $h$인 직원뿔의 체적 $V$를 구하시오.

---

풀이

직원뿔의 꼭짓점을 원점, 꼭짓점과 밑면의 중심을 이은 직선을 $x$축으로 하면 모선의 방정식은 $y = \frac{r}{h}$이 되고, 이 모선을 $x$축 둘레로 회전하면 $(0 \leq x \leq h)$ 직원뿔이 된다.

$$V = \pi \int_0^h y^2 dx = \pi \int_0^h \frac{r^2}{h^2} x^2 dx = \frac{1}{3}\pi r^2 h$$

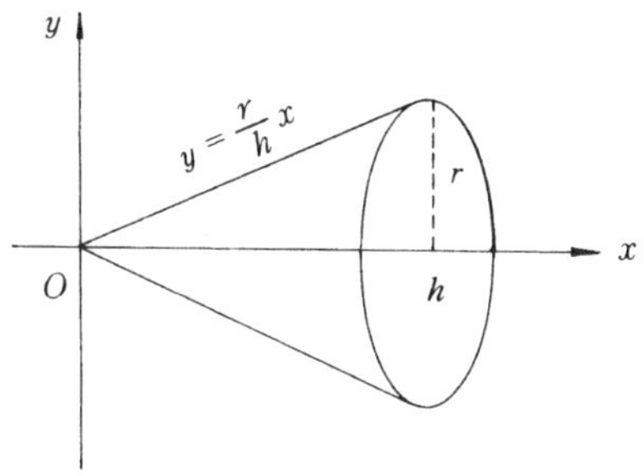


그림 6.18

---

**2.** 사이클로이드(Cycloid) $x = a(\theta - \sin\theta),\ y = a(1 - \cos\theta)\ (a > 0,\ 0 \leq \theta \leq 2\pi)$를 $x$축 둘레로 회전시켰을 때 생기는 입체의 체적 $V$를 구하시오.

---

풀이

$x = a(\theta - \sin\theta)$이므로 $dx = a(1 - \cos\theta)d\theta$이고, $\theta = 0$일 때 $x = 0,\ \theta = 2\pi$일 때 $x = 2\pi a$이므로 치환적분법에 의해

$$\begin{aligned} V &= \pi \int_0^{2\pi a} y^2 dx = \pi \int_0^{2\pi} \{a(1 - \cos\theta)\}^2 a(1 - \cos\theta) d\theta \\ &= \pi a^3 \int_0^{2\pi} \left(2\sin^2\frac{\theta}{2}\right)^3 d\theta \end{aligned}$$

다시 치환적분에 의해 $\frac{\theta}{2} = t$라 하면 $d\theta = 2dt$이고, $\theta = 0$일 때 $t = 0,\ \theta = 2\pi$일 때 $t = \pi$이므로

$$\begin{aligned} V &= 16\pi a^3 \int_0^{\pi} \sin^6 t dt \\ &= 32\pi a^3 \int_0^{\frac{\pi}{2}} \sin^6 t dt \\ &= 32\pi a^3 \frac{5}{6} \cdot \frac{3}{4} \cdot \frac{1}{2} \cdot \frac{\pi}{2} = 5\pi^2 a^3 \end{aligned}$$

---

**3.** 곡선 $x = \sqrt{4-y^2}$과 $y$축으로 둘러싸인 영역을 $x = -1$을 회전축으로 회전 시 회전체의 부피를 구하시오.

---

풀이

곡선 $x = \sqrt{4-y^2}$로부터 구간 $-2 \le y \le 2$을 알 수 있다. 이 곡선과 $y$축 그리고 구간 $-2 \le y \le 2$로 둘러싸인 영역을 $x = -1$축으로 회전한 회전체의 절단면은 작은 원의 반경이 $1$이고 큰 원의 반경이 $1 + \sqrt{4-y^2}$인 구멍뚫린 원판이다. 따라서 이 회전체의 부피는

$$V = \pi \int_{-2}^{2} \{(1 + \sqrt{4-y^2})^2 - (1)^2\} dy$$

을 계산하면 다음과 같다.

$$\begin{aligned} V =& \pi \int_{-2}^{2} \{(1 + \sqrt{4-y^2})^2 - (1)^2\} dy \\ =& \pi \int_{-2}^{2} \{2\sqrt{4-y^2} + (4-y^2)\} dy \\ =& 2\pi \int_{-2}^{2} \sqrt{4-y^2} dy + \pi \int_{-2}^{2} (4-y^2) dy \\ =& 2\pi \int_{-2}^{2} \sqrt{4-y^2} dy + \pi \left[ 4y - \frac{1}{3}y^3 \right]_{-2}^{2} \\ =& 2\pi \int_{-2}^{2} \sqrt{4-y^2} dy + \frac{32\pi}{3} \end{aligned}$$

이제 위의 왼쪽 무리식에 대한 정적분을 구하기 위해 $y = 2\sin t$이라 하면

$$-2 \le y \le 2 \ \Rightarrow \ \frac{-\pi}{2} \le t \le \frac{\pi}{2}$$

$$\sqrt{4-y^2} = 2\cos t, \ dy = 2\cos t dt$$

이 되고, 이것을 원식에 대입하면

$$\begin{aligned} \int_{-2}^{2} \sqrt{4-y^2} dy =& \int_{-\pi/2}^{\pi/2} (2\cos t) 2\cos t dt \\ =& 4 \int_{-\pi/2}^{\pi/2} \cos^2 t dt \\ =& 4 \int_{-\pi/2}^{\pi/2} \frac{1 + \cos 2t}{2} dt \\ =& 2 \int_{-\pi/2}^{\pi/2} 1 + \cos 2t dt \\ =& 2 \left[ t + \frac{1}{2}\sin 2t \right]_{-\pi/2}^{\pi/2} \\ =& 2\pi \end{aligned}$$

이 된다. 따라서 회전체의 부피는 $V = 2\pi(2\pi) + \frac{32\pi}{3} = 4\pi^2 + \frac{32\pi}{3}$ 이다.

---

**4.** 원 $(x-a)^2 + (y-b)^2 = r^2$ $(b > r)$이 $x$축 둘레로 회전하였을 때 생기는 원환체(torus)의 체적을 구하시오.

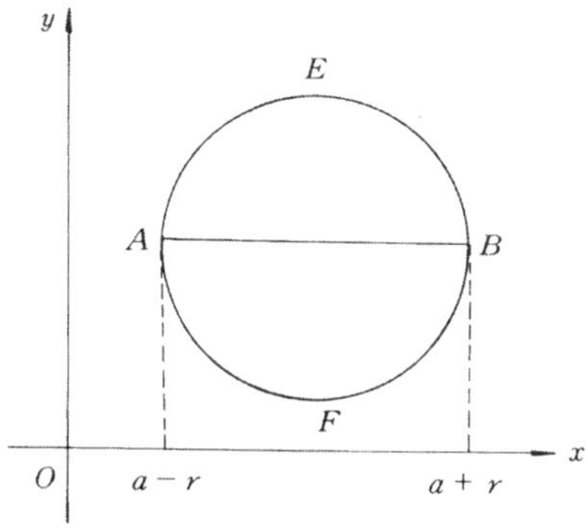


그림 6.19

---

풀이

주어진 방정식을 $y$에 대해서 풀면

$$y_1 = b + \sqrt{r^2 - (x-a)^2}, \qquad y_2 = b - \sqrt{r^2 - (x-a)^2}$$

이다. 위 그림에서 $y_1$은 반원 $AEB$ 이고, $y_2$는 반원 $AFB$이다. 따라서 구하는 원환체의 체적 V는 $a - r \le x \le a + r$에서 두 곡선 $y_1$, $y_2$를 $x$축 둘레로 회전하여 얻어지는 회전체의 체적의 차이므로

$$\begin{aligned} V &= \pi \int_{a-r}^{a+r} y_1^2 dx - \pi \int_{a-r}^{a+r} y_2^2 dx \\ &= \pi \int_{a-r}^{a+r} \{(b + \sqrt{r^2 - (x-a)^2})^2 - (b - \sqrt{r^2 - (x-a)^2})^2\} dx \\ &= 4\pi b \int_{a-r}^{a+r} \sqrt{r^2 - (x-a)^2} dx \end{aligned}$$

여기서 $x - a = t$라 하면 $dx = dt$이고, $x = a - r$일 때 $t = -r$, $x = a + r$일 때 $t = r$이므로

$$\begin{aligned} V &= 4\pi b \int_{-r}^{r} \sqrt{r^2 - t^2} dt \\ &= \frac{4\pi b}{2} \left[ t\sqrt{r^2 - t^2} + r^2 \sin^{-1} \frac{t}{r} \right]_{-r}^{r} = 2\pi^2 b r^2 \end{aligned}$$

이다.

---

5. 곡선 $y = x^2 + 1$이 구간 $[0, 2]$ 상에서 덮는 부분을 직선 $x = -2$둘레로 회전하였을 때 생기는 입체의 체적을 구하시오.

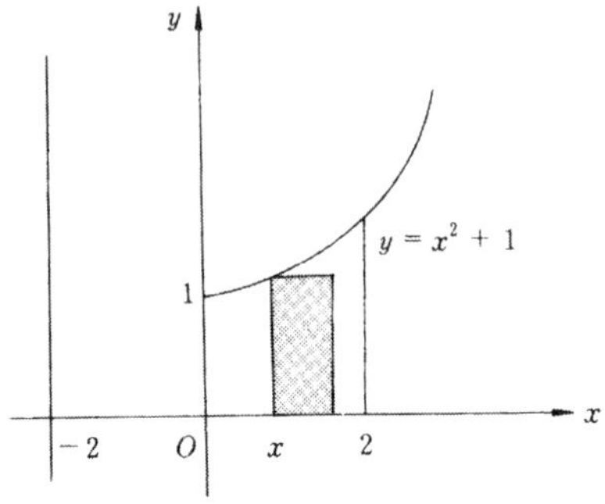


그림 6.20

---

풀이

그림에서 보는 바와 같은 원주각(圓柱殼)의 체적을 $\Delta V$라 하면

$$\Delta V = 2\pi(x+2)y\Delta x$$

이므로 회전체의 체적 $V$는

$$\begin{aligned} V &= 2\pi \int_0^2 (x+2)(x^2+1)dx \\ &= \frac{92}{3}\pi \end{aligned}$$

---

## 6.4 평면상의 곡선의 길이

**정의 6.4.1**

**곡선의 길이**

함수 $y = f(x)$가 $[a, b]$에서 연속이고 이것에 의해 결정되는 평면상의 곡선을 $C$라고 하자. 구간 $[a, b]$를 $(n-1)$개의 분할점

$$a = x_0 < x_1 < x_2 < \cdots < x_{n-1} < x_n = b$$

으로 나누면 $n$개의 소구간 $\Delta x_i = x_i - x_{i-1}$으로 분할되고 각 분할점 $x_i$에 대응하는 곡선 $C$ 위의 점을 $P_i(x_i, f(x_i))$라 하자. 그러면 소구간들 중에서 가장 큰 소구간을

$$|P| = max\{\Delta x_1, \Delta x_2, \cdots, \Delta x_n\}$$

이라 할 때 존재하는 극한값

$$s = \lim_{|p| \to 0} \sum_{i=1}^{n} \overline{P_{i-1}P_i} = \lim_{|p| \to 0} \sum_{i=1}^{n} \sqrt{(x_i - x_{i-1})^2 + \{f(x_i) - f(x_{i-1})\}^2}$$

를 곡선 $C$의 길이라고 한다.

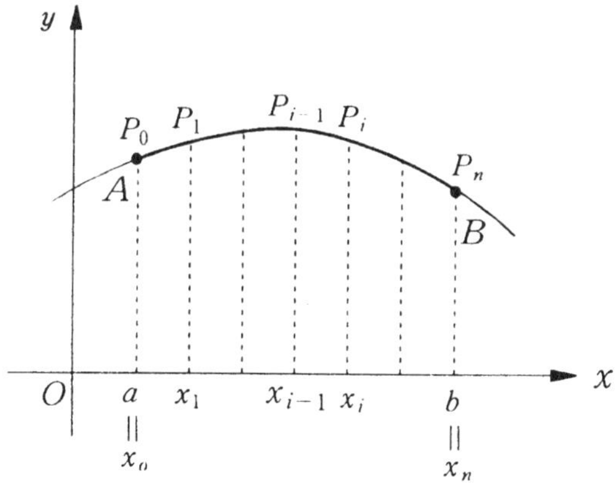


그림 6.21

다음은 평면상에 있는 곡선의 길이에 대한 정적분의 표시방법이다. 이 식은 나중에 곡면의 표면적을 구하는 데 필요하다.

**정리 6.4.1 곡선의 길이에 대한 정적분 표현**

함수 $y = f(x)$가 $[a, b]$에서 미분가능하고 $f'(x)$가 연속일 때 $y = f(x)$가 나타내는 곡선 $C$의 길이는 다음과 같다.

$$s = \int_a^b \sqrt{1 + \left(\frac{dy}{dx}\right)^2}\, dx$$

**[증명]**

[그림 6.21]과 같이 두 점 $A$와 $B$를 연결하는 곡선 $C$를 $n$개의 선분으로 분할하면 각 선분의 길이는

$$\overline{P_{i-1}P_i} = \sqrt{(x_i - x_{i-1})^2 + \{f(x_i) - f(x_{i-1})\}^2} \tag{1}$$

와 같다. 함수 $f(x)$가 $(a,b)$에서 미분가능하므로 평균값의 정리에 의해

$$\frac{f(x_i) - f(x_{i-1})}{x_i - x_{i-1}} = f'(\xi_i) \quad (x_{i-1} < \xi_i < x_i)$$

인 $\xi_i$가 존재한다. 다시 말해

$$f(x_i) - f(x_{i-1}) = f'(\xi_i) \cdot \Delta x_i \tag{2}$$

이다. 위의 두 식(1) 과 (2)에 의해

$$\overline{P_{i-1}P_i} = \sqrt{1 + \{f'(\xi_i)\}^2}\ \Delta x_i$$

이 된다. 따라서 이들의 유한합은

$$\sum_{i=1}^{n} \overline{P_{i-1}P_i} = \sum_{i=1}^{n} \sqrt{1 + \{f'(\xi_i)\}^2}\ \Delta x_i$$

이다. 이제 $f'(x)$가 $[a,b]$에서 연속이므로 $\sqrt{1 + \{f'(\xi_i)\}^2}$ 도 $[a,b]$에서 연속이다. 따라서 $|P| \to 0$일 때의 극한값

$$\lim_{|p| \to 0} \sum_{i=1}^{n} \sqrt{1 + \{f'(\xi_i)\}}\ \Delta x_i$$

이 존재하며 정적분의 정의에 의해

$$\lim_{|p| \to 0} \sum_{i=1}^{n} \sqrt{1 + \{f'(\xi_i)\}}\ \Delta x_i = \int_a^b \sqrt{1 + \{f'(x)\}^2}\ dx$$

이다. 따라서 [정의 6.4.1]로부터 곡선의 길이는

$$s = \int_a^b \sqrt{1 + \left(\frac{dy}{dx}\right)^2}\ dx$$

이 된다. □

**참고 6.5** 구간 $[a,b]$와 $t \in [a,b]$에 대하여 $x = a$에서 $x = t$까지의 곡선 $y = f(x)$의 길이를 $s$라 하면 [정리 6.4.1]로부터

$$s = \int_a^t \sqrt{1 + \left(\frac{dy}{dx}\right)^2}\ dx$$

이 된다. 다시 이것을 미분하면

$$\frac{ds}{dx} = \sqrt{1 + \left(\frac{dy}{dx}\right)^2}$$

이다. 따라서 곡선의 길이를 미분하면

$$ds = \sqrt{1 + \left(\frac{dy}{dx}\right)^2}\, dx$$

**따름정리 6.4.2** 함수 $x = g(y)$가 구간 $[c, d]$에서 미분가능하고 $g'(y)$가 연속일 때 $x = g(y)$가 나타내는 곡선 $C$의 길이 $s$는 다음과 같다.

$$s = \int_c^d \sqrt{1 + \left(\frac{dx}{dy}\right)^2}\, dy$$

**예제 6.4.1**

구간 $[0, 5]$에서 곡선 $y = x^{3/2}$의 길이를 구하시오.

풀이 6.4.1

먼저 $\dfrac{dy}{dx} = \dfrac{3}{2}x^{1/2}$을 아래 식에 대입하면

$$\sqrt{1 + \left(\frac{dy}{dx}\right)^2} = \sqrt{1 + \left(\frac{3}{2}x^{1/2}\right)^2} = \sqrt{1 + \frac{9x}{4}} = \frac{1}{2}\sqrt{4 + 9x}$$

이 된다. 이제 곡선의 길이에 대한 공식을 사용하면

$$s = \int_0^5 \frac{1}{2}\sqrt{4 + 9x}\, dx = \left[\frac{(4 + 9x)^{3/2}}{27}\right]_0^5 = \frac{335}{27}$$

**예제 6.4.2**

구간 $[2, 3]$에서 곡선 $y = \dfrac{x^4}{16} + \dfrac{1}{2x^2}$의 길이를 구하시오.

풀이 6.4.2

먼저 $y' = \dfrac{x^3}{4} - \dfrac{1}{x^3}$을 아래 식에 대입하면

$$\sqrt{1 + (y')^2} = \sqrt{\frac{x^6}{16} + \frac{1}{x^6} + \frac{1}{2}} = \frac{x^3}{4} + \frac{1}{x^3}$$

이 된다. 이제 곡선의 길이에 대한 공식을 사용하면

$$s = \int_2^3 \left(\frac{x^3}{4} + \frac{1}{x^3}\right) dx = \left[\frac{x^4}{16} - \frac{1}{2x^2}\right]_2^3 = \frac{1190}{288}$$

**예제 6.4.3**

구간 $[1,4]$에서 곡선 $3x = 2(y-1)^{3/2}$의 길이를 구하시오

풀이 6.4.3

먼저 $x = \frac{2}{3}(y-1)^{3/2}$에 대한 미분은 $\frac{dx}{dy} = (y-1)^{1/2}$이므로
곡선의 길이를 구하는 공식에 대입하면

$$s = \int_1^4 \sqrt{1+\left(\frac{dx}{dy}\right)^2}\, dy = \int_1^4 \sqrt{1+(y-1)}\, dy = \int_1^4 \sqrt{y}\, dy = \frac{14}{3}$$

곡선 $C$를 나타내는 좌표함수가 매개변수로 나타날 때 곡선 $C$의 길이를 구하는 공식에 대하여 공부한다.

**정리 6.4.3** 구간 $[a,b]$에서 함수 $y=f(x)$의 곡선 $C$에 대한 매개함수를 $x=g(t)$와 $y=h(t)$라 하자. 이제 $g(t_1)=a$와 $g(t_2)=b$라 두면 구간 $[t_1,t_2]$에 있는 임의의 $t$에 대하여 $g'(t)$와 $h'(t)$가 연속일 때 곡선 $C$의 길이 $s$는 다음과 같다.

$$s = \int_{t_1}^{t_2} \sqrt{\left(\frac{dx}{dt}\right)^2 + \left(\frac{dy}{dt}\right)^2} dt = \int_{t_1}^{t_2} \sqrt{\{g'(t)\}^2 + \{h'(t)\}^2} dt$$

**[증명]**

함수 $y=f(x)$가 매개함수로 주어지면

$$\frac{dy}{dx} = \frac{dy}{dt}\frac{dt}{dx}$$

이고, $x=a$일 때 $t=t_1$, $x=b$일 때 $t=t_2$이며 $x=g(t)$에서

$$dx = g'(t)dt = \frac{dx}{dt}\cdot dt$$

이므로

$$\begin{aligned} s &= \int_a^b \sqrt{1+\left(\frac{dy}{dx}\right)^2}\, dx \\ &= \int_{t_1}^{t_2} \sqrt{1+\left(\frac{dy}{dt}\Big/\frac{dx}{dt}\right)^2}\cdot\frac{dx}{dt}\cdot dt \\ &= \int_{t_1}^{t_2} \sqrt{\left(\frac{dx}{dt}\right)^2 + \left(\frac{dy}{dt}\right)^2}\, dt \\ &= \int_{t_1}^{t_2} \sqrt{\{g'(t)\}^2 + \{h'(t)\}^2} dt \end{aligned}$$

□

**예제 6.4.4**

사이클로이드(Cycloid) $x = a(t - \sin t),\ y = a(1 - \cos t)\ (0 \le t \le 2\pi)$의 길이 $s$를 구하시오.

풀이 6.4.4

$\dfrac{dx}{dt} = a(1 - \cos t),\quad \dfrac{dy}{dt} = a \sin t$이고

$$\left(\frac{dx}{dt}\right)^2 + \left(\frac{dy}{dt}\right)^2 = a^2(1 - \cos t)^2 + a^2 \sin^2 t = 4a^2 \sin^2 \frac{t}{2}$$

이므로

$$\begin{aligned} s &= \int_0^{2\pi} \sqrt{4a^2 \sin^2 \frac{t}{2}} dt = 2a \int_0^{2\pi} \sin \frac{t}{2} dt \\ &= 2a \left[-2 \cos \frac{t}{2}\right]_0^{2\pi} = 8a \end{aligned}$$

곡선 $C$를 나타내는 좌표함수가 극형식으로 나타날 때 곡선 $C$의 길이를 구하는 공식에 대하여 공부한다.

**정리 6.4.4** 곡선 $C$의 방정식이 극형식 $r = f(\theta)$로 주어지고 $[\theta_1, \theta_2]$에서 미분가능하고 $f'(\theta)$가 연속일 때 곡선 $C$의 길이 $s$는 다음과 같다.

$$s = \int_{\theta_1}^{\theta_2} \sqrt{r^2 + \left(\frac{dr}{d\theta}\right)^2}\ d\theta$$

**[증명]**

극좌표가 직교좌표의 관계는 $x = r\cos\theta,\ y = r\sin\theta$이므로 $\theta$를 매개변수로 하는 매개함수로 생각할 수 있다.

$$\frac{dx}{d\theta} = \frac{dr}{d\theta}\cos\theta - r\sin\theta,\quad \frac{dy}{d\theta} = \frac{dr}{d\theta}\sin\theta + r\cos\theta$$

이므로

$$\begin{aligned} \left(\frac{dx}{d\theta}\right)^2 + \left(\frac{dy}{d\theta}\right)^2 &= \left(\frac{dr}{d\theta}\cos\theta - r\sin\theta\right)^2 + \left(\frac{dr}{d\theta}\sin\theta + r\cos\theta\right)^2 \\ &= \left(\frac{dr}{d\theta}\right)^2 + r^2 \end{aligned}$$

$$\therefore\ s = \int_{\theta_1}^{\theta_2} \sqrt{\left(\frac{dx}{d\theta}\right)^2 + \left(\frac{dy}{d\theta}\right)^2} d\theta = \int_{\theta_1}^{\theta_2} \sqrt{r^2 + \left(\frac{dr}{d\theta}\right)^2} d\theta$$

□

**예제 6.4.5**

**심장형 $r = a(1+\cos\theta) \quad (a>0)$ 의 전 길이를 구하시오.**

---

풀이 6.4.5

이 곡선은 $x$축에 관하여 대칭이고 곡선의 방정식에서

$$\frac{dr}{d\theta} = -a\sin\theta$$

$$r^2 + \left(\frac{dr}{d\theta}\right)^2 = a^2(1+\cos\theta)^2 + a^2\sin^2\theta = 4a^2\cos^2\frac{\theta}{2}$$

이므로 구하는 곡선의 길이 $s$는

$$s = 2\int_0^{\pi} 2a\cos\frac{\theta}{2}d\theta = 4a\left[2\sin\frac{\theta}{2}\right]_0^{\pi} = 8a$$

---

## 연습문제 6.4

**1.** 포물선 $y^2 = 4ax\ (a > 0)$상의 한 점 $(c, 2\sqrt{ac})$로부터 꼭짓점까지의 곡선의 길이를 구하시오. (단, $c > 0$).

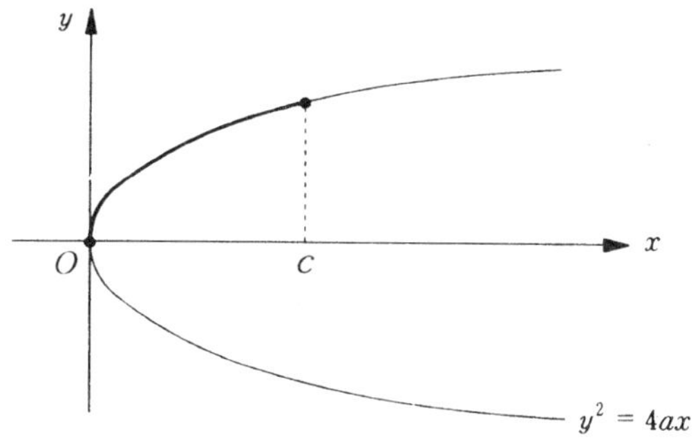


그림 6.22

---

풀이

$y = 2\sqrt{ax}$에서 $\dfrac{dy}{dx} = \sqrt{\dfrac{a}{x}}$ 이므로

$$s = \int_0^c \sqrt{1 + \frac{a}{x}}dx$$

이다. 여기서 $\sqrt{1 + \dfrac{a}{x}} = t$라 두면 $x = \dfrac{a}{t^2 - 1}$ 이므로

$$\begin{aligned}
\int \sqrt{1 + \frac{a}{x}}dx = \int tdx = xt - \int x \cdot \frac{dt}{dx}dx = xt - \int xdt \\
=& xt - \int \frac{a}{t^2 - 1}dt = xt - \frac{a}{2}\ln\left|\frac{t-1}{t+1}\right| \\
=& x\sqrt{1 + \frac{a}{x}} - \frac{a}{2}\ln\frac{\sqrt{1 + \frac{a}{x}} - 1}{\sqrt{1 + \frac{a}{x}} + 1} \\
=& \sqrt{x(x + a)} - \frac{a}{2}\ln\frac{\sqrt{x + a} - \sqrt{x}}{\sqrt{x + a} + \sqrt{x}} \\
=& \sqrt{x(x + a)} - \frac{a}{2}\ln\frac{a}{(\sqrt{x + a} + \sqrt{x})^2} \\
=& \sqrt{x(x + a)} - \frac{a}{2}\ln a + a\ln(\sqrt{x + a} + \sqrt{x}) \\
\therefore s =& \sqrt{c(c + a)} + a\ln(\sqrt{c + a} + \sqrt{c}) - \frac{a}{2}\ln a
\end{aligned}$$

---

**2**. 현수선(catenary) $y = \frac{a}{2}(e^{\frac{x}{a}} + e^{-\frac{x}{a}})$의 $x = 0$에서 $x = k$까지의 길이를 구하시오. (단, $k > 0$).

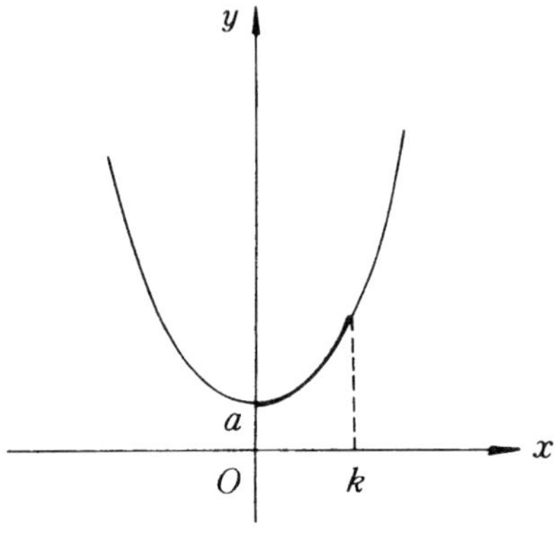


그림 6.23

풀이

$y' = \frac{1}{2}(e^{\frac{x}{a}} - e^{-\frac{x}{a}})$이므로 $\sqrt{1+(y')^2} = \frac{1}{2}(e^{\frac{x}{a}} + e^{-\frac{x}{a}})$.

$$\therefore \quad s = \int_0^k \frac{1}{2}(e^{\frac{x}{a}} + e^{-\frac{x}{a}})dx = \frac{a}{2}(e^{\frac{k}{a}} - e^{-\frac{k}{a}})$$

**3**. 타원 $\frac{x^2}{a^2} + \frac{y^2}{b^2} = 1 \quad (a > b > 0)$의 둘레를 구하시오.

풀이

제1상한에서는

$$y = \frac{b}{a}\sqrt{a^2 - x^2}, \quad y' = -\frac{b}{a}\frac{x}{\sqrt{a^2-x^2}}$$

$$\begin{aligned}\sqrt{1+y'^2} &= \sqrt{1 + \frac{b^2}{a^2}\cdot\frac{x^2}{a^2-x^2}} = \frac{1}{a}\sqrt{\frac{a^2(a^2-x^2)+b^2x^2}{a^2-x^2}} \\ &= \frac{1}{a}\sqrt{\frac{a^4-(a^2-b^2)x^2}{a^2-x^2}}\end{aligned}$$

이므로 타원의 둘레 $s$는

$$s = \frac{4}{a}\int_0^a \sqrt{\frac{a^4-(a^2-b^2)x^2}{a^2-x^2}}dx$$

이다. $x = a\sin\theta$라 놓으면 $dx = a\cos\theta d\theta$이므로

$$s = 4\int_0^{\frac{\pi}{2}} \sqrt{a^2-(a^2-b^2)\sin\theta^2}d\theta = 4a\int_0^{\frac{\pi}{2}} \sqrt{1-e^2\sin^2\theta}d\theta$$

$$\left(e = \frac{\sqrt{a^2-b^2}}{a} = \text{타원의 이심률}\right)$$

여기서 $\int \sqrt{1-e^2\sin^2\theta}d\theta$는 그 부정적분을 초등함수로서 나타낼 수 없음이 알려져 있다. 이것은 소위 **타원적분**(elliptic integral) 일종으로, 이때 $e$가 작은 수이면

$$\sqrt{1-e^2\sin^2\theta} = (1-e^2\sin^2\theta)^{\frac{1}{2}} \fallingdotseq 1-\frac{e^2}{2}\sin^2\theta$$

이므로

$$\begin{aligned} s &\fallingdotseq 4a\int_0^{\frac{\pi}{2}}\left(1-\frac{e^2}{2}\sin^2\theta\right)d\theta = 4a\left(\frac{\pi}{2}-\frac{e^2}{2}\cdot\frac{\pi}{4}\right) \\ &= 2\pi a\left(1-\frac{e^2}{4}\right) \end{aligned}$$

이다. 여기서 $e=0$일 때는 원주의 길이는

$$s = 4a\int_0^{\frac{\pi}{2}} d\theta = 2\pi a$$

이다.

---

**4.** 성망형 곡선 $x^{2/3}+y^{2/3}=1$의 길이를 구하시오.

---

풀이

성망형 곡선은 네 점 $(1,0)$, $(0,1)$, $(-1,0)$, $(0,-1)$을 지나는 1사분면에서 4사분면까지 같은 그림으로 표시되는 곡선이다.

만약에 1사분면에 있는 성망형 곡선의 길이를 $L$이라 한다면 구하고자 하는 성망형 곡선의 길이 $s=4L$이 된다.

따라서 구간 $[0,1]$에 대한 1사분면에 있는 성망형 곡선 $x^{2/3}+y^{2/3}=1$의 길이 $L$을 구하면 충분하다. 이것을 구하는 방법에는 좌표함수를 이용한 [정리 6.4.1]방식과 매개변수를 이용한 [정리 6.4.3]의 방식이 있다. [정리 6.4.1]의 방식으로 풀려면 이상적분을 이용해야 하므로 매개변수를 이용한 [정리 6.4.3]의 방식이 편리하다.

구간 $[0,2\pi]$의 $t$에 대하여 $x=\cos^3 t$라 두면 $y=\sin^3 t$가 된다. 하지만 1사분면의 곡선만을 생각하기 때문에 구간은 $[0,\frac{\pi}{2}]$를 생각하면 된다. 이제 각 매개변수에 대한 미분을 구하면

$$\frac{dx}{dt} = 3(\cos^2 t)(-\sin t) \qquad \frac{dy}{dt} = 3(\sin^2 t)(\cos t)$$

이므로 [정리 6.4.3]을 이용하여 1사분면의 곡선의 길이를 구하면

$$\begin{aligned} L &= \int_0^{\frac{\pi}{2}} 3(\sin t)(\cos t)dt \\ &= \frac{3}{2}\int_0^{\frac{\pi}{2}} 2(\sin t)(\cos t)dt \\ &= \frac{3}{2}\int_0^{\frac{\pi}{2}} \sin 2t dt \\ &= \frac{3}{2}\left[-\frac{1}{2}\cos 2t\right]_0^{\frac{\pi}{2}} = \frac{3}{2} \end{aligned}$$

이다. 따라서 구하고자 하는 전체 곡선의 길이 $s = 4L = 6$이다.

---

**5.** 나선형 $r = e^{\theta}$의 $\theta = 0$에서 $\theta = 1$까지의 길이를 구하시오.

---

풀이

극형식 $r = e^{\theta}$을 미분하면 $\frac{dr}{d\theta} = e^{\theta}$이다.

이것을 [정리 6.4.4]에 대입하여 길이를 구하면

$$\begin{aligned} s &= \int_0^1 \sqrt{r^2 + \left(\frac{dr}{d\theta}\right)^2}\, d\theta \\ &= \int_0^1 \sqrt{e^{2\theta} + e^{2\theta}}\, d\theta \\ &= \sqrt{2}\int_0^1 e^{\theta}\, d\theta \\ &= \sqrt{2}(e-1) \end{aligned}$$

이다.

---

## 6.5 회전체의 표면적(겉넓이)

평면상의 곡선을 어떤 축을 중심으로 회전할 때 회전면 또는 곡면이 생긴다. 이 곡면의 넓이를 구하는 방법에 대하여 공부한다. 이러한 곡면의 넓이를 구하는 데 필요한 **원뿔의 표면적**과 **원뿔대의 표면적**을 구하는 공식을 유도한다.

[그림 6.24]에서 (1)은 반경이 $r_2$ 이고 대의 길이가 $l_1$ 인 원뿔이고, (2)는 대를 따라서 잘른 후 펼친 원뿔의 전개도(부채꼴)이다. 부채꼴의 호의 길이는 $2\pi r_2$ 이고, 부채꼴의 면적 $M_1$ 은

$$M_1 = \frac{1}{2}l_1^2\theta \qquad (*)$$

이다. (3)은 윗면과 아랫면의 반경이 각각 $r_1$ 과 $r_2$ 이고 대의 길이가 $l$ 인 원뿔대이다. 이제 원뿔대의 표면적 $M$ 을 구하는 공식을 구하면 다음과 같다.

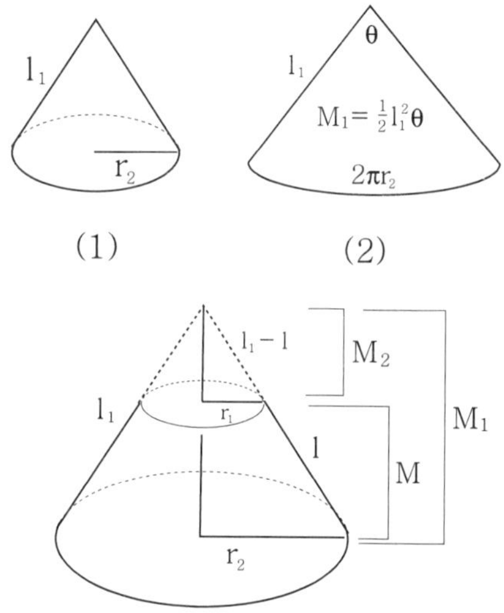


그림 6.24 원뿔과 원뿔대의 표면적

부채꼴 (2)에서 호의 길이는 $2\pi r_2 = l_1\theta$ 이므로

$$\theta = \frac{2\pi r_2}{l_1} \qquad (**)$$

이 성립한다. 식 $(**)$을 $(*)$에 대입하면 원뿔 (1)의 표면적 $M_1$ 은

$$M_1 = \frac{1}{2}l_1^2\theta = \frac{1}{2}l_1^2\left(\frac{2\pi r_2}{l_1}\right) = \pi r_2 l_1$$

이다.

특히 (3)에서 큰 원뿔과 작은 원뿔 각각에 있는 [반지름과 대의 길이]에 비례식이 성립하기 때문에

$$l_1 : r_2 = (l_1 - l) : r_1 \;\Rightarrow\; l_1 r_1 = r_2(l_1 - l) = r_2 l_1 - r_2 l \quad (***)$$

이 성립한다. 이제 $(***)$의 결과와 위에서 구한 원뿔의 표면적 공식을 이용하면 원뿔대 (3)의 표면적

$M$은 다음과 같다.

$$\begin{aligned} M = M_1 - M_2 &= \pi r_2 l_1 - \pi r_1 (l_1 - l) \\ &= \pi r_2 l_1 - \pi r_1 l_1 + \pi r_1 l \\ &= \pi r_2 l_1 - \pi (r_2 l_1 - r_2 l) + \pi r_1 l \\ &= \pi (r_2 + r_1) l \end{aligned}$$

**정리 6.5.1 회전체의 표면적**
연속곡선 $y = f(x)$ 와 구간 $a \le x \le b$를 $x$축 둘레로 회전해서 생기는 회전체의 표면적 $S$는 $f'(x)$가 $[a, b]$에서 연속일 때

$$S = 2\pi \int_a^b f(x)\sqrt{1 + \{f'(x)\}^2}dx = 2\pi \int_a^b y\sqrt{1 + (y')^2}dx$$

로 주어진다.

**[증명]**

함수 $f(x)$는 폐구간 $[a, b]$에서 연속이고 $f(x) \ge 0$을 만족한다고 하자. 폐구간 $[a, b]$가 $(n-1)$개의 분할점

$$a = x_0 < x_1 < \cdots < x_{n-1} < x_n = b$$

에 의해서 $n$개의 소구간 $\Delta x_i = x_i - x_{i-1}\ (1 \le i \le n)$으로 분할될 때 소구간 각 점 $x = x_i$에 대응하는 $y = f(x)$가 나타내는 곡선 $C$상의 점을 $P_i(x_i, f(x_i))$라 하자. 그러면 선분 $\overline{P_{i-1}P_i}$를 $x$축 둘레로 회전하였을 때 생기는 원뿔대의 표면적 $M_i$은

$$M_i = \pi\{f(x_i) + f(x_{i-1})\}\overline{P_{i-1}P_i}$$

이다. 사실 $s_i$를 점 $P_{i-1}(x_{i-1}, f(x_{i-1}))$와 점 $P_i(x_i, f(x_i))$을 연결하는 곡선이라 하고 $\Delta s_i$를 곡선 $s_i$의 길이라고 할 때 소구간들의 간격을 무한히 작게하면

$$\overline{P_{i-1}P_i} \approx \Delta s_i$$

됨을 알 수 있다. 따라서

$$M_i \approx \pi\{f(x_i) + f(x_{i-1})\}\Delta s_i$$

가 성립한다. 그리고 소구간들 중에서 가장 큰 구간을

$$|P| = \max\{\Delta x_i, \Delta x_2, \cdots, \Delta x_n\}$$

라 두면 회전체의 표면적 $S$는

$$\begin{aligned} S &= \lim_{|p|\to 0} \pi \sum_{i=1}^{n} \{f(x_i) + f(x_{i-1})\}\overline{P_{i-1}P_i} \\ &= \lim_{|p|\to 0} \pi \sum_{i=1}^{n} \{f(x_i) + f(x_{i-1})\}\Delta s_i \\ &= \lim_{|p|\to 0} 2\pi \sum_{i=1}^{n} \{f(x_i)\}\Delta s_i \\ &= \int_a^b 2\pi f(x) ds = 2\pi \int_a^b f(x) ds = 2\pi \int_a^b y\ ds \end{aligned}$$

이다. [6.4절]에서 배운 $ds$는 곡선의 길이에 대한 미분이므로

$$\begin{aligned} ds &= \sqrt{1 + \left(\frac{dy}{dx}\right)^2}\ dx \\ &= \sqrt{1 + (f'(x))^2}\ dx \\ &= \sqrt{1 + (y')^2}\ dx \end{aligned}$$

임을 알 수 있다.

한편 폐구간 $[a, b]$에서 $f(x) \le 0$인 함수를 생각하자. 그러면 $f(x)$의 회전체는 $|f(x)|$의 회전체와 같기 때문에 위와 같은 결과를 얻는다.

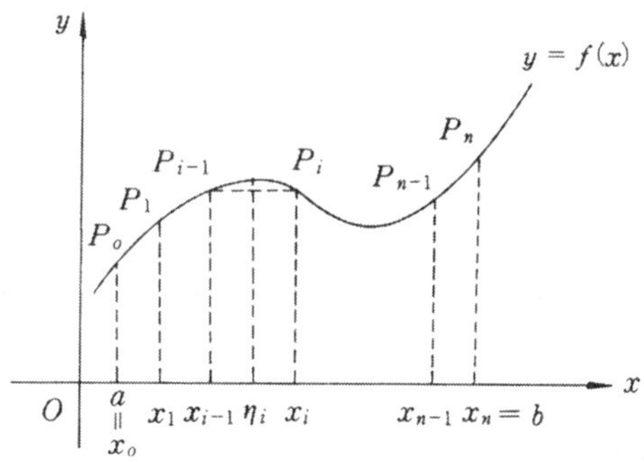


그림 6.25 구간의 분할과 곡선의 선분분할

□

**참고 6.6** 폐구간 $[c, d]$에서 음이 아닌 연속이고, 개구간 $(c, d)$에서 미분가능한 함수 $x = g(y)$를 $y$축 중심으로 회전한 회전체의 표면적 $S$은 위와 유사한 방법에 의해

$$S = 2\pi \int_c^d g(y)\sqrt{1 + (g'(y))}\ dy$$

임을 알 수 있다.

**예제 6.5.1**

함수 $y = f(x) = \sqrt{x}\ (0 \le x \le 4)$를 $x$축 둘레로 회전 시 회전체의 표면적을 구하시오.

풀이 6.5.1

다음 공식

$$S = 2\pi \int_a^b f(x)ds \qquad ds = \sqrt{1 + \left(\frac{dy}{dx}\right)^2}dx$$

을 이용하면 된다. 한편

$$\frac{dy}{dx} = \frac{1}{2\sqrt{x}}$$

이므로 길이의 미분은

$$ds = \sqrt{1 + \frac{1}{4x}}dx$$

이다. 따라서 표면적은

$$\begin{aligned} S =& 2\pi \int_0^4 \sqrt{x}\ \sqrt{1 + \frac{1}{4x}}dx \\ =& 2\pi \int_0^4 \sqrt{x}\ \sqrt{\frac{4x+1}{4x}}dx \\ =& \pi \int_0^4 \sqrt{4x+1}dx \\ =& \pi \left[\frac{2}{3}(4x+1)^{3/2}\frac{1}{4}\right]_0^4 \\ =& \frac{\pi}{6}(17^{3/2} - 1) \end{aligned}$$

**예제 6.5.2**

함수 $x = g(y) = \sqrt{a^2 - y^2}\ (-a \le y \le a)$를 $y$축 중심으로 회전 시 회전체의 표면적을 구하시오.

풀이 6.5.2

다음 공식

$$S = 2\pi \int_a^b g(y)ds \qquad ds = \sqrt{\left(\frac{dx}{dy}\right)^2 + 1}dy$$

을 이용하면 된다. 한편

$$\frac{dx}{dy} = \frac{1}{2}\sqrt{a^2 - y^2}(-2y) = \frac{-y}{\sqrt{a^2 - y^2}}$$

이므로 길이의 미분은

$$ds = \sqrt{\frac{y^2}{a^2 - y^2} + 1}dy = \sqrt{\frac{a^2}{a^2 - y^2}}dy$$

이다. 따라서 표면적은

$$\begin{aligned} S =& 2\pi \int_{-a}^{a} \sqrt{a^2 - y^2} \sqrt{\frac{a^2}{a^2 - y^2}}dy \\ =& 2\pi \int_{-a}^{a} \sqrt{a^2}dy \\ =& 2\pi \int_{-a}^{a} a dy \\ =& 4\pi a^2 \end{aligned}$$

---

**정리 6.5.2** 함수 $y = f(x)$가 $[a, b]$에서 매개함수 $x = g(t),\ y = h(t)$로 주어지고, $a = g(t_1),\ b = g(t_2)$이며 $g'(t),\ h'(t)$가 연속일 때, $t = t_1$에서 $t = t_2$까지의 곡선을 $x$축 둘레로 회전해서 얻어지는 회전체의 표면적 $S$는 다음과 같다.

$$S = 2\pi \int_{t_1}^{t_2} h(t)\sqrt{\left(\frac{dx}{dt}\right)^2 + \left(\frac{dy}{dt}\right)^2}dt$$

**[증명]**

$y = f(x)$가 매개함수로 주어져서

$$\frac{dy}{dx} = \frac{dy}{dt}\frac{dt}{dx}$$

이다. 그리고 $x = a$일 때 $t = t_1$이고 $x = b$일 때 $t = t_2$이므로 $x = g(t)$에서 $dx = g'(t)dt = \dfrac{dx}{dt}dt$는

$$\begin{aligned} S = 2\pi \int_{a}^{b} y\sqrt{1 + (y')^2}dx &= 2\pi \int_{t_1}^{t_2} h(t)\sqrt{1 + \left(\frac{dy/dt}{dx/dt}\right)^2} \cdot \frac{dx}{dt} \cdot dt \\ &= 2\pi \int_{t_1}^{t_2} h(t)\sqrt{\left(\frac{dx}{dt}\right)^2 + \left(\frac{dy}{dt}\right)^2}dt \end{aligned}$$

을 만족한다. □

**예제 6.5.3**

$x(t) = a(t - \sin t)$이고 $y(t) = a(1 - \cos t)$ $(0 \le t \le 2\pi)$를 $x$축으로 회전 시 회전체의 표면적을 구하시오.

풀이 6.5.3

다음 공식

$$S = 2\pi \int_{t_0}^{t_1} y ds \qquad ds = \sqrt{\left(\frac{dx}{dt}\right)^2 + \left(\frac{dy}{dt}\right)^2} dt$$

을 이용하면 된다. 한편

$$\frac{dx}{dt} = a(1 - \cos t) \qquad \frac{dy}{dt} = a \sin t$$

으로부터 길이의 미분은

$$ds = a\sqrt{2 - 2\cos t} dt$$

이다. 따라서 표면적은

$$\begin{aligned}
S =& 2\pi \int_0^{2\pi} a^2(1 - \cos t)\ \sqrt{2 - 2\cos t} dt \\
=& 2\sqrt{2}\pi a^2 \int_0^{2\pi} (1 - \cos t)^{3/2} dt \\
=& 2\sqrt{2}\pi a^2 \int_0^{2\pi} 2\sin^2(t/2)^{3/2} dt \ (\because\ \sin^2(t/2) = \frac{1 - \cos t}{2}) \\
=& 8\pi a^2 \int_0^{2\pi} \sin^3(t/2) dt \\
=& 8\pi a^2 \int_0^{2\pi} \sin^2(t/2)\sin(t/2) dt \\
=& 8\pi a^2 \int_0^{2\pi} (1 - \cos^2(t/2))\sin(t/2) dt \\
& (\cos(t/2) = u\text{로 치환, 구간: } 0 \rightsquigarrow 1, 2\pi \rightsquigarrow -1 \\
& \Rightarrow \frac{du}{dt} = -\sin(t/2)(1/2) \therefore -2du = \sin(t/2)dt) \\
=& -16\pi a^2 \int_1^{-1} (1 - u^2) du \\
=& 16\pi a^2 \int_{-1}^{1} (1 - u^2) du \\
=& 16\pi a^2 [u - \frac{1}{3}u^3]_{-1}^{1} = \frac{64\pi a^2}{3}
\end{aligned}$$

**정리 6.5.3** 곡선의 방정식이 극형식 $r = f(\theta)$로 주어지고 $[\theta_1, \theta_2]$에서 미분가능하며 $f'(\theta)$가 연속일 때, $\theta = \theta_1$에서 $\theta = \theta_2$까지의 곡선을 기선을 축으로 회전했을 때 생기는 회전체의 표면적 $S$는 다음과 같다.

$$S = 2\pi \int_{\theta_1}^{\theta_2} r \sin\theta \sqrt{r^2 + \left(\frac{dr}{d\theta}\right)^2}\, d\theta$$

**[증명]**

극좌표와 직각좌표의 관계 $x = r\cos\theta,\ y = r\sin\theta$이므로 $x,\ y$는 $\theta$를 매개로 하는 매개함수이다. 여기서

$$\frac{dx}{d\theta} = \frac{dr}{d\theta}\cos\theta - r\sin\theta, \quad \frac{dy}{d\theta} = \frac{dr}{d\theta}\sin\theta + r\cos\theta$$

로부터

$$\left(\frac{dx}{d\theta}\right)^2 + \left(\frac{dy}{d\theta}\right)^2 = r^2 + \left(\frac{dr}{d\theta}\right)^2$$

이므로

$$S = 2\pi \int_{\theta_1}^{\theta_2} r \sin\theta \sqrt{r^2 + \left(\frac{dr}{d\theta}\right)^2}\, d\theta$$

□

[정리 6.5.3]와 관련된 예제는 연습문제를 참고바란다.

## 연습문제 6.5

**1.** 반지름이 $a$인 구의 표면적을 구하시오.

---

풀이

반지름이 $a$이고, 원점을 중심으로 하는 상반원의 방정식은

$$y = \sqrt{a^2 - x^2}$$

이므로

$$\sqrt{1 + \{f'(x)\}^2} = \frac{a}{\sqrt{a^2 - x^2}}$$

따라서 공의 표면적 $S$는

$$S = 2\pi \int_{-a}^{a} \sqrt{a^2 - x^2} \cdot \frac{a}{\sqrt{a^2 - x^2}} dx = 4\pi a^2$$

---

**2.** $b > r$일 때 원 $(a - x)^2 + (y - b)^2 = r^2$을 $x$축 둘레로 회전하였을 때 생기는 원환체의 표면적을 구하시오.

---

풀이

이때는 $y_1$을 $x$축 둘레로 회전시켰을 때 생기는 표면적과 $y_2$를 $x$축 둘레로 회전시켰을 때 생기는 표면적의 합을 구하는 것이므로 위의 원환체의 표면적을 $S$라 하면

$$S = 2\pi \int_{a-r}^{a+r} y_1 \sqrt{1 + \left(\frac{dy_1}{dx}\right)^2} dx + 2\pi \int_{a-r}^{a+r} y_2 \sqrt{1 + \left(\frac{dy_2}{dx}\right)^2} dx$$

$$\frac{dy_1}{dx} = \frac{-(x-a)}{\sqrt{r^2 - (x-a)^2}}, \quad \frac{dy_2}{dx} = \frac{x-a}{\sqrt{r^2 - (x-a)^2}}$$

이므로

$$\sqrt{1 + \left(\frac{dy_1}{dx}\right)^2} = \sqrt{1 + \left(\frac{dy_2}{dx}\right)^2} = \frac{r}{\sqrt{r^2 - (x-a)^2}}$$

이 된다. 따라서

$$\begin{aligned} S &= 2\pi \int_{a-r}^{a+r} (y_1 + y_2) \frac{r}{\sqrt{r^2 - (x-a)^2}} dx \\ &= 2\pi \int_{a-r}^{a+r} \frac{2br}{\sqrt{r^2 - (x-a)^2}} dx \end{aligned}$$

여기서 $x - a = t$로 놓으면

$$S = 4\pi br \int_{-r}^{r} \frac{dt}{\sqrt{r^2 - t^2}} = 4\pi br \left[\sin^{-1} \frac{t}{r}\right]_{-r}^{r} = 4\pi^2 br$$

---

**3.** 타원 $x = a\cos\theta,\ y = b\sin\theta \quad (a > b,\ a \le \theta \le \pi)$가 $x$축 둘레로 회전하였을 때 생기는 곡면의 표면적을 구하시오.

---

풀이

이 곡선에서는

$$\frac{dx}{d\theta} = -a\sin\theta, \quad \frac{dy}{d\theta} = b\cos\theta$$

이므로

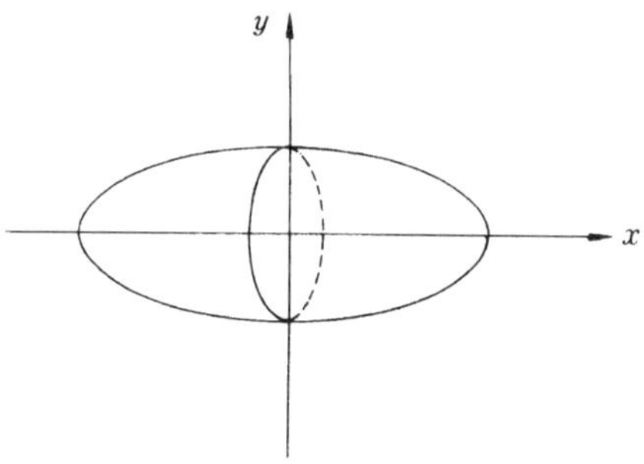


그림 6.26

$$\begin{aligned} ds &= \sqrt{\left(\frac{dx}{d\theta}\right)^2 + \left(\frac{dy}{d\theta}\right)^2} d\theta \\ &= \sqrt{a^2\sin^2\theta + b^2\cos^2\theta d\theta} \\ &= a\sqrt{1 - \cos^2\theta + \frac{b^2}{a^2}\cos^2\theta d\theta} \\ &= a\sqrt{1 - e^2\cos^2\theta} d\theta \end{aligned}$$

여기서 $e^2 = \dfrac{a^2 - b^2}{a^2}$ 이다. 따라서 구하는 표면적을 $S$라 하면

$$\begin{aligned} S &= \int_0^\pi 2\pi y ds \\ &= 2\pi \int_0^\pi b\sin\theta \cdot a\sqrt{1 - e^2\cos^2\theta} d\theta \\ &= 2\pi ab \int_0^\pi \sin\theta\sqrt{1 - e^2\cos^2\theta} d\theta \end{aligned}$$

여기서 $\cos\theta = t$로 놓으면

$$\begin{aligned}
S &= 2\pi ab\int_{1}^{-1}\sqrt{1-e^2t^2}(-dt)\\
&= 2\pi abe\int_{-1}^{1}\sqrt{\frac{1}{e^2}-t^2}dt\\
&= 4\pi abe\int_{0}^{1}\sqrt{\frac{1}{e^2}-t^2}dt\\
&= 4\pi abe\left[\frac{1}{2}t\sqrt{\frac{1}{e^2}-t^2}+\frac{1}{2e^2}\sin^{-1}et\right]_0^1\\
&= \frac{2\pi ab}{e}(e\sqrt{1-e^2}+\sin^{-1}e)
\end{aligned}$$

---

**4.** Cardioid $r=a(1+\cos\theta)$를 기선의 둘레로 회전하였을 때 생기는 곡면의 면적을 구하시오.

---

풀이

$\dfrac{dr}{d\theta}=-a\sin\theta$이므로

$$\begin{aligned}
r^2+\left(\frac{dr}{d\theta}\right)^2 &= a^2(1+\cos\theta)^2+a^2\sin^2\theta\\
&= 2a^2(1+\cos\theta)\\
\therefore S &= 2\pi\int_0^{\pi} r\sin\theta\sqrt{r^2+\left(\frac{dr}{d\theta}\right)^2}d\theta\\
&= 2\pi\int_0^{\pi} a(1+\cos\theta)\sin\theta\sqrt{2}a\sqrt{1+\cos\theta}d\theta\\
&= 2\sqrt{2}\pi a^2\int_0^{\pi}(1+\cos\theta)^{\frac{3}{2}}\sin\theta d\theta\\
&= 2\sqrt{2}\pi a^2\left[-\frac{2}{5}(1+\cos\theta)^{\frac{5}{2}}\right]_0^{\pi}\\
&= 2\sqrt{2}\pi a^2\times\frac{8\sqrt{2}}{5}\\
&= \frac{32}{5}\pi a^2
\end{aligned}$$

---

**5.** 심장형 $r = f(\theta) = a(1+\cos\theta)$를 기선을 중심으로 회전 시 생기는 곡면의 면적을 구하시오.

---

풀이

공식

$$S = 2\pi \int_{\theta_1}^{\theta_2} r\sin\theta\sqrt{r^2 + (f'(\theta))^2}\, d\theta$$

을 이용하면 된다.

한편

$$f'(\theta) = \frac{dr}{d\theta} = -a\sin\theta$$

$$r^2 + \left(\frac{dr}{d\theta}\right)^2 = a^2(1+\cos\theta)^2 + a^2\sin^2\theta = 2a^2(1+\cos\theta)$$

이므로 이것을 공식에 대입하면 표면적은

$$\begin{aligned}
S =& 2\pi\int_0^{\pi} a(1+\cos\theta)\ \sin\theta\sqrt{2}a\sqrt{1+\cos\theta}\, d\theta \\
=& 2\sqrt{2}\pi a^2\int_0^{\pi}(1+\cos\theta)^{3/2}\ \sin\theta\ d\theta \\
& (\cos\theta = t\text{로 치환, 구간: } 0 \rightsquigarrow 0, \pi \rightsquigarrow -1, -\sin\theta d\theta = dt) \\
=& -2\sqrt{2}a^2\pi\int_0^{-1}(1+t)^{3/2}\ dt \\
=& 2\sqrt{2}a^2\pi\int_{-1}^{0}(1+t)^{3/2}\ dt \\
=& 2\sqrt{2}a^2\pi\left[\frac{2}{5}(1+t)^{5/2}\right]_{-1}^{0} \\
=& \frac{32a^2\pi}{5}
\end{aligned}$$

---

# 맺음말

19세기 사람들에게 뉴턴 물리학은 절대적인 진리로 받아들여져 있었다. 뉴턴의 자연관에 의하면 인간을 포함한 모든 생물을 지배하는 어떤 존재가 있고, 그것으로부터 엄밀한 수량적, 결정론적인 법칙을 지닌 인과적인 법칙이 도출된다고 생각했다. 그러나 뉴턴 물리학의 시간관, 공간관의 개념으로는 많은 현상을 설명할 수 없다는 것은 놀라운 일이 아니었다. 1905년에는 아인슈타인의 새로운 시간관, 공간관이 등장하고 양자역학 등이 등장하면서 뉴턴 역학의 결정론은 부정되었고 '우연의 법칙' 이 새로운 의미를 갖게 되었다. 따라서 결정론의 범주를 벗어나는 세계가 과학분야 에서 중요한 역할을 하고 있음이 밝혀진 것이다.

미래의 일은 반드시 기계처럼 확정적으로 전개되지는 않으며, 오히려 결정론적인 단정 대신에 확률적 예측을 하는 것이 보다 현실적이다. 일상사가 모두 방정식으로만 표시된다면 모든 일을 한눈에 쉽게 알 수 있으므로 더없이 편리할 것이다. 그러나 일상생활에는 간단한 함수식으로는 표현할 수 없는 현상이 많다. 가령, 태어나는 아이의 성을 예측할 때 그 결과는 방정식으로 나타낼 수가 없다. 또, 주사위를 던졌을 때 나올 수 있는 눈을 알아보려 할 때 어떤 수가 나올지도 방정식으로는 나타낼 수가 없다. 그러나 사람의 눈에는 아무리 무질서한 것처럼 보이는 현상일지라도 거기에는 반드시 어떤 법칙성이 존재하며 확률이론은 겉보기에는 무질서하고 우연으로만 보이는 것들 속에서 질서를 밝혀내는 것이 목적이다.

확률이론은 17세기 이후로 끊임없이 발전되어 왔으며 또한 다른 분야의 연구에도 널리 응용되고 있다. 오늘날 확률이론은 공학, 자연과학, 그리고 경영학 등의 모든 분야에 있어서 가장 중요한 도구 중의 하나이다. 많은 학자들이 의학, 우주선 제어, 시장매매 등과 같은 분야에서도 확률의 새로운 응용의 발견과 확립에 활동적으로 종사하고 있다.

이에 맞추어 이 책은 확률이론의 폭넓은 지식을 필요로 하는 전공자들을 위해 방법론적인 면과 이론적인 면 그리고 확률이론의 기본적인 수리계산까지 모든 이론을 체계적으로 정리하였다. 또한 학생들이 스스로 확률적인 사고 방식을 함양하고 실생활에서 제기되는 문제를 통계적인 방법으로 처리하고 이해할 수 있도록 다양하고 알맞은 내용의 예제를 실었으며 연습문제도 쉬운 것부터 어려운 것까지 고르게 실었다. 특히, 측도(measure)라는 수학적 도구를 사용하는 확률론을 이해하기 위해, 확률과 측도의 관련성을 측도론의 관점에서 살펴보는 기초적인 내용을 부록에서 다루고자 하였다. 측도와 가측함수(measurable function)의 기본 개념은 확률론을 이해하기 위해 필요한 부분이므로 본문 내용을 학습하기 위해 부록이 많은 도움을 줄 수 있을 것이다.

이러한 노력에도 불구하고 여러 가지로 미비한 점이 많으리라 생각되지만 이 책이 학생들의 확률이론의 개념과 사고를 향상시키는 데 조금이라도 도움이 된다면 저자로서는 그 이상의 보람은 없을 것이다. 마지막으로 이 책의 출간에 많은 조언을 해주신 주위의 여러 선생님들과 어려운 여건에서도 이 책의 출간에 수고를 아끼지 않으신 경문사의 여러분에게 심심한 감사의 말씀을 전한다.

# 찾아보기

# 중급 미분적분학

지은이 김수환
펴낸이 조경희
펴낸곳 경문사
펴낸날 2025년 8월 30일 1판 1쇄
등 록 1979년 11월 9일 제1979-000023호
주 소 04057, 서울특별시 마포구 와우산로 174
전 화 (02)332-2004 팩스 (02)336-5193
이메일 kyungmoon@kyungmoon.com

값 25,000원

ISBN 979-11-6073-754-7